U0332118

·中南大学“双一流”学科发展史·

中南大學

数学学科发展史

（1952—2019）

段泽球　焦　勇◎主　编

中南大學出版社
www.csupress.com.cn
·长沙·

中南大學
数学学科发展史
（1952—2019）

编 委 会

组　编　中南大学文化建设委员会办公室

撰　稿　中南大学数学与统计学院

主　编　段泽球　焦　勇

编　委　（按姓氏拼音排序）

安少波　陈海波　邓厚玲　郭铁信

韩旭里　侯振挺　李飞宇　刘源远

刘再明　卢望璋　罗跃逸　潘克家

彭大恺　唐百友　叶夏生　张鸿雁

郑洲顺　周光明

编者的话

编撰中南大学数学学科史的想法在早些年就有了，由于诸多原因一直被耽搁了下来。2019年在学校文化建设办公室的支持下，中南大学数学与统计学院重新组织队伍编撰了《中南大学数学学科发展史(1952—2019)》一书，较为系统地梳理了中南大学数学学科的历史沿革和发展历程，也较为全面地凝炼了68年来一代代中南数学人不忘初心、牢记使命，自强不息、知行合一的成功经验和精神内涵。借此希望在新时代新征程中能激励更多的中南数学人以史为鉴，正衣冠、知兴替、明得失，为国家重点建设一流数学学科创造出更加辉煌的成绩。

编撰数学学科发展史，重点是聚焦数学学科讲好发展的故事。在本书编撰过程中，所有参与编写的老师克服资料不全、材料不多、记忆零碎等种种困难，多方面多途径地收集和整理了非常宝贵的第一手材料，对完成编撰工作奠定了扎实的基础。其间得到了学院内外许多老师和校友的大力支持和帮助，特别是侯振挺、彭大恺、金立仁、周光明、蔡海涛、李致中、芮嘉诰、王家宝、卢望璋、叶夏生等老教授和老领导亲自参加研讨或编写回忆录或提供珍贵史料，对本书的顺利完成给予了甚大的帮助，在此表示衷心感谢。由于编者水平有限，其中可能存在遗漏之处，恳请广大读者谅解与指正。

编撰学科发展史是一项整理、挖掘、发现和凝炼提升的文化创新工作，我们本着对学科成长的尊重和敬仰，对学科发展的传承和创新、在写史与写实的过程中弘扬数学人的执着与拼搏，提炼热爱数学、研究数学、献身数学的文化精神，激励后来者承先启后，在追求科学的道路上乘风破浪，扬帆远航。非常感谢学校办公室、档案馆、图书馆、校友会等单位对学科史编写提供的大力支持，感谢广大校友对学科史编撰出版的大力支持！我们将以此为契机，沿着一代代中南数学人建设学科、建好学科的成长足迹，同心协力、攻坚克难，把中南大学数学学科建设成为世界一流的数学学科！

编 者

2020年7月8日

目录

第1章 学科介绍

一百多年前，恩格斯曾给数学定义："数学是研究现实世界中的数量关系和空间形式的科学。"一百多年后，数学的发展使得数学的研究对象已经远远超出了数与形的范畴，其广泛性和应用性正深入自然科学研究的各个领域中，对提升原始创新能力起着重要的作用。

1914年、1952年、1960年，湘雅医学专门学校、中南矿冶学院、长沙铁道学院先后组建成立，数学作为一门重要的学科基础课程，均在这些学校开设。100多年来，一代代从事数学教学和研究的教师不忘初心辛勤耕耘，使中南大学数学学科如同一颗夺目的行星，闪耀在科学的星河。2015年，中南大学数学学科进入国际ESI排名前1%；2017年，入选国家"双一流"建设学科，成为中南大学4个"双一流"建设学科之一、全国14个数学"双一流"建设学科之一；2019年数学与应用数学专业获批国家一流建设点专业，信息与计算科学专业获批湖南省一流建设点专业。2019年，位居THE、USNEWS世界大学排名第129位，ARWU世界大学学术排名在第201~300名；2019年5月ESI排名第96位，在前4‰左右。

1.1 学科起源

1.1.1 中南工业大学：夯实基础数学，服务工科学科

中南工业大学的前身中南矿冶学院诞生于1952年，由历史悠久的中山大学、湖南大学、武汉大学、广西大学、北京工业学院和南昌大学的地质和矿冶系(科)在当年全国首批院系调整中组建而成，成立了地质探矿、选矿、采矿、有色金属冶金等系，另外还设有政治、体育、数学、物理、化学、土木、机械等7个公共课教学组。数学教学组的老师在全校工科生中承担了高等数学、线性代数两门课程的教学任务。

1977年高考恢复。中南矿冶学院当年招收了首届本科四年制数学专业学生，这个专业的学生是作为大学师资培养的，因此又叫数学师资班(同时还招收了物理和化学师资

班)，开设了数学专业所需的本科数学课程。

师资班后，数学本科专业停止招生。

1982 年上半年，冶金部组织冶金院校数学、物理、力学等教研室负责人参加调查组，赴各校对 6 门课程的教学情况进行巡回调查。根据调查所得方案开始对 6 门课程教学内容和教学方法进行试点改革。数学获批为贯彻冶金高等院校教学大纲的试点学科。

1985 年，中南矿冶学院更名为中南工业大学，成立中南工业大学数理力学系，招收数学专业本科生，开设了数学与应用数学、信息与计算科学专业。同年开始招收数学专业硕士研究生。除了在全校本科生中开设公共课高等数学、线性代数、概率论与数理统计外，还在硕士研究生中开设了数值计算、数理统计、数学物理与方程等数学课程。

1993 年成立中南工业大学应用数学与应用软件系，设有应用数学教研室、信息与计算科学教研室，将工程数学教研室和高等数学系合并，成立工科数学教研室。

1998 年开展数学博士研究生的培养工作。学历高、科研成果突出的部分教师挂靠在其他学科或校外博士点招收博士研究生，其中，蔡海涛教授在长沙铁道学院概率论与数理统计博士点招收数学博士生，刘一戎教授在材料学科博士点招收博士研究生。同时，老师们积极开展科学研究工作，在微分方程与动力系统、函数论与计算数学等领域初步形成了较稳定的研究方向。

1998 年 7 月，长沙高等工业专科学校并入中南工业大学，其数学教研室并入中南工业大学应用数学与应用软件系。长沙高等工业专科学校此前经历了长沙有色金属学校、湖南冶金学院、长沙冶金工业学校、长沙冶金专科学校、长沙有色金属专科学校等阶段。其名称虽更替频繁，但数学教研室始终存在。数学教研室承担了全校的高等数学、工程数学等基础课教学任务，组织编写了适应本校的高等数学教材，其中由尹福元主编，彭大恺、彭荷萍参编的全国高等专科学校《线性代数》教材获得全国教材一等奖。1995—1998 年，组建数学建模竞赛教练组，选拔学生参赛，夺得全国一等奖。

此外，数学教研室教师积极参加科研活动、撰写学术论文。由曹定华、彭大恺等老师组成的团队完成了有色金属总公司科研项目“模糊数学在采矿工程上的一些应用”。

1.1.2 湘雅医学院：数理与医学完美结合

湘雅医学院的前身是湘雅医学专门学校，创办于 1914 年，由湖南育群学会与美国耶鲁大学雅礼协会联合创建，是中国第一所中外合办的医学院。历经国立湘雅医学院、湖南医学院、湖南医科大学等阶段，其数学教研室的教师一直承担着高等数学等基础数学教学任务，直至三校合并。

湖南医学院的数学教学活动的快速发展始于 1978 年，即为“文化大革命”以后刚刚恢复招生的硕士研究生开设高等数学课程。1981 年起根据卫生部的要求给本科生开课，当时有数学教师两名，归属物理学教研室。之后在岗的专任教师及教辅人员发展到 10 人，

1984 年物理学教研室改名为数理教研室，1988 年 5 月单独成立数学教研室。三校合并后，数学教研室更名为生物数学与生物信息学部。2013 年 7 月，中南大学数学与统计学院系所调整，生物数学与生物信息学部机构撤销，大部分人员并入数学与统计学院高等数学教学研究中心。

20 世纪 70 年代末，我国开始在医学院校开设数学课。怎样将数学与医学结合，达到什么样的教学目的，都没有前例可鉴。在初步探索的基础上，1982 年，湖南医学院邀请四川医科大学、中山医科大学和同济医科大学的同行共同探讨这些问题，由胡纪湘教授编写了我国第一本《医用高等数学》教材，引起了较大反响。该书在香港书展中获得优秀图书奖，1991 年获得卫生部优秀教材奖。1998 年张惠安主编的《高等数学》教材获得湖南省教委科技进步二等奖。2002 年，张惠安、邓松海主编了《高等数学》双语教材。2007 年，李飞宇、张佃中主编了“十一五”国家级规划教材。

此外，老师们注重培养学生运用数学知识解决实际问题的能力，指导学生参加国内和国际上的数学建模竞赛，所指导的学生曾获得美国数学建模竞赛二等奖；在国内数学建模竞赛中，5 个队获得国家一等奖。医学院校学生在数学建模竞赛中能取得这样的成绩是很难得的。

湖南医科大学数学教研室教学任务繁重，受到时间、资料、设备等条件的限制，科研不易开展，但教师们不畏艰难，长期坚持，在科研中仍取得了不少的成绩。

青义学教授著有《教学法概论》，还开展模糊数学及其医学应用的研究，著有《模糊数学入门》《模糊数学与医学数学化》《医学模糊决策》《生物医学数学模型》等专著。

1.1.3 长沙铁道学院：科教结合，学科走向成熟

1960 年，长沙铁道学院成立，被铁道部确认为“江南唯一专业配套”的多科性、培养高水平人才、全面为铁路建设服务的部属高校。学院设置了数学教研室，负责全校数学基础课教学工作，开设的课程有高等数学、线性代数等。

“文化大革命”(后面简称“文革”)中，数学教研室解散，数学教员分散到各系。直到 1977 年成立基础课部并下设数学教研室，数学教员才重新聚拢。1978 年，招收了 78 级数学专业本科生(师资班)。1987 年、1988 年分别招收数学专业师范生班，学制 4 年；1989 年、1990 年分别招收电算会计专业 1 个班，专科 2 年；1990 年，招收经济管理专业 2 个班，专科 2 年。1998 年获批设立本科统计学专业，1999 年本科统计学专业开始招生，这在全国理工科院校中是领先的。

教学与科研并举，日益形成两股“清流”：一部分教师专长教学，如陈嘉琼、周光明、王家宝等；一部分教师专攻科研，如以侯振挺教授为代表的科研团队。科教结合，使学科日渐走向成熟。

1978 年，长沙铁道学院成立科研所，由侯振挺教授担任所长，继而建立了一支以他为

首的科研团队，在科研道路上取得了一系列重大突破。侯振挺教授早年研究排队论；20 世纪 60 年代至今一直研究马尔可夫过程，在齐次可列马尔可夫过程等许多方面做出了一系列创造性的工作，对于 Q 矩阵问题的研究一直处于国际领先地位。之后又研究马尔可夫决策过程，同时提出了一类新的随机过程的概念——马氏骨架过程并加以研究，取得了国际领先水平的成果；他还将马尔可夫骨架过程理论应用于排队论的研究，解决了排队论中几十年来悬而未决的 GI/G/N 排队系统和更为复杂尚无人涉及的排队网络的队长瞬时分布问题等著名难题。至今共发表论文 169 篇，出版专著 11 本，其成果被国内外学者多次引用。

基于这一系列成果，数学学科也因此得到快速发展。1978 年开始招收培养硕士研究生，1981 年开始招收培养博士研究生，是全国最早由国务院学位委员会批准的数学学科博士点单位。1981 年，数学学科中的概率论与数理统计博士点为教育部设立的全国首批博士点之一。1996 年 5 月，铁道部批准“概率论与数理统计”为部级重点学科。2001 年，概率论与数理统计学科被评为全国首批国家重点学科，并被列为中南大学“十五”规划和“211 工程”重中之重建设学科。数学一级学科是湖南省重点建设学科。

1.2 学科成长

2002 年 5 月，原中南工业大学数学与应用软件系与原长沙铁道学院数理力学系及原湖南医科大学中的数学教研室合并组建成立中南大学数学科学与计算技术学院。2013 年，更名为数学与统计学院。2015 年学院对系所进行调整，设有数学与应用数学、信息与计算科学、概率与统计学 3 个专业系，1 个高等数学教学研究中心和 1 个数学实验室，以及概率论与数理统计、工程建模与计算科学 2 个研究所。

经过“十五”和“十一五”的建设，本学科点在人才培养、科学研究等方面取得了突出的成绩，已形成了从本科、硕士、博士到博士后完整的人才培养体系，成为我国概率论与数理统计科学研究与人才培养的重要基地之一。数学学科在应用研究上更加广泛和深入，交叉学科涉及多领域，科研成果显著。大致可以分为三个阶段：第一阶段（1952—1977 年）为 学科起步阶段；第二阶段（1977—2002 年）为快速成长阶段；第三阶段（2002 年至今）为融合发展阶段。

1.2.1 艰苦奋斗，学科起步（1952—1977 年）

1）注重基础课程教学，特殊时期力举教学改革

1952 年中南矿冶学院成立，设有地质探矿系、采矿系、选矿系和有色金属冶金系，另外还设有政治、数学、物理、化学、土木、机械和体育等 7 个公共课教学组。

1959 年，受“反右倾”影响，全校掀起了“一个声势浩大、朝气蓬勃的学、赶、超、帮，全面大跃进的新高潮”。在数学、物理、化学、力学这 4 门课程中开展了“四查试点”，即查观点、查内容、查方法和查理论联系实际。在“四查”运动的基础上，改革教学方法。

学校在 1958—1959 学年度从各专业二、三、四年级中抽调 151 名品学兼优的学生送往北京大学、南开大学、武汉大学、北京师范大学等 15 所国内著名综合大学借读数理化等理科专业，作为师资培养。

为了保证教学质量，数学教研室的教员们准备了习题课、课堂讨论和辅导答疑等重要教学环节，还制定了一套正规的习题卡，积累了经验和教学参考资料，教学效果较为显著。1964 年，数学教研室派代表参加了教育部高等数学课程教材编审委员会召开的高等数学经验交流会，贯彻“少而精”“因材施教”等方面的经验，进一步推动了学院的教学工作。

1960 年长沙铁道学院成立，建立了数学教研室。当年从湖南大学转入长沙铁道学院的数学教师，有讲师龙成基、叶清平，助教叶富罕、陈嘉琼，后又有尹侃等。还有从全国各地高校分配来的大学生，如侯振挺、赵新泽等。数学教研室有 18 名教师，由龙成基担任教研室主任。

由于青年教师所占比重较大，业务能力急需提高，数学教研组加大自身培训力度，制定了教师、教研组及师资培养方案，开设实变函数讨论班等，通过讲课、评课，教师的业务水平均有不同程度的提高。

“文化大革命”期间，从 1966 年下半年到 1970 年上半年，全国所有高校都停止了招生和上课。数学教研室也随之解散，教员被分配到机械、运输和工程等系。

1970 年 6 月 27 日，中共中央批转了《北京大学、清华大学关于招生(试点)的请示报告》(以下简称《报告》)。10 月 15 日，国务院电报通知各地，1970 年高等学校招生工作按中央批转的《报告》提出的意见进行。1970 年 10 月，长沙铁道学院成立了招生办公室。采用“自愿报名，群众推荐，领导批准，学校审查”的招生办法，开始招收工农兵学员。从柳州铁路局、第四工程局等单位招收了 67 名学员。由于学员没有经过严格的测试审查录取，文化水平大多相当低，且彼此差距大，多数为初中肄业水平，少数只有小学程度，学生感到“学不了”。面对如此处境，时任主管教学副院长的赵觉民指示特事特办，秉承对国家负责、对青年负责的高度责任感，探索一套特殊的培养方案和方法。其中一条是修改教学计划，降低起点，精简教学内容，取消外语和化学等课程，集中力量学习数学和物理两门课程。同时，加强教师力量，选择有经验、教学效果好的教师主讲，让有耐心、热情负责的青年教师试行因材施教，对困难学生个别辅导。

之后，教务处又提出补文化课的计划，只补数学和物理两门，从初中补起，时间约半年。由于此方案在学院试行效果较好，湖南省教育厅在 1972 年正式下文推广长沙铁道学院的经验：第一年招收的工农兵学员一律补习 8 个月的文化课，不计入三年学期内。同年，从全国各地招收了 357 名工农兵学员，这是“文革”中第一次全面招生，根据试点班的经验对他们进行了入学教育和半年时间的文化补课，补基础，严要求，让这一批学生获益匪浅。

特殊年代，数学教研室也“特生特教”，开出了解析几何、高等代数、数学分析、复变函数等基础课，授课教师始终坚持抓认真备课、抓教材讨论、抓辅导答疑、抓平时考查等，通过各种途径观察了解学生，严格进行成绩考核。面对繁重的教学任务，教员们不畏艰难，辛勤付出，为铁路运输系统培养了一批急需人才，不少校友在各自岗位上建功立业。

2）基础理论研究孕育一匹“黑马”

“文革”期间，教师侯振挺本着“不为名，不为利，只为国家争光，为中华民族争气”的愿望，潜心研究“马尔可夫过程理论”，取得了一系列科研成果。

1961 年《数学学报》和 1963 年《中国科学》外文版先后发表了侯振挺的科研成果——《排队论中马尔姆断言的证明》，解决了外国名家未能证明的难题。1973 年，侯振挺在国内一流学术期刊《科学通报》上发表首篇研究论文《齐次可列马尔可夫过程中的概率—分析法》；1974 年又在《中国科学》第 2 期上发表了《Q 过程的唯一性准则》，成功地解决了 40 年来国际概率界悬而未决的 Q 过程唯一性问题，该准则被国际数学界誉为“侯氏定理”。随着研究工作的日积月累，侯振挺在“齐次可列马尔可夫过程构造论”中取得了世界一流水平的成果。

1.2.2 教研并举，快速成长（1977—2002 年）

1）理顺机构，重整旗鼓

1977 年 12 月，中南矿冶学院决定恢复“文革”中被撤销的基础课部（改称基础学科部）及所属数学、物理、外语等教研室，将分散到各专业的基础课教师调回基础学科部，要求数学以贯彻冶金高等院校教学大纲为试点。之后，学校以学分制为契机，狠抓教学改革，取得了可喜的教学成果。中国有色金属工业总公司组织高等数学等课程的统考，学生团体总分、个人平均分数和班级平均分数均名列第一。

随着“文革”后国家高等教育事业的发展，学校学科专业也有了很大的变化，数学学科对其他学科发展的作用日益凸显。1985 年，学校更名为中南工业大学。1987 年数学教研室所在的基础学科部更名为数理力学系。此后，学校加强了数学学科的教师职称评聘和人才引进及师资队伍建设工作，吕德等教师因为教学科研工作突出被评为教授，刘一戎成为首个来校工作的数学博士，并于 20 世纪 90 年代初在南开大学完成了博士后研究工作；程宝龙早在 20 世纪 80 年代初在《数学学报》等国内重要数学期刊上发表了学术研究论文，学校便将其作为人才引进来校工作。1993 年，中南工业大学数理力学系更名为应用数学与应用软件系，专业建设和学位点建设相继展开，开始连续招收数学专业本科生和硕士研究生。

1977 年，长沙铁道学院很快进行了拨乱反正，并调动广大教职工的积极性，将工作重点转移到教学、科研上来。铁道运输系教师金立仁奉命将分散在各系的 140 多名从事基础理论教学的教师集中组织起来，成立基础课部，并担任党总支书记，李廉锟任主任，设置有高等数学教研室与应用数学研究室，前者的主要任务是负责全院各专业的高等数学、线性代数等课程及其他应用数学课程的教学，后者的主要工作是在以侯振挺教授为主的指导与带领下，从事概率论与数理统计学科的专门研究。

担任党总支书记的金立仁着手做了 3 件事：一是落实知识分子政策，平反冤假错案，解决知识分子入党难的问题和一部分老知识分子的生活问题；二是把大家的思想尽快转移到教学科研上来；三是大量引进人才。

“文革”中，长沙铁道学院数学教研室 12 人中有 7 人受到不同程度的牵连，被称为“黑教研室”，教员们受到各种政治压迫和打击。

“文革”后，教师李俊贤落实政策后，精神得到了解放，重新组建了家庭，生活又有了信心，积极投身教学工作；李廉锟、王朝伟、侯振挺等先后加入了中国共产党；李慰萱、杨向群、杨承恩等先后作为人才引进，为师资队伍增添了新生力量。

1978 年，基础课部召开第一次学术论文报告会，2 天会期，3 个会场，分享了 30 多篇中、高层论文。借此东风，不久又召开了教学科研研讨会，要求各教研室必须确定一个科研方向。数学教研室当时确定了概率论和微分方程两个方向。概率论方向由侯振挺教授负责。之后，他牵头成立了长沙铁道学院科研所，该所下设应用数学研究室、理论物理研究室等，拥有专职科研人员 38 人，铁道部任命时任长沙铁道学院副院长的侯振挺教授兼任所长，副所长为李慰萱等。该所由长沙铁道学院直接领导，承担上级下达和需要学校统筹人、财、物的科研项目。

1983 年，基础课部更名为数理力学系，包括数学教研室、物理教研室、理论力学教研室、材料力学教研室、结构力学教研室、化学教研室，另有物理实验室、材料力学实验室、化学实验室。之后数学教研室再分为高等数学教研室与工程数学教研室，后改为应用数学教研室与概率统计教研室，并在 1996 年和 1998 年两度由概率统计教研室与科研所联合申报统计学专业，1999 年获准首次招生。

2) 三管齐下，老、中、青师资队伍接力

1977 年，党中央拨乱反正，恢复了全国高等学校和中等专业学校统一招生考试。一批各行各业的青年及历届初、高中毕业生通过高考被录取，奔赴各地高校深造。中南矿冶学院和长沙铁道学院的数学教研室由于受“文革”的影响，人员奇缺，难以支撑教学任务，需要大量补充人员。为了迅速组建一支师资队伍，两所学校均采取了 3 个措施：一是调入一些具有“文革”前本科学历，又有一定教学经验的中青年教师；二是先后分配了一批“文革”以后经高考录取的本科毕业生到教研室，充实了教师队伍；三是从全国各地引进人才。

1977 年，长沙铁道学院选送了部分学生作为定向培养师资赴一些重点大学的数学专业学习；1978 年，招收了一个数学专业的师范生班，这批学生毕业后，一部分留校任教，一部分走向了社会。

为了进一步提高教师工作能力和水平，长沙铁道学院还选拔了一些青年教师出国进修，其中有李慰萱、杨承恩等。

经过几年的磨合，基本上形成了老教师为主体、中青年教师为骨干、青年教师为后备力量，结构合理，师资较强的一支队伍。截至 2000 年 4 月，长沙铁道学院数理力学系有教师 30 余人，其中教授 18 人。科研所应用数学研究室有傅定文、李致中、杨承恩、郭青峰、李慰萱、邹捷中、肖果能、张汉君等，形成了以侯振挺教授为学术带头人的老中青学术梯队，被称为“侯氏梯队”。

3）人才培养科教并重全面开花

为深入进行课程和教学环节的改革，长沙铁道学院要求各系每学期至少抓一两门课程，各教研室抓一两个教学环节的改革试点，总结经验，交流推广。在高等数学的教学过程中，教师在精选教学内容、改革教学方法、提高课堂教学质量等方面狠下功夫。

专业建设及多种办学形式逐步适应了社会发展需要。1978 年，招收本科应用数学专业一个班，学制四年。1987—1988 年，每年招收了一个数学专业的师范生班；1989—1990 年，每年招收两个电算会计专业专科班，学制两年；1990 年，招收了两个经济管理专业专科班。

1983 年 7 月，学校工科 82 级学生参加铁道部教育局组织的由全路 7 所工科院校参加的高等数学统一考试，应试学生平均成绩名列第二。1988 年，制定重点课程建设规划，高等数学被确定为 9 门重点课程之一。

为了顺应工程课程的教学，此阶段增设了统计、概率、模糊数学等课程。模糊数学因为还没有完整的教材，尹侃和王植槐等老师找国外资料翻译编写了教材。教师们不断学习，在授课中引用一些前沿知识，如数学家华罗庚的“优选法”等，以激发学生的学习兴趣。

同时，为了培养科研人才，学校鼓励和支持学生积极参加科学研究，82 级数理统计与概率论研究生何其美、张汉君在规定学习期限内提前完成培养计划，其毕业论文在 1983 年 11 月的全国数学学会第四次代表大会上宣读，受到与会专家、教授的好评。为此，经报送铁道部批准，准予两位学生纳入 81 级学生的分配，提前一年毕业。

1993 年起，在大学生中开展数学建模竞赛的培训工作。稍后即在数学类专业和非数学类专业本科生中开设数学建模课程，同时也成为湖南赛区的重要成员组织单位，在历届全国大学生数学竞赛、全国大学生研究生数学建模竞赛中成绩斐然，名列前茅。

重视本科教学和研究生教育培养，注重加强数学基础理论和应用开发方面的训练，培养学生开拓创新能力，同时注意引导学生学习其他学科的基础知识，增强学生的适应能力，拓展其发展潜力。1998年，从各专业选拔拔尖学生38人，开办了一期因材施教班。2000年，新增统计学本科专业，并首届招生两个班，共58名学生。另与湖南中医学院联合办学，招收中医学本硕连读学生202人，在数力系培养一年。

在数以千计的各类毕业生中，拥有一批在海内外学术界有重要影响的优秀学者，同时也涌现出一批全国各行业中的杰出人才。

1996年，中南工业大学根据我国科技、教育、经济体制改革面临的新形势，提出了组建学科群的学科建设新思路。学校的主体学科是有色稀有金属的地质、采矿、选矿、材料及材料加工等学科，同时建有与主体学科配套的机械工程、工业自动化、数学、计算机等学科，学科体系比较完备；理学门类专业涵盖数学、物理、化学等三大基础专业，形成了结构比较合理的专业设置总格局。

1997年，中南工业大学成为国家"211工程"首批建设的重点大学之一，学校在教育质量、学科建设、科学研究等方面得到明显提高，基础学科的建设也得到相应的重视，如为了利于理工结合，在应用数学与应用软件系新设信息与计算机科学专业，同时从国内知名高校引进人才，充实教学和科研力量。

4）不拘一格选拔人才

高考恢复以后，由于在校学生迅速增加，受"文革"影响，师资紧张的问题十分突出。长沙铁道学院院领导集体决策，作出了"冲破不利于人才引进的人事政策的束缚，抓住落实知识分子政策的契机，下大力气发掘和引进人才"的决定，并在《光明日报》刊发启事，公开在全国招聘教师，不拘一格选拔人才。

1978年，侯振挺教授向时任基础课部党总支书记金立仁反映，有一位名叫李慰萱的宁波硫酸厂青年工人，酷爱数学，自学成才，对应用数学很有研究，曾向中科院数学所投文章，被中科院和浙江大学等单位看中，但其爱人户口和工作难以解决。得知情况后，金立仁派人专程到宁波考察，以基础课部的名义向学校写报告。时任省委副书记刘夫生了解情况后，立即作出批示，同意调入李慰萱，并解决其爱人的工作。

李慰萱来校后，工作勤奋，科研成果显著。没上过一天英语课的他能给外籍专家当翻译，还受邀去美国、加拿大等国讲学。1980年，湖南省技术职称评审，基础课部提名他申报讲师，上报学校没通过。当年，湖南省教育局高教处处长王向天（后为湖南省副省长）到各高校检查工作，听到李慰萱的事迹后，决定走访他家，与李交流了20分钟左右，王向天建议他直接申报副教授。不久，他被破格晋升为副教授；几年后晋升为教授。当年《人民日报》以《浙江的千里马为何在湖南奔驰》为题、《中国青年》杂志以《从青工到副教授——记全国自学成才模范李慰萱》为题对李慰萱的事迹做了报道，在全国引起很大反响。

邹捷中，"文革"中下乡当过农民，进厂当过工人，虽然没有大学学历，但他自修了大学数学和机械方面的课程。1980 年，他报考了侯振挺教授的硕士研究生。侯振挺破格录取了这位总分第一、专业课满分但只有高中学历的考生，并对他精心培养，鼓励他毕业后攻读博士学位。邹捷中留校任教，不负恩师厚望，以一篇出色的博士论文震惊国际概率论界，成为第二位获得国际戴维逊奖的中国人。

费志凌因患小儿麻痹症，左腿致残，多次高考上线均未被录取，其父带着他慕名找到侯振挺。侯振挺收下了这位来自四川的求知若渴的年轻人，让他跟随自己的研究生一起听课。费志凌在学习期间，一直成绩突出，并且和侯振挺一道完成了英国著名概率论专家 D. Williams 关于全瞬时态 Q 矩阵判别的著名定理的纯分析证明，后来他考上了中国科学院武汉地球物理研究所的硕士生，并在加拿大获得博士学位。

何其美，1982 年参加高考，成绩优秀，但因只有初中学历未被录取。他酷爱数学并且解答了 1982 年国际数学奥林匹克难题，引起了侯振挺和省内一批知名数学专家的关注。侯振挺与当时湖南省数学会理事长、国防科技大学副校长孙本旺教授多方奔走呼吁，终于在开学的几个月后将其录取到长沙铁道学院就读。在大学期间，何其美因在图的连通度方面做了很好的工作，毕业后继续攻读侯振挺的硕士课程，且在一年多的时间内完成了硕士课程学习和论文答辩。

陈木法，是侯振挺与严士健联合培养的博士生，曾获首届霍英东教育基金会金质奖章，现已成为当今国际概率统计界知名的数学家，并于 2003 年当选为中国科学院院士。

陈安岳，硕士、博士均师从侯振挺，其硕士论文曾被答辩委员会评为“达到博士水平”，博士论文被认为达到国际水平。他获得博士学位后赴英国继续深造，先后被英国爱丁堡大学、诺丁汉大学、格林威治大学聘为高级讲师、READER、访问教授，曾被英国利物浦大学聘为讲座教授。现为南方科技大学教授。

师从侯振挺教授并成为数学研究中的突出人才的还有张汉君、张健康、孙加明、袁肖谨、刘再明、肖果能、陈学荣等。

5) 基础理论研究独树一帜

侯振挺科研团队的基础数学理论研究是学校的特色基础研究，在国内外享有盛誉。概率论特别是其中的马尔可夫过程研究取得骄人成绩。侯振挺教授从 20 世纪 60 年代就开始从事该研究，继首篇研究论文《齐次可列马尔可夫过程中的概率—分析法》于 1973 年在国内一流学术期刊《科学通报》上发表后，又发表了《Q 过程的唯一性准则》，成功地解决了 40 年来国际概率界悬而未决的 Q 过程唯一性问题，其提出的定理被国际数学界誉为“侯氏定理”。侯振挺教授的《齐次可列马尔可夫过程》一书又作为《纯粹与应用数学专著》第 2 号在 1976 年首次由西德 Springer 出版。基于其在该领域做出的突出成就，英国皇家学会于 1978 年给他颁发了戴维逊奖。在国内，因其教学科研成果迭出，侯振挺教授分别获得 1978 年湖南省、铁道部及全国科学大会奖，1979 年获得湖南省重大科技成果二等奖，1982

年获得全国自然科学奖三等奖，1986年获得湖南省高校“六五”期间科研成果二等奖，1987年获得国家教委科技进步奖二等奖。其专著被评为1980年全国科技优秀图书，1986年被授予“国家级有突出贡献的中青年科技专家”称号。侯振挺教授指导的第一位博士生邹捷中以“P-函数震荡问题”研究成果获得1986年戴维逊奖。

基础数学的另一个重要研究方向是图论及组合数学研究，其研究群体的代表人物是李慰萱教授。1974年李慰萱便在《数学学报》上发表题为《最优分批问题在$N\geqslant 3n$情形下的解》的论文。1982年6月到1983年8月，他应加拿大滑铁卢大学聘请任客座教授，进行图论研究工作并对学生讲授图论。1984年5—6月，又应加拿大西蒙·弗雷泽大学邀请，在该校计算机系与数学系的定期讨论班上系统地报告了中国学者对“最优分批问题”及与此有关问题的研究成果。在此两次访问期间，李慰萱应邀参加“滑铁卢大学25周年校庆纪念国际图论会议”“东南美计算机科学与组合数学1984年年会”“图与序”国际会议并报告论文。1982年，他指导的本科生何其美的《关于图的联通性的一类极值问题》在美国《网络》杂志发表，引起了国外学者的关注。20世纪80年代中末期，李慰萱有多篇关于图论的研究论文与研究通讯相继在《科学通报》与《自然》杂志发表。李慰萱教授不但在图论的基础研究上取得了一系列成果，还结合铁路行业需求，将这些研究成果运用到铁路运输生产中，撰写并发表《煤炭调运的数学方法》《车流组织的图论方法》《车流组织动态规划方法中方法类的计数》等一系列论文。其研究成果《单因数优选法的最优分批问题和延迟问题》于1979年获得湖南省重大科技奖。

蔡海涛教授自20世纪60年代初期开始攻研弹性理论与断裂力学，特别是应用复变函数方法研究弹性理论，其总结性专著为*Mathematical Theory in Periodic Plane Elasticity* [Gordon and Breach Science Publishers，2000年(英国)]。1985年，数学家路见可教授受美国数学会主办的*Contemporary Mathematics*杂志之托，著文*Complex Variable Methods in Elasticity*(Vol. 48，1985)介绍了中国在这个领域的研究成果，其中引用蔡海涛教授的论文、专著达6种之多，列于参考文献之首，以显著位置加以推介。此外，蔡海涛教授注重系统工程及其应用研究，创立了误判控制理论与方法，提出了对误判现象进行最优控制的基本理论与方法，具体设计了以最佳投入产出与最佳经济效益为目标的系统方法，编制了函数表与应用软件并在全国推广应用，创造经济效益近200万元。其子课题获得省国防科技一等奖、省科技二等奖。蔡海涛教授研究社会经济营养，不仅考虑人体的需要，更侧重于社会经济状态，应用多目标优化数学模型，合理配置了各类人群的适时食物结构优化模式与相应的营养优化食谱。联合国粮农组织官员休斯女士认为：“此项成果不仅可以推广到中国的其他地区，而且还可介绍到欧洲的一些国家。”蔡海涛教授的文章在著名国际杂志《欧洲运筹》上发表。他的专著《现代社会科学的数学方法》的修订本由香港科技大学李永隆译成英文，在Gordon and Breach Science Publishers出版。

6)应用研究促进数学交叉学科发展

这一时期，随着数学基础理论研究的深入，数学与其他学科的交叉研究也开始起步。以李致中教授等为主要成员参与完成的“郑州东站生产管理现代化系统”，充分利用学校在应用数学研究中的优势，提出了特殊的算法，有效地解决了配装问题，从根本上改变了传统的手工操作作业方式，由计算机进行生产控制，其成果达到国际领先水平，3 年中创经济效益 5 537 万元。该项目 1994 年获铁道部科技进步一等奖，1995 年获国家科技进步三等奖。

1987 年，张惠安等研制的“IBM- PC 生物信息处理系统”先后获湖南省教委科技成果一等奖、卫生部优秀软件奖和湖南省科技进步三等奖。1991 年，李飞宇、刘建华承担的卫生部计财司横向课题“医学院校会计核算系统”交付各部属院校使用，获得用户普遍好评。张惠安、张佃中等研制的“电话多功能扩充装置”及“液化气液体扩充装置”获国家专利。

1.2.3 凝心聚力，融合发展(2002 年至今)

2000 年 4 月 29 日，中南大学组建成立。成立后的中南大学数学学科，前两年仍各自运作，负责本校区的数学公共课和数学专业课教学。2002 年 5 月 28 日，正式成立中南大学数学科学与计算技术学院，全面负责承担中南大学全校本科生、研究生的数学公共课教学与数学学科及专业的建设和人才培养工作。

2013 年，学院更名为数学与统计学院，设有数学与应用数学系、信息与计算科学系、概率统计系、高等数学教学研究中心、数学研究所，承担数学与应用数学、信息与计算科学、统计学 3 个专业的本科生，数学、统计学两个一级学科博士、硕士研究生，统计学工程硕士研究生，以及数学、统计学学科博士后人员的人才培养工作，承担了全校本科生、硕士生、博士生数学公共课的教学工作。拥有数学和统计学 2 个一级学科博士点(含一级学科硕士点)，数学、统计学 2 个博士后科研流动站，以及经济学类的数量经济学硕士点和应用统计、保险、金融 3 个专业硕士点。

2015 年学院对系所调整，设有数学与应用数学、信息与计算科学、概率与统计学 3 个专业系，1 个高等数学教学研究中心和 1 个数学实验室，以及概率论与数理统计、工程建模与计算科学两个研究所。同年，数学学科进入国际 ESI 排名前 1%。2017 年，作为中南大学 4 个学科之一、全国 14 个数学学科之一，入选国家“双一流”建设学科。2019 年，数学与应用数学专业获评国家一流本科专业建设点，信息与计算科学专业获评湖南省一流本科专业建设点。

学科形成了以著名数学家侯振挺教授、全国“优秀青年教师”焦勇教授、“西塔潘猜想”破解者刘路研究员老中青三代为代表的学科团队，在马尔可夫过程、泛函分析及其应用、非线性微分方程等学科方向的研究上取得了一大批国际先进原创科研成果。

1)凝心聚力，学科建设跃上新台阶

2002年，在中南大学的统一部署下，原中南工业大学、长沙铁道学院、湖南医科大学三校数学教师的共同努力下，顺利完成了三校数学学科的融合工作。以著名数学家侯振挺教授领衔的概率论与数理统计学科在2007年被批准为国家重点建设学科，2011年又被批准为湖南省“十二五”重点学科，并先后获批应用数学博士点、数学一级学科博士点。在此基础上，整合师资，凝聚学科方向，形成了以“马尔可夫过程和马尔可夫骨架过程”为标志的鲜明的学科特色和具有国际国内领先水平的6个特色研究方向：①随机过程理论及其应用；②微分方程与动力系统理论及应用；③非线性泛函分析及应用；④代数与组合及应用；⑤复杂过程建模与数值计算；⑥优化与控制理论及其应用研究。2017年，数学学科入选国家首批“双一流”建设学科。

与此同时，本学科在马氏过程及相关问题、符号逻辑、微分方程与动力系统、几何计算与逼近、高振荡问题和随机微分方程高性能计算、分析与代数学等方向快速发展，取得了一批突出的研究成果，形成了自己的特色，在国内外产生了重要影响，学科的整体水平与学术地位得到大幅提升。比较典型的有侯振挺教授继1997年提出“马尔可夫过程”的学术思想和理论框架后，又率领其团队，将这一综合了马尔可夫过程、半马尔可夫过程、逐段决定的马尔可夫过程等一系列经典随机过程的理论应用于排队论、控制论等领域，成功地解决了排队论的瞬时分布、平稳分布、遍历性等一系列经典难题，并提出了诸多新问题和新思想，受到国际国内同行的高度评价。年轻学者刘路2010年在本院数学与应用数学专业读本科二年级时彻底解决了英国数理逻辑学家Scetapum(西塔潘)于20世纪90年代提出的一个猜想(西塔潘猜想)，受到数理逻辑国际权威杂志*Journal of Symbolic Logic*主编、逻辑学家、芝加哥大学数学系Denis Hirschfeldt教授等多名专家的高度赞扬。刘路留校任教后，又创造性地将他解决西塔潘猜想的方法推广变成“能够为若干领域带来更进一步的发展”的“一个真正的全新技术”，并应用其解决了如Joe Miller问题、Kjos Hanssen问题等计算理论、反推数学理论、算法随机性理论中的一系列问题，被誉为“近年来计算理论及相关领域中最重要的贡献之一”，其论文发表在国际知名数学杂志、美国数学会会刊*Trans. Amer. Math.*上。芝加哥大学数理逻辑大师Denis Hirschfeld在其最新专著中，将刘路的成果写为一章(附录)“刘氏定理的证明”，对刘路的成果作了详细的介绍。

焦勇教授团队在非交换鞅论研究中取得了新的进展，在定义弱微分从属和非常弱微分从属的基础上，建立了相应的微分从属鞅差序之间的弱型和强型不等式，成功解决了非交换鞅中两个长时间的开问题之一——非交换的Good Lambda不等式。其论文发表在国际综合类高水平权威数学期刊*Advances in Mathematics*上。2017年焦勇教授获得国家优秀青年基金资助，2019年获得中国—波兰国际合作项目(中方经费140万元)。2018年起受邀担任国际SCI期刊*Annals of Functional Analysis*编委。

刘一戎教授团队在微分方程定性理论研究领域做出了一系列开创性工作，将平面实系统化为复系统研究，建立起复系统定性理论基本框架，提出了奇点量计算与有限奇点、无穷远奇点、幂零奇点的中心焦点判定、极限环分支及系统可积性判定的系统的、独特的、新的理论与方法，解决了平面定性理论研究中的若干经典难题，并应邀在北京大学数学学院介绍其理论与方法；出版反映其研究成果的中英文版专著 4 部，受到本领域国内外学者的高度评价，称其研究工作为“中国特色，世界一流”。

随着数学“双一流”建设的深入推进，本学科已成为我国数学研究与人才培养的一支重要力量。

2）固本强基，师资队伍与条件建设显成效

师资队伍与工作环境条件是学科建设的本源和重要基础。2011 年，中南大学新校区数学楼建成并投入使用，使原本分散在 3 个校区的老师聚在一起，有了更好的工作环境，也为人才引进和学术交流创造了良好的条件，从而促进了学科建设和科学研究水平的提升以及师资人才队伍的建设，学科整体实力在这一时期得到了较大的提升。在稳定教师队伍的同时，大力加强人才引进工作，教师队伍从数量到质量都得到了提升。本学科现有专任教师 91 人，其中国家优秀青年基金获得者 1 人，湖南省杰出青年基金获得者 3 人，教育部新世纪优秀人才 3 人，教授 43 人，博士生导师 27 人。近年来，引进教学、科研人员 27 人，其中特聘教授 3 人，特聘副教授 5 人，全职外籍教师 1 人，“3+3”讲师 12 人，招收全职博士后 6 人，其中外籍（法国）博士后 1 人。新选聘教师平均年龄 32 岁，40 岁以下教师占新选聘教师的 100%。同时，聘请了 10 余名外籍专家学者来本学科从事教学和科研工作。2012 年，刘路获影响世界华人奖；2017 年，侯振挺教授获第十三届华罗庚数学奖。

2002 年以来，通过中南大学升华“猎英计划”“2+6”“3+3”特聘教授和特聘副教授等人才计划，引进和培养了一大批青年骨干人才，使本学科教师队伍日益壮大，本科学的研究方向和领域也得到了扩展，特别是基础数学的科研力量得到了加强。师资力量的增强，使本学科的科学研究工作从质和量上都得到了提升。2017 年，焦勇教授获国家优秀青年基金资助，2018 年唐先华教授入选 ESI 高被引科学家。

数学学科紧盯数学领域若干公认的挑战性问题，布局和抢占科学发展制高点，营造良好、宽松、稳定的学科发展氛围，促进重大成果产生。学院制定了《中南大学数学与统计学院权威期刊目录》，引导教师在高水平杂志上发表原创科研成果。2016 年以来，共发表 ESI 论文 505 篇（其中 ESI 高被引论文 22 篇）、前 1‰热点论文 4 篇。ESI 论文从数量的递增到质的飞跃取得了显著的突破，近几年在 *Adv. Math.*、*Trans. Amer. Math. Soc.*、*Commun. Math. Phys.*、*Ann. Probab.*、*Arch. Ration. Mech. Anal.*、*J. Funct. Anal.*、*J. Lond. Math. Soc.*、*Math. Program.* 等国际专业顶级刊物上发表论文 50 多篇。

主持国家自然科学基金 46 项，总经费 2 067 万元（其中优秀青年基金项目 2 项，国际地区合作项目2项，面上项目24项，青年基金18项）；主持重大横向项目4项，总经费178.4万元；主持省部级科研项目29项，总经费252万元。

2002年以来，本学科在包括马尔可夫过程理论、泛函分析与复分析、微分方程与动力系统、数理逻辑、代数图论与组合数学、计算数学、优化与控制论等数学的多个研究领域取得了一系列的研究成果，在国际知名学术刊物发表SCI论文2 000多篇，获得国家自然科学基金资助项目近150项，获省部级科技奖励6项，出版学术专著6部。在全国第四轮学科评估中，本学科被评为B+，被教育部列为全国14个数学“双一流”建设学科之一。这一阶段学科建设所取得的成绩奠定了本学科在国际国内的学术地位，取得了良好的学术声誉，也为学科的进一步发展打下了很好的基础。

3）学科融合，数学交叉学科研究取得长足进步

聚焦国家重大需求，加强与其他领域科学家的合作与交流，开展数学交叉研究，取得了具有国际顶尖水平的创新成果以及相关领域的重大技术突破。

近年来，潘克家教授团队立足于大规模科学计算，与地信院任政勇教授（2019年国家优秀青年基金获得者）合作，针对勘探地球物理学中的核心和前沿问题开展深入研究。在国际地球物理评论性期刊*Surv. Geophys.*等合作发表10多篇高水平论文，含2篇ESI高被引论文、1篇ESI热点论文、1篇综述论文（*Surv. Geophys.*，影响因子5.226）。合作出版专著《直流电阻率有限单元法及进展》（科学出版社，2017）。主持国家自然科学基金委员会地球科学部3项国家自然科学基金项目，1项国防基础科研核科学挑战专题项目，主持湖南省杰出青年基金项目（2017年），参与汤井田教授主持的国家“863”计划重点项目。

郑洲顺教授团队长期与粉末冶金国家重点实验室的专业技术研究队伍进行交叉合作研究，主持完成国家自然科学基金面上项目2项、国家重点基础研究发展计划（“973”计划）项目专题2项，正在参与国家重点研发计划重点专项课题研究。在*J. Comput. Phy.*等刊物上发表SCI/EI学术论文70多篇，单篇最高他引次数近60次，近20篇他引次数超过30次。

刘圣军教授团队一直从事数学与交叉学科的研究工作，与香港中文大学Charlie C. L. Wang教授、德国Chemnitz工业大学计算机科学系Guido Brunnett教授及中南大学机电学院唐进元团队合作，研究计算机辅助设计/计算机辅助制造中的几何造型技术，在*IEEE Trans. Autom. Sci. Eng.*等国际国内期刊和会议上发表论文40余篇，主持包括4项国家自科基金、1项省重点科技计划等在内的各级各类项目10余项，参与2项国家重点研发计划。该团队还与广东省气候中心合作，将深度学习算法成功应用于气候预测业务中。

4）健全机制，形成高水平人才培养体系

2009年开始招收数学专业留学硕士生，2013年开始招收留学博士生，2010年、2015

年获省级科研成果奖、自然科学奖、教学成果奖。

继续指导学生积极参加全国大学生数模竞赛、国际大学生数模竞赛。在2007年2月举行的国际数学建模竞赛中，8支参赛队伍均获奖项，其中两支队伍分别获得MCM的一等奖和二等奖，两支队伍获得ICM的二等奖。在2015年国际大学生数学建模竞赛中获国际特等奖(Outstand Winner，简称“O”奖)，并获得全球仅有的一项最佳创意奖(Ben Fusaro Award)。本科生王跃然、单顺衡、黄文韬2019年获美国大学生数学建模竞赛Outstanding(国际特等)奖。

2008年，刘路以优异成绩考上中南大学数学科学与计算技术学院。大二时，他在自学反推数学时，第一次接触到困扰了中外数学界多年的西塔潘猜想。两个月后，他突然想到利用之前用到的一个方法稍作修改便可以证明这一结论。他将证明写出并投给了数理逻辑国际权威杂志《符号逻辑杂志》。他的这一研究成果得到海内外科学家的权威认可。之后，他又给了这一悬而未决的公开问题一个否定式的回答，彻底解决了西塔潘猜想。

获悉刘路破解了困扰数学界20多年的国际数学难题西塔潘猜想，侯振挺教授在考查了刘路的学术水平后，立即向中国科学院李邦河、丁夏畦、林群3位院士介绍刘路的情况，请3位院士分别致信教育部，申请破格录取刘路为硕博连读生。2011年10月，李邦河等3名院士分别向教育部写信推荐，请予破格录取刘路为研究生，并建议教育部有关部门立即采取特殊措施，加强对其学术方面的培养。同年，中南大学特批刘路硕博连读，并为其量身打造培养方案，还将其作为青年教师后备人才，进入数学家侯振挺教授研究所，从事研究工作。

2008级本科生、2015级数理统计专业博士生肖楠，曾开发10多个广受欢迎的R语言软件程序包，该软件每月下载量达3万次以上。2018年，其软件作品Liftr获得John M. Chambers(钱伯斯)统计软件奖，并受邀在加拿大温哥华举行的联合统计会议(JSM)上做学术报告。这是自2000年该奖设立以来，我国高校在读学生第二次获得该类奖项。

“数值分析”课程2016年获批国家级精品资源共享课。“科学计算与数学建模”课程2018年获批国家精品在线开放课程，在中国大学MOOC平台上线，在线学习人数近2万人。

已建成2个国家级精品课程高水平专业基础课教学团队，获得省级教学成果3项，2人获湖南省教学名师称号。2016—2018年共培养本科生433人，历年就业率均达到98%以上，其中升学深造196人(境内升学146人、境外升学50人)，升学率45.3%；签约企事业单位230人，签约率53.1%，其中毕业生到国家重点单位就业率超过30%。2016—2018年共培养硕士研究生126人，博士研究生41人，历年就业率均达到100%，博士研究生重要学术机构就业率达95%以上，其中6人获湖南省优秀硕、博士论文奖。近3年学生发表SCI/EI论文共计339篇，主持创新创业项目83项(其中30余项为国家级资助项目)，获省部级及以上竞赛奖596项。

5)学科声誉在国际国内不断提升

2006年，中南大学概率论与数理统计学科点举办马氏过程大型国际学术研讨会；2007年举办新世纪分析数学大型国际学术研讨会。本学科点还与中科院、北师大、香港科技大学、美国西北大学、加拿大 Carleton 大学等高校长期联合培养研究生。

学科科研领域、方向进一步扩展，国家自然科学基金项目大幅增加。从2019年开始，有外籍教师长聘本院，开展数学教学和科研工作。师资队伍数量和学历结构发生了巨大变化。

近年来，学科声誉得到不断提升。硕博士毕业生就业率100%，其中包括近五分之一的硕士、博士生通过有关派出途径获得了国(境)外的学习深造和工作机会。优秀的本科毕业生有相当多的人申请全额奖学金至英国华威大学、曼彻斯特大学及美国哥伦比亚大学、南加州大学等世界一流名校攻读硕士或博士学位。同时，通过中国政府奖学金和相关资助项目来学院攻读硕博士学位的海外学生人数逐年增加，2012—2017年共有34人在中南大学数学与统计学院攻读学位或进修。他们分别来自美国、韩国、加纳、刚果、肯尼亚、喀麦隆、南非、南苏丹、尼日利亚等亚洲、美洲和非洲国家。通过双边交流和访问，扩大了学院在海外国家中的影响。每年有多人次参加国内国际重大会议，并作会议报告，多人担任世界知名期刊的编辑与特约审稿人。

专项资助科研一线教师出国访问交流，70%以上老师均有出国访学经历。自2016年以来，数学学科在 *Adv. Math.*、*Commun. Math. Phys.*、*Ann. Probab.*、*J. Lond. Math. Soc.* 等国际主流数学期刊发表国际合作论文78篇。2019年，主持国家自然科学基金国际地区合作与交流项目2项(中国—波兰1项、中国—瑞典1项)。

近3年来，派出29名研究生赴美国、英国、加拿大、澳大利亚等地一流大学进行学术交流与联合培养，接收19名国外学生攻读研究生学位(其中博士研究生17名、硕士研究生2名)。

2018年以来，与中佛罗里达大学签订交换生协议，派送10名本科生到对方学校学习12个月以上。2019年，与北卡罗来纳州立大学签订3+X项目，已有5名学生参加 NCSU 夏季数学课程项目。

6)继往开来，开启新征程

学院现有在籍本科生1 007人，研究生282人，留学生33人。现有教职工126人，其中专任教师100人，行政办公人员15人，实验室教辅人员3人。2018年引进外籍教授6名，其中1人曾入选“千人计划”，1人为“杰出青年基金”及“长江学者”称号获得者。学院师资队伍中包含获“优秀青年科学基金项目”资助1人、入选教育部“新世纪优秀人才计划”4人。

学科建设总体目标是力争在数学与有色、医学和轨道交通等交叉领域取得一批特色鲜明的高水平科研成果，形成以海外院士、“千人”、“长江”和“杰青”等高层次人才领衔的国际上有特色的一流优势学科；建设若干深度合作的国际学术研究团队，优化数学专业本科生与研究生的国际联合培养机制，培养具有全球视野和国际竞争力的一流人才。

数学学科的具体建设目标分两步走。第一步：近期目标到2020年，数学学科通过国家“双一流”验收；第5轮学科评估进入A类学科行列。第二步：远期目标到2025年，数学学科保持在国家一流数学学科方阵，ESI学科排名力争进入全球前1‰，THE、USNEWS、ARWU排名进入前100位，THE、QS排名进入前200位。

未来，将重点建设应用数学中心、数学与交叉科学中心，围绕数学学科重大前沿问题和国家重大战略需求中的关键数学问题开展基础研究，加快数学学科国际化进程，提升数学支撑创新发展的能力和水平，推动数学学科进入世界一流行列，并带动相关交叉学科领域快速发展。进一步创新人才机制。通过短期项目、讲座教授、兼职教授、项目合作等形式柔性吸纳海内外优秀人才。对高端人才做到及时发现、跟踪考察、随时聘用。同时积极加强人才培养，为人才发展提供有利的制度环境，激励各类人才不断涌现。

数学学科的总体发展目标是对接国家重大需求、瞄准数学领域公认的挑战性问题，特别是针对马氏过程理论、泛函分析、微分方程与动力系统、计算数学、代数与数理逻辑、金融数学、控制与优化等领域中的若干前沿问题展开研究，对一些公认的挑战性问题研究取得突破，力争一些特色前沿研究领域在国际上有重大影响、达到国际领先水平，整体学科进入世界一流学科行列，成为国际上有特色的一流学科。

1.3 学科发展大事记

1952年：中南矿冶学院成立，设立基础课部。

1960年：以湖南大学铁道建筑、桥梁与隧道、铁道运输三系及部分公共课教师为基础成立长沙铁道学院，设数理力学系数学教研室，首批从湖南大学转入的教师为龙成基、叶清平、叶富罕、陈嘉琼，龙成基担任教研室主任。中南矿冶学院被确定为全国重点大学，成为当时湖南省唯一的一所全国重点大学。

1973年：侯振挺老师在国内一流学术期刊《科学通报》发表长沙铁道学院数学学科的首篇研究论文《齐次可列马尔可夫过程中的概率——分析法》。

1976年：侯振挺老师专著《齐次可列马尔可夫过程》由西德Springer出版社出版。

1977年：长沙铁道学院成立基础课部，设数学教研室。

1978年：侯振挺教授获得国际戴维逊奖、全国科学大会奖。概率统计专业获批为长沙铁道学院首批4个研究生招生专业之一。长沙铁道学院成立科研所，侯振挺教授担任所长。

1979年：侯振挺教授获得湖南省重大科技成果二等奖。李慰萱教授的研究成果《单因素优选法的最优分批问题和延迟问题》获湖南省重大科技奖。

1980年：侯振挺教授专著《齐次可列马尔可夫过程》被评为全国优秀科技图书。

1981年：概率论与数理统计学科成为全国首批授权博士点。

1982年：侯振挺教授获得国家自然科学奖三等奖。概率论与数理统计博士点首次招收博士研究生，邹捷中为博士点的第一个博士研究生。

1983年：长沙铁道学院基础课部更名为数理力学系。

1986年：侯振挺教授获得湖南省高校“六五”期间科研成果二等奖，被授予“国家级有突出贡献的中青年科技专家”称号。长沙铁道学院应用数学硕士点招生。

1987年：中南工业大学成立数理力学系，设数学教研室。侯振挺教授获得国家教委科技进步二等奖。邹捷中教授获得国际戴维逊奖。

1991年：侯振挺教授被评为享受国务院政府特殊津贴专家。

1992年：邹捷中教授、李致中教授被评为享受国务院政府特殊津贴专家。

1993年：中南工业大学数理力学系更名为应用数学与应用软件系。王家宝教授被评为享受国务院政府特殊津贴专家。

1995年：侯振挺、邹捷中、张汉君、刘再明等的专著《马尔可夫过程的又一矩阵问题》获全国第七届优秀科技图书二等奖。

1996年：中南工业大学通过立项审核进入国家“211工程”重点建设行列，成为首批27所“211大学”之一。应用数学与应用软件系工科数学教研室被评为湖南省省级优秀教研室。曾唯尧教授被评为铁道部青年科技拔尖人才。

1997年：韩旭里教授牵头的教学成果“工科数学一体化教学体系及其课程建设”获湖南省教学成果一等奖。曾唯尧教授获詹天佑铁道科技发展基金第三届詹天佑青年奖。

1998年：中南工业大学由中国有色金属工业总公司划转至教育部直属。侯振挺教授获得湖南省科技进步一等奖。

1999年：长沙铁道学院获批统计学专业本科招生。

2000年：中南大学由中南工业大学、湖南医科大学与长沙铁道学院三校合并组建而成。数学学科获批设立数学博士后科研流动站。刘再明教授被评为铁道部有突出贡献中青年专家。

2001年：中南大学进入国家“985工程”部省重点共建高水平大学行列，侯振挺教授获得湖南省科技进步一等奖，刘再明教授入选教育部优秀青年教师资助计划。

2002年：中南大学设立数学科学与计算技术学院，侯振挺教授获得湖南省光召科技奖。

2005年：中南大学入选国家“111计划”，成为首批23所入选高校之一。

2006年：侯振挺教授获教育部高校优秀科研成果奖自然科学奖二等奖。

2008 年：应用数学获批为数学二级学科博士点。韩旭里教授负责的“数值分析”课程入选国家级精品课程。

2009 年：韩旭里教授被授予湖南省教学名师奖。郑洲顺教授负责的“科学计算与数学建模”课程入选国家级精品课程。数学学科招收海外来华留学硕士生。

2010 年：数学学科获批为数学一级学科博士点。韩旭里教授领衔的成果“函数高阶逼近和保形插值的理论与方法”获教育部高校优秀科研成果奖自然科学奖二等奖。唐先华教授领衔的成果获湖南省自然科学一等奖。刘一戎教授的专著《平面向量场的若干经典问题》由科学出版社出版。刘再明教授获湖南省教学成果三等奖。

2011 年：2008 级数学与应用数学专业本科生刘路破解西塔潘猜想。提前一年大学毕业，被破格聘为教授级研究员。刘再明教授领衔的研究团队携“概率论及其相关领域若干前沿问题研究”项目入选“十二五”湖南省高校科技创新团队。

2012 年：刘路被破格录取为概率统计专业博士研究生。唐先华教授被评为享受国务院政府特殊津贴专家。韩旭里教授负责的“数值分析”课程入选国家级精品资源共享课。

2013 年：中南大学入选国家“2011 计划”牵头高校，成为首批 14 所牵头高校之一。数学科学与计算技术学院更名为数学与统计学院。郑洲顺教授负责的“科学计算与数学建模”课程入选国家级精品资源共享课。

2014 年：数学学科招收海外来华留学博士研究生。

2015 年：数学学科进入 ESI 国际排名前 1%。陈海波教授领衔的研究成果“非线性微分方程解的存在性理论研究”获湖南省自然科学三等奖。

2016 年：韩旭里教授牵头的教学成果“研究生数学建模教育创新的研究与实践”获湖南省教学成果一等奖。

2017 年：中南大学入选国家“双一流”建设高校，成为全国 36 所世界一流大学建设高校（A 类）之一，数学学科成为教育部公布的中南大学 4 个国家一流建设学科之一、全国 14 个数学一流建设学科之一。焦勇教授获国家自然科学基金优秀青年基金资助。第一批数学学科海外来华留学博士研究生毕业。唐先华教授入选高被引科学家。

2018 年：侯振挺教授获得华罗庚数学奖。焦勇教授获国家自然科学基金国际合作基金资助。韩旭里教授被评为享受国务院政府特殊津贴专家。

2019 年：数学与应用数学专业被评为国家一流本科专业建设点。信息与计算科学专业被评为湖南省一流本科专业建设点，郑洲顺教授被评为湖南省芙蓉教学名师。一名俄罗斯籍教师与一名韩国籍教师全职在数学学科任教。数学学科选拔的首批本科生赴海外留学。

第2章 学科人物

2.1 学术带头人

侯振挺，男，汉族，1936年出生，河南新密人，1960年毕业于唐山铁道学院（现西南交通大学），后分配至长沙铁道学院任教。1978年晋升为教授，同年加入中国共产党。1984—2000年担任长沙铁道学院副院长、科研所所长，其间曾担任湖南国际经济学院院长（后并入湖南财经学院）；1986—1996年担任湖南省科协主席；1988年起担任湖南省数学会理事长；连续担任第五、六、七、八届全国人大代表，并入选全国劳动模范；现任湖南省科协名誉主席，湖南省数学会名誉理事长，中南大学教授、博士生导师，中南大学数学与统计学院名誉院长。

侯振挺早年研究排队论，20世纪60年代至今一直致力于马尔可夫过程的研究，取得了一系列国际领先的重大成果，如Q过程的唯一性准则、Q过程的定性理论、Q过程的样本函数构造及带瞬时态Q过程的构造等。1997年他和他的学生们提出了马尔可夫骨架过程新概念并加以研究，将其成功地应用于排队论、可靠性及存储论等的研究。侯振挺先后获1978年英国戴维逊奖、1978年全国科学大会奖、1982年国家自然科学奖三等奖、2002年湖南光召科技奖等20余次省部级以上奖励。2017年获第十三届华罗庚数学奖。2019年获中共中央、国务院、中央军委颁发的庆祝中华人民共和国成立70周年纪念章。

主要学术成就和贡献如下。

2.1.1 马尔可夫过程

侯振挺对马尔可夫过程进行了长期而深入的研究，在可列马尔可夫过程研究方面取得了许多重大进展，其中一些成果目前仍然处于国际领先水平。

（1）侯振挺发展了王梓坤院士提出的“极限过渡法”，首创了“最小非负解理论”。证明了任一Q过程的样本函数都是一列一阶Q过程的极限，从而可把一般Q过程一些问题化为一阶Q过程的相应问题来研究。而一阶Q过程由于其样本函数十分简单，利用最小非负解理论证明了这些过程的特征数字都是某一方程的最小非负解。这些工作为马尔可夫过程的研究提供了一个强有力的工具。

(2)发表在1974年《中国科学》第2期上的论文《Q过程的唯一性准则》，解决了概率论40多年来悬而未决的Q过程的唯一性问题，这是一项国际领先的成果。1976年，剑桥大学教授Reuter在*Probability Theory and Related Fields*上发表文章，称“Q过程的唯一性准则”为“侯氏定理”。侯振挺这一成果，在国内外受到高度的评价，并得到国内外学者的广泛引用：

①该成果获1978年度国际戴维逊奖。戴维逊基金会主席P.惠特尔给中国科学院院长的信(通知得奖)中写道：“……四十多年来数学家们非常关心这个问题，他们多次做了特别的努力以寻求唯一性问题的答案。但是，直到这位天才的年青人发表他的论文以前，所有的努力都失败了。他的杰出论文引起了广泛的注意，这是因为他的答案具有完整性和最终性。我们高度评价侯振挺的工作。”

②1986年，Bernoulli概率统计学会理事长、英国皇家学会会员、剑桥大学的一名教授在*Advance in Applied Probability*发表对Reuter教授的科研评价的文章，写道：“侯振挺的论文标志着Q过程理论取得了突破性进展。……侯也因这篇杰出的论文获得了1978年度戴维逊奖。”

③1990年，Jacobsen教授在美国*Mathematical Review*上评论侯的专著*Homogeneous Denumerable Markov Processes*时写道：“《Q过程的唯一性准则》使中国概率论研究群体的工作首次在国际上引起广泛的关注”。“在稳定态Q过程理论的研究方面，本书处于当前最先进(state-of-the-art)水平”。

④1994年，T. M. Liggett教授在评论一本专著时写道：“对概率论的两个领域：连续时间马尔可夫链和交互粒子系统，中国概率论学者这些年来作出了重大贡献。关于前者，一项主要成就是侯振挺1974年关于Q过程唯一性的解答。”

⑤概率论专家K. B. Athreya指出：“在中国有一帮研究马氏过程构造论的数学家……取得了很大的成功，他们的领导者是侯振挺……”

⑥1991年，Springer出版了Anderson总结30年来马尔可夫链研究的主要成就的专著*Continuous-Time Markov Chains*，侯振挺的“Q过程的唯一性准则”成果作为一章收入该书。杨向群的专著*The Construction Theory of Denumerable Markov Processes*(John Wiley & Sons, 1990)、Wang Zikun和杨向群的专著*Birth and Death Processes and Markov Chains*(Springer, 1992)都收入了侯振挺的“Q过程的唯一性准则”和相关定理并给出了证明。

⑦1979年，苏步青院士在《新中国数学工作的回顾》中两处提到“Q过程唯一性准则”，并指出，新中国成立30年来，陈景润、杨乐、张广厚、侯振挺作出了第一流水平的成果。

1988 年出版的《中国大百科全书》将“Q 过程的唯一性准则”收入数学卷中。

(3)侯振挺解决了全稳定态情形的 Q 过程的定性理论，特别是给出了“既不满足柯氏向后方程也不满足柯氏向前方程的 Q 过程存在准则”，在《数学学报》和《数学年刊》上发表论文《齐次可列马尔可夫过程构造论中的定性理论》，全面发展了《Q 过程的唯一性准则》中的结果和方法。

(4)侯振挺与陈木法院士合作完成《马尔可夫过程与场论》，在马尔可夫链的研究中首次引入场论工具，成为无穷粒子系统可逆性研究的基石。这篇文章成为我们打开交互作用无穷粒子系统研究突破口的主要武器。

2.1.2　开辟了一个新的研究领域——马尔可夫骨架过程

1997 年，侯振挺等在总结马氏过程和各种混杂随机模型的研究基础上，提出了一类新的随机过程的概念——马氏骨架过程，并加以研究，极大地拓展了马氏过程的研究和应用领域。这是侯振挺教授等开辟的全新研究领域，具有很高的科学价值和广阔的应用前景。

该理论主要有两个结果：一是马氏骨架过程的概率分布的向后方程的计算，囊括了很多的经典结果并可广泛应用在许多领域，在排队论、存储论、可靠性等领域中已获成功应用；二是一类特殊的马氏骨架过程——Doob 骨架过程的极限理论，如可列马氏过程、半马氏过程、GI/G/N 排队系统及带 Possion 输入的排队网络等。

2000 年出版的专著《马尔可夫骨架过程——混杂系统模型》得到了国内同行的高度评价。该书的英文版专著在 2005 年由科学出版社和 International Press 联合出版，得到了英国皇家学会会员 D. Williams、皇家学会会员 D. Dawson 等国际知名概率论专家的高度评价，认为 MSP 理论是“原创性工作，为许多重要的随机过程的研究提供了系统的基础”，“在很多领域有很大的应用潜力”，“必将对这些领域产生深远的影响”。MSP 对排队论的应用尤为成功，解决了 60 年来悬而未决的 GI/G/N 排队队长的瞬时分布难题。

2.1.3　排队论

早在大学学习期间，侯振挺就解决了著名学者巴尔姆和辛钦分别于 1943 和 1955 年提出的公开问题。苏步青院士在《新中国数学工作的回顾》一文中将此成果列为排队论 3 项主要成果之一。

近年来，侯振挺又从事排队论研究，得到了系统而深入的成果。一是利用补充变量技巧把任一排队过程化为既是马尔可夫过程又是马尔可夫骨架过程进行研究，从而用马尔可夫骨架过程的向后方程理论给出了任一排队过程的瞬时分布，特别是解决了几十年来悬而未决的 GI/G/N 排队队长的瞬时分布难题，发表在 *Acta Mathematicae Applicatae Sinica* (*English Series*)的相关论文获 2003 年第一届中国科协期刊优秀学术论文奖；二是用 Doob 骨架过程的极限理论给出了许多排队过程的极限分布；三是利用马尔可夫骨架过程和马尔可夫过程中最近发展起来的各种遍历性理论给出了诸多排队过程的各种遍历性条件。

2.1.4 教育工作

1978年，侯振挺教授开始招收和培养研究生。1981年，他所领导的概率论与数理统计学科成为国务院首批公布的博士点。2001年起，连续入选“十五”“十一五”国家重点学科。迄今为止，他已为国家培养了大批人才，其中博士研究生50余人，许多人已经成为学科学术带头人、科研骨干或高级管理人才，如与严士健教授联合培养的博士毕业生陈木法已成为当今国际概率统计界知名的数学家，并于2003年当选为中国科学院院士；博士毕业生邹捷中教授的论文获得1987年度国际戴维逊奖，邹捷中成为继侯振挺教授之后我国第二个获得此奖的数学工作者；博士毕业生郭先平2009年获得国家杰出青年基金；博士毕业生陈安岳曾任英国利物浦大学的Chair Professor。他还培养了一批高级管理人才，如陈治亚(曾任中南大学党委副书记)、王崇举(曾任重庆工商大学校长)、李学伟(现任北京联合大学校长)、李民(现任湖南省委组织部常务副部长)。

2.2 学科优秀人才

关家骥(1928—2017)，男，广西桂林人，中共党员，教授，研究方向为应用数理统计。1952年9月广西大学毕业，分配至中南矿冶学院参加工作，是中南矿冶学院创院元老。

1987年晋升为教授，1987年10月担任中南工业大学数软系系主任。曾任湖南省数学会副理事长、中国现场统计研究会理事。

讲授高等数学、复变函数、概率论与数理统计、回归分析等11门课程；编写和出版《概率论与数理统计》讲义，全书20余万字。

曾两次被评为中南矿冶学院社会主义建设积极分子，两次被评为中南矿冶学院先进工作者；被评为中南工业大学先进教师。

蔡海涛，男，1934年6月出生，湖南益阳人。1957年毕业于武汉大学数学系。1978年分配至中南矿冶学院工作。研究方向为：复分析、弹性理论、经济数学。出版专著10部，发表论文100余篇，培养硕士生22名、博士生6名。

蔡海涛教授在弹性理论与断裂力学方面取得了重要成果，收集于其专著 *Mathematical Theory in Periodic Plane Elasticity* [Gordon and Breach Science Publishers，2000年(英国)]中。1985年，著名数学家路见可教授受美国数学会主办的 *Contemporary Mathematics* 杂志之托，著文 *Complex Variable*

Methods in Elasticity，介绍了中国在这个领域的研究成果，其中引用蔡海涛教授的论文、专著达 6 种之多，列于参考文献之首，并以显著位置推介。

蔡海涛教授在系统工程及其应用上提出了对误判现象进行最优控制的基本理论与方法，具体设计了以最佳投入产出与最佳经济效益为目标的系统方法，编制了函数表与应用软件并在全国推广应用，创经济效益近 200 万元。他还应用多目标优化数学模型，合理配置了各类人群的适时食物结构优化模式与相应的营养优化食谱。联合国粮农组织官员休斯女士认为："此项成果不仅可以介绍到中国的其他地区，而且还可介绍到欧洲的一些国家。"

蔡海涛教授与李国平院士合著了《准解析函数论》一书。中国科学院院士丁夏畦评价该书中所载的工作是有创造性和较高学术价值的，认为蔡海涛教授创造性地改进了李国平院士的许多成果。此外，蔡海涛教授的专著《现代社会科学的数学方法》由香港科技大学李永隆译成英文，由 Gordon and Breach Science Publishers 出版。他在亚纯函数与整函数方面的论文得到美国《数学评论》和德国《数学文摘》的好评。

杨承恩（1938—1994），男，汉族，湖南益阳人，教授，硕士研究生导师。1962 年毕业于湖南师范学院，大一时即翻译了苏联彼得罗夫教授的《微分方程习题解专集》。毕业后分配到益阳市二中任教。

1978 年 2 月调入长沙铁道学院基础课部。1979 年成为教育部在湖南省高校首批考核选拔出国访问学者，在伦敦大学进修两年半，专攻离散数学、组合优化、理论计算机科学。回国后在长沙铁道学院科研所担任数学专业及研究生教学近 10 门专业课程。编写了《计算复杂性理论》《排序与离散位置理论》等教材。20 世纪 70 年代在《计算机理论与应用》刊物上发表英译文章 4 篇。

在美国《科学院年刊》、美国《网络杂志》、德国《欧洲运筹学杂志》、加拿大《Simon Fraser 大学学报》及新加坡《亚洲太平洋运筹学杂志》等有影响的国际刊物发表论文 10 余篇。在国内《应用数学学报》等核心刊物发表论文 20 余篇。受聘为美国《数学评论》评论员。受聘为新西兰 Walkato 大学及加拿大 Simon Fraser 大学客座教授开展科研合作与讲学，被新加坡大学邀请做短期学术讲座，也被国内多所大学邀请讲学。任中国运筹学会学术委员会委员、中南地区运筹学会秘书长、排序理论专业委员会委员。主持国家自然科学基金资助项目。被聘为国家科委相关课题评审的专家评审库专家。

吕德，男，1935 年出生，浙江定海人。中共党员，教授，研究方向为偏微分方程。1961 年复旦大学数学系毕业，1961 年 9 月参加工作，1972 年到中南矿冶学院任教。曾连续 4 届担任湖南省数学会副秘书长，任中南矿冶学院数学教研室副主任。

主要讲授高等数学、线性代数等课程。发表过《解析函数的非线性 Haseman 边值问题》《一类具有 Neumann 特征的非线性边值问题》《解析函数的八元素联结问题》等 20 篇论文。作为审核人参与《高等数学习题集》的编纂工作，相关论文被《线性与非线性椭圆形复方程》引用。其工作扩大了中南工业大学在湖南省数学界的影响。

曾被评为湖南省模范教育工作者、湖南省劳动模范、中南矿冶学院模范党员，曾获中南矿冶学院教学优秀一等奖。

李致中，男，1936 年出生，山东怀仁人。教授，博士生导师。1953 年 7 月参加工作，1961 年 8 月到长沙铁道学院任教。曾任研究室主任，《系统工程》《经济数学》杂志编委。曾任湖南省数学会副秘书长、秘书长，湖南省质量管理协会副理事长，中国运筹学会理事，中国九三学社湖南省委常委。1993 年以代表身份参加中国九三学社全国代表大会，1998 年以代表身份参加中国九三学社全国代表大会。

李致中教授既有铁路运输专业较宽广的基础知识，又有扎实的理论基础，主要研究铁道运输管理、运筹学，主讲了应用数学、线性规划和矩阵论等 7 门课程。主持和参加省部级科研项目 10 项，发表论文 40 篇，出版专著 4 部。

曾获铁道部科技成果二等奖、铁道部优秀教师称号、铁道部二届优秀教材一等奖、铁道部科技进步一等奖、中华全国铁路总工会火车头奖章、铁道部全国优秀科技工作者称号、全国科技进步三等奖、湖南省优秀科技论文一等奖、第 15 届国际运筹学会“运筹学进展奖”提名。1992 年起享受国务院政府特殊津贴。

芮嘉诰，男，1938 年出生，山东青岛人。中共党员，教授，研究方向为微分方程理论及其稳定性。1961 年 9 月山东大学数学系毕业，11 月分配至中南矿冶学院任教。为加拿大卡尔加里大学数学系高级访问学者，湖南省数学会成员。

发表《一类变系数线性系统零解渐进稳定的判别法则》《具有扰动项的一类中立型泛函微分方程解的估计》《几类高阶非线性方程的全局渐进稳定性》等 10 余篇高水平论文，其中《非线性中立型泛函微分方程的扰动》曾参加爱法莱顿国际微分方程会议并进行交流。翻译著作有《200 个趣味数学故事》(俄文)和《应用数学漫谈》(俄文)，由湖南教育出版社出版。

曾获校级教学优秀一等奖、校级先进教师称号、校级先进工作者称号、校科技成果三等奖等。

王家宝，男，1945 年出生，上海人。理学硕士，教授，研究方向为应用数学方向。1968 年复旦大学数学系数学专业本科毕业，1968 年 12 月参加工作，1981 年上海铁道学院应用数学专业研究生毕业，1981 年 12 月到长沙铁道学院任教，1990—1991 年曾赴加拿大 Simon Fraser University 访问进修。曾任长沙铁道学院成人教育部副科长、数学教研室副主任、数理力学系教学副主任。

从事基础课教学 10 多年，主要讲授高等数学、概率统计、组合数学、数学模型等 10 余门课程，教学效果优良；任教学副主任多年，尽心竭力，为数学师资、计算机财会专业建设以及为高等数学、材料力学、概率论与数理统计等重点课程建设做出了突出贡献。

先后发表《关于图的香农容量》《旋风切削醇解机螺杆的数学分析》《关于微分中值定理的思考》和 *A Construction of Match* 等 10 余篇论文。出版《概率论与数理统计教程》。

1986 年，获长沙铁道学院先进教师荣誉称号；1993 年起享受国务院政府特殊津贴。

邹捷中(1947—2016)，男，湖南新化人。中共党员，理学博士，教授，博士生导师。1982 年 12 月长沙铁道学院毕业后留校任教，先后任长沙铁道学院科研所应用数学研究室主任、概率统计研究室主任。1992 年 6 月担任长沙铁道学院科研所副所长。自 1993 起，任第七届、第八届湖南省政协常委，第九届湖南省政协委员，2001 年 11 月被聘任为湖南省人民政府参事。2000 年任湖南省数学会副理事长，2001 年起任中国数学会第八届、第九届理事会理事，2002 年任中国工程概率统计学会副理事长、湖南省学位委员会委员。2002 年担任中南大学数学科学与计算技术学院首任院长。

邹捷中教授长期致力于应用概率和马尔可夫过程理论及数理金融的研究，在《中国科学》《伦敦数学杂志》等国内外重要刊物上发表论文 40 余篇，合著专著 4 部。曾应邀赴英国做高级访问学者，并在剑桥大学、格林威治大学讲学。

邹捷中教授解决了 Kendall 猜想，获得 1987 年国际戴维逊奖，曾获得国家教委科技进步二等奖，3 项湖南省科学进步一等奖及湖南省优秀论文奖等多项奖励。被评为湖南省优秀科技工作者，获得中华全国铁路总工会火车头奖章，是铁道部有突出贡献的中青年科技专家，从 1992 年起享受国务院政府特殊津贴。1987 年被评为长沙铁道学院优秀教师，

1990 年他带领的团队获得长沙铁道学院优秀教研室奖，1991 年获得长沙铁道学院教学优秀一等奖。

刘一戎（1953—2018），男，汉族，湖南省长沙市人。1977—1982 年就读于中南矿冶学院数学专业（本科师资班），获学士学位，1982 年至 1984 年 12 月就读于中南矿冶学院数学专业，获硕士学位。1985 年，担任中南工业大学数理系助教，1986 年被聘为数学系讲师。1987 年至 1990 年 12 月就读于湖南大学应用数学系，获博士学位。1991 年 1 月至 1992 年 9 月在南开大学陈省生数学研究所做博士后。1992 年晋升为教授，1998 年被聘为中南工业大学材料系博士生导师，2002 年起任中南大学数学科学与计算技术学院博士生导师，2012 年至 2018 年 12 月，任中南大学数学学院二级教授。湖南省数学会理事。

刘一戎教授在平面多项式微分系统的极限环分支、可积性与可线性化等方面获得了一系列重要成果，通过将实系统化为复系统，定义复系统奇点量、周期常数与分支函数，为微分方程定性理论研究中的焦点量与鞍点量的计算、中心焦点判定、等时中心、极限环分支等经典而困难的问题提供了系统的独特的研究方法。迄今为止，关于三次系统极限环分支问题的结果，仍是本领域国际上最先进的工作。关于退化幂零奇点的极限环分支的研究，受到国际上广泛关注，很多论文已成为相关研究领域中非常有影响的文献，被反复引用。刘一戎教授在国际 SCI 杂志和国内本方向权威杂志上发表高水平研究论文百余篇，主持国家自然科学基金面上项目 3 项。先后在德国格鲁伊特出版社、中国科学出版社等一流出版社出版 *Singular Point Values, Center Problem and Bifercatons of Limit Cyces of Two Dimensional Differential Autonomous Systems* 等著作 4 部，获省部级科研成果奖 2 项，培养博士研究生 9 人、硕士研究生 30 余人。

韩旭里，男，汉族，1957 年出生，湖南省武冈市人。1994 年中南工业大学博士研究生毕业并获博士学位。2000—2001 年为美国南佛罗里达大学和佛罗里达大学访问学者，2009—2010 年为美国纽约州立大学（奥尔巴尼校区）高级研究学者。1987 年南京航空航天大学硕士研究生毕业后来中南工业大学工作，先后担任中南工业大学应用数学与应用软件系工科数学教研室主任、副系主任、系主任、中南大学数学与统计学院副院长。1994 年起被聘为教授，2000 年起被聘为博士研究生导师。曾担任国家自然科学奖数学学科组会议评审专家、国家科技创新重大项目会议评审专家、全国高校青年教师教学竞赛决赛评委。曾兼任中国工业与应用数学学会几何设计与计算专业委员会副主任。被评为中南大学师德先进个人、湖南省优秀教师、湖南省教学名师、全国大学生数学建模竞赛优秀指导教师，获得全国研究生数学建模竞赛杰出贡献奖，享受国务院政府特殊津贴。

从事数学科学的教学与科研工作，1997 年和 2016 年分别领衔获得省级教学成果一等奖，主持国家级精品课程和国家级精品资源共享课程项目，负责的数值分析课程于 2016 年获得教育部国家级精品资源共享课称号。主编“十一五”国家级规划教材《大学数学教程》(系列教材)。1993 年以来指导本科生参加美国(国际)大学生数学建模竞赛和全国大学生数学建模竞赛，2004 年参与发起全国研究生数学建模竞赛，并于 2013 年申请全国研究生数学建模竞赛(由教育部学位与研究生教育发展中心主办)。学术研究工作取得了一系列的重要成果，在 *Mathematics of Computation*、*SIAM Journal on Numerical Analysis*、*Journal of Approximation Theory*、*Computer Aided Geometric Design* 等权威国际刊物上发表了高水平的研究论文，发表的论文得到美国科学奖章(最高科学奖)获得者的推广应用。受中国数学会邀请在有国际数学家联盟执委会成员参加的中国数学会年会上作了 40 分钟的计算科学方向学术报告。分别获得国家教育委员会科技进步三等奖、中国有色金属工业总公司科技进步三等奖和湖南省科技进步三等奖，2010 年度独立获得教育部高等学校科研成果自然科学奖二等奖。2016 年和 2017 年分别担任亚洲设计与数字工程国际会议组织委员会主席和国际程序委员会主席。

刘再明，男，汉族，1961 年出生，湖南宁乡人。1977 年考入湖南师范学院数学系读大学本科，1988 年 12 月长沙铁道学院概率论与数理统计专业博士研究生毕业，获理学博士学位并留校工作。二级教授、博士生导师，曾担任数学与统计学院院长、党委书记，国家重点学科概率论与数理统计主要学科带头人，“十二五”湖南省数学一级重点学科负责人，“十二五”湖南省高校科技创新团队“概率论及相关领域若干前沿问题研究”负责人。

刘再明教授长期从事数学的教学、科研和二级学院的管理等工作；2001 年 7—9 月、2005 年 9 月—2006 年 9 月先后在加拿大 Windsor 大学和美国 Michigan State University 留学访问。1995 年 7 月被破格晋升为教授，1996 年 6 月起担任博士生导师。主要研究方向为马尔可夫过程及其应用、排队论与排队网络等。在含瞬时态 Q 过程构造理论、马尔可夫骨架过程、保险风险理论、复杂排队系统及其控制等研究方面取得了一系列突出的成果，彻底解决了含瞬时态生灭过程的存在唯一性问题，构造了含有限个瞬时态的全部生灭 Q 过程，否定了关于不中断 Q 过程唯一性的一个猜想，除“双无限”情况外，解决了 B 型 Q 过程的存在唯一性问题等；与侯振挺教授等人提出和研究了一类新的随机过程——马氏骨架过程，建立了关键的向后和向前方程，取得了丰硕的研究成果，奠定了其理论基础，拓展了马氏过程的概念，开辟了随机过程的新的研究方向；在复杂排队系统及其排队博弈、保险风险理论等研究方面也取得了很好的成果。主持了国家自然科学基金、博士点基金、湖南省自然科学基金等 10 多项科研、教学课题，合作出版专著 3 部（《马尔可夫过程的 Q-矩阵问题》《生灭过程》《马尔可夫骨架过程》），在国内外重要期刊上发表了高水平论文 100 多篇。先后主讲了近 20 门本科生、研究生课程，指导和培养了硕士生、博士生 90 多人。曾获全国第七届优秀科技图书二等奖，两次获湖南省科技进步一等奖等科研奖励以及中南大学教学成果一等奖和湖南省教学成果三等奖。是铁道部有突出贡献的中青年专家，教育部优秀青年教师资助计划获得者，并入选湖南省首批新世纪"121"人才计划第二层次人选。曾任中国数学会第十、十一届理事（2007—2015 年），中国工程概率统计学会第六、七届理事长（2008—2016 年），中国排队论学会副理事长（2011—2019 年）；现任中国运筹学会第九、十届理事（2012—2020 年），湖南省数学会副理事长，湖南省运筹学会副理事长，中南大学数学科学与计算技术学院教授委员会主任等。

戴斌祥，男，汉族，1962 年出生，湖南常德人。1983 年北京师范大学数学系本科毕业后分配到长沙基础大学（长沙学院）工作，1996 年调入湖南大学数学与计量经济学院，历任副教授、教研室主任、系主任助理、副院长，2001 年获湖南大学应用数学专业博士学位。2003 年调入中南大学数学科学与计算技术学院，晋升为教授，先后任院长助理、应用数学系系主任等。现为二级教授、博士生导师。入选湖南省新世纪 121 人才工程人选，获得国家自然科学奖和湖南省自然科学奖，担任数学专业评审组初评会议评审委员、国际差分方程协会会员、中国数学会会员、《美国数学评论》与《德国数学评论》特约评论员。兼任湖南省数学会常务理事、副秘书长，中国生物数学学会常务理事，中国大学生数学竞赛湖南赛区负责人等。作为访问学者多次访问加拿大 York 大学、Newfoundland Memorial 大学、Wilfrid Laurier 大学和中国香港理工大学等。

戴斌祥教授主要从事时滞微分方程与离散动力系统、种群生态学与传染病学、反应扩散方程的定性理论与应用等领域的教学与科研工作，在脉冲微分系统动力学行为的应用研究方面、具脉冲的非线性泛函微分系统的定性理论研究方面、状态依赖的脉冲微分方程的几何理论研究方面、种群生态学特别是 IGP 模型的动力学行为研究方面以及反应扩散方程的分支理论、时空动力学和自由边界问题等研究方面取得了许多研究成果。先后在国内外著名的学术刊物上发表了 150 多篇论文（含高被引论文 1 篇），出版专著 1 部。主持 5 项国家自然科学基金面上项目、1 项国家 973 计划子课题、1 项湖南省自然科学基金重点项目和多项省部级科研课题，获得湖南省科技进步一等奖和湖南省自然科学一等奖各 1 项。主编出版教材 6 部，获得湖南省高校优秀教学成果二、三等奖和湖南省"九五"教育科研课题优秀成果二等奖各 1 项。培养博士研究生 19 人（其中 1 人获得湖南省优秀博士学位论文奖）、硕士研究生 47 人。

刘伟俊，男，汉族，1962 年出生，湖南新化人。1982 年零陵师范专科学校数学专业毕业，1993 年和 1998 年分别获浙江大学理学硕士和理学博士学位，1993 年起在长沙铁道学院工作，1998—2000 年在浙江大学数学博士后流动站工作，2002 年上半年在北京大学做访问学者，2004—2005 年在剑桥大学做访问学者，2005 年入选湖南省新世纪“121”人才工程，2002 年破格晋升为教授，2003 年被评为博士生导师。在此期间，历任长沙铁道学院数学教研室副主任、主任，中南大学数学与统计学院基础数学系主任及数学与统计学院副院长。

刘伟俊长期从事有限群论和代数组合的研究工作，特别是在群与组合设计的研究领域取得了一系列重要成果，如创立了解决自同构群是低维李型群的区传递的区组设计的分类方法，部分证明了 Delandtsheer-Doyen 猜想和 Cameron-Praeger 猜想等，为分类具有良好传递性的区组设计做出了重要贡献，并于 2004 年举办了“群与组合结构”国际学术研讨会，参加会议的有包括澳大利亚科学院院士 C. E. Preager 在内的 10 多名国外著名学者。他主持了国家自然科学基金面上项目 4 项、省自然科学基金 1 项，参与了国家自然科学基金面上项目 5 项；在国内外重要期刊上发表论文 120 余篇，其中 SCI 收录 80 余篇；主编教材 1 部。在人才培养方面，他积极承担本科生和研究生的教学任务，积极参与本科生的毕业论文指导，培养了硕士研究生 40 余名、博士研究生 10 余名。2006 年获得宝钢优秀教师奖。

李俊平，男，汉族，1962 年出生，湖南安仁县人。1983 年湖南师范大学数学专业毕业，获得学士学位，留校任助教。1988 年北京师范大学概率论与数理统计专业研究生毕业，获得硕士学位。1994 年于中南工业大学获得理学博士学位。2002 年 3 月—2005 年 6 月留学英国 Greenwich 大学并获得第二个博士学位。为二级教授、博士生导师，曾任长沙铁道学院科研所副所长、中南大学数学与统计学院副院长等职。为中国数学会理事、中国概率统计学会理事、中国工程概率统计学会副理事长。

李俊平教授长期从事概率论与数理统计领域的教学与研究工作，先后主讲了高等代数、实变函数、概率论与数理统计、线性代数、高等数学等本科生课程和测度论、随机过程、连续时间马氏链、随机网络、布朗运动与扩散、应用统计等研究生课程。曾获得湖南省和中南大学教学成果优秀奖。在马尔可夫链、广义分枝过程、分形上的 Brown 运动及马尔可夫骨架过程等方面取得了一系列重要成果。在 *Advances in Applied Probability*、*Journal of Applied Probability*、*Methodology and Computing in Applied Probability*、*Science in China* 等国内外一流学术刊物上发表论文 90 多篇。曾获 2001 年度湖南省科技进步一等奖和 2006 年度湖南省自然科学优秀论文二等奖。主持国家自然科学基金 4 项、博士点基金 1 项、留学回国基金 1 项、湖南省自然科学基金 1 项。出版 2 部专著《生灭过程》(湖南科技出版社, 2000)、《马尔可夫骨架过程-混杂系统模型》(湖南科技出版社, 2000)。编写 2 部教材《高等数学》(中南大学出版社, 2014)、《高等代数》(清华大学出版社, 2014)。

唐先华, 男, 汉族, 1963 年出生, 湖南衡南人。1984 年 7 月毕业于衡阳师范专科学校物理系; 1990 年 6 月于南开大学基础数学专业研究生毕业, 获硕士学位; 1995 年 8 月调入中南工业大学数软系任教, 1997 年 9 月考入湖南大学应用数学系, 在职攻读应用数学专业泛函微分方程方向博士学位, 于 2000 年 6 月毕业, 获博士学位, 其毕业论文获湖南省 2002 年优秀博士论文奖。1998 年 10 月晋升为副教授, 2000 年 10 月被破格晋升为教授, 2002 年被评为博士生导师。2001 年 3 月至 6 月访问加拿大 Newfoundland 纪念大学; 2002 年 1 月至 2003 年 1 月, 访问意大利国际理论物理中心(ICTP)。

唐先华教授长期从事数学教学与研究工作, 主要研究领域包含非线性分析、偏微分方程、Hamilton 系统、泛函微分方程、常微分方程及离散动力系统, 在 *SIAM J. Math. Anal.*、*J. Differential Equations*、*Calc. Var. Partial Differential Equations*、*J. Dynam. Differential Equations*、*Nonlinearity*、*J. London Math. Soc.*、*Discret. Cont. Dyn. Sys. -A*、*Proc. Amer. Math. Soc.*、*Proc. Royal Soc. Edinburgh (A)* 和《中国科学》等国内外许多重要刊物上发表了论文 300 余篇, 文章被 SCI 刊物引用 3 600 余次; 2014—2018 年连续 5 年进入 Elesevier 发布的中国高被引学者榜单, 2018 年首次进入科睿唯安(Clarivate Analytics)发布的“高被引科学家”名单。先后主持完成 5 项国家自然科学基金面上项目和教育部优秀青年教师资助计划等 6 项省部级科研项目。2010 年获湖南省自然科学一等奖(第一完成人), 2012 年成为“享受国务院政府特殊津贴专家”, 2013 年获湖南省教学成果一等奖(第三完成人)。已培养博士毕业生 28 人, 在读 7 人。目前担任两个 SCI 杂志 *Advance in Nonlinear Analysis* 和 *Advance in Differential Equations* 的编委。

甘四清, 男, 汉族, 1963 年出生, 湖南湘阴人。中共党员, 二级教授, 博士生导师。1984 年本科毕业后分配到中国人民解放军空军第一航空学院工作, 1995 年从部队转业到长沙铁道学院工作, 2001 年于中国科学院数学研究所获理学博士学位, 2001—2003 年在清华大学计算机科学与技术系高性能计算研究所博士后流动站工作。

甘四清教授一直从事数学教学与科研工作, 主要研究方向为微分方程数值方法理论及应用, 早期的研究方向为常微分方程数值解法和泛函微分方程数值解法，近年来致力于随机微分方程数值算法研究，在随机微分方程及其他相关问题的数值分析方面获得了较丰硕的研究成果。提出了求解随机微分方程的高阶全隐格式，为求解刚性问题提供了有效途径；深入研究了随机延迟微分方程的稳定性和数值方法的稳定性，为常延迟和变延迟(含有界变延迟和无界变延迟)建立了统一的分析框架；建立了几类数值方法的基本收敛性定理；在随机偏微分方程数值解的正则性分析和收敛性分析方面形成了团队研究特色，克服了一类随机偏微分方程数值方法收敛阶障碍；组建了一个在国内外颇具影响的随机微分方程数值分析团队。曾访问美国南伊利诺伊大学、新加坡南洋理工大学、中国香港浸会大学、中国科学院晨兴数学中心等国内外知名科研院所。在国内外重要学术刊物上发表论文 80 余篇，其中被 SCI 检索 50 余篇，论文被引用 600 余次。主持国家自然科学基金面上项目 4 项、教育部留学回国人员科研启动基金 1 项、中国博士后科学基金 1 项，参加国家自然科学基金重大研究计划集成项目 1 项，作为主要成员参与完成国家自然科学基金面上项目 4 项。指导博士研究生 14 人(含巴基斯坦留学生 1 人)、硕士研究生 37 人。1996 年获长沙铁道学院青年教师讲课比赛第一名，2005 年入选湖南省首批新世纪 121 人才工程，荣获中南大学 2011—2013 年度优秀共产党员称号，所指导的博士论文获 2014 年湖南省优秀博士学位论文奖。

曾唯尧(1964—1997)，男，汉族，湖南益阳市人。1985 年毕业于湖南师范大学数学系本科数学专业，1988 年福州大学应用数学研究生毕业并获硕士学位。同年参加工作，在湖南省轻工业高等专科学校从事应用数学的教学与科研工作，1993 年破格晋升为副教授，1995 年破格晋升为教授，并先后担任过基础课部副主任、主任和校长助理等职。1996 年 6 月，作为人才引进调入长沙铁道学院，先后在科研所和数理力学系工作，并任数理力学系副主任。

曾唯尧教授在微分方程与动力系统、高维非线性动力系统的分支理论等方面有深入的研究，先后在《中国科学》、《数学学报》、*J. Dyna. Diff. Eqs* 等国内外著名学术刊物上发表论文 50 余篇，主持和参加国家和省自然科学基金项目多项，并取得了一系列具有国际先进水平的研究成果。

曾唯尧教授解决了美国著名概周期微分方程专家 A. M. Fink 在 1974 年提出的一个猜想。在《数学物理学报》发表“无穷时滞微分积分方程的概周期解的存在性”，解决了一位美国数学家的猜想并证明了其最佳估计。他还用简单的方法统一地处理了著名概周期微分方程专家 Coppel 的有关指数二分性理论中的几个问题并改进了他们的结果，得到了粗糙度的最佳估计；探索出了一种研究概周期解存在性的新方法，并利用此法得到了一系列类似于周期解存在性的结果。美国《数学评论》对此作了高度评价。他研究动力系统的分支与混沌理论，并且在很短的时间内做出了令人瞩目的成就。解决了著名数学家 J. Morse

和 Palmer 提出的关于退化情形下同宿分支的一个著名猜想；推广了 S. N. Chow、X. B. Lin 等人在该领域的有关工作；把著名动力系统专家 Palmer 的结果推广到了一般情形，而且指出这个方法在“同、异宿分支理论中将有重要应用”，得到了 Palmer 的称赞。

1993 年曾唯尧教授获得福建省科技进步二等奖，同年获得湖南省轻工系统优秀教师称号，后又被评为湖南省教育系统劳动模范；1994 年获得全国优秀教师称号，并荣获人民教师奖章；1996 年被评为铁道部青年科技拔尖人才；1997 年获得詹天佑青年奖。

郑洲顺，男，汉族，1964 年出生，云南西畴人。1985 年云南师范大学数学系本科毕业，1987 年云南师范大学数学系基础数学硕士研究生毕业，2004 年 9 月至 2005 年 12 月获国家留学基金委资助在英国牛津大学数学研究所做访问学者，2006 年中南大学粉末冶金国家重点实验室材料科学博士研究生毕业，2006 年至 2009 年在中南大学数学博士后工作站深造。1993 年 12 月起在中南工业大学应用数学与应用软件系工作，1997 年晋升为副教授，2003 年晋升为教授；2001 年被评聘为硕士生导师，2008 年被评聘为博士生导师。历任长沙高等工程专科学校外经系系主任、中南大学应用数学系系主任、中南大学数学与统计学院副院长。为 2009 年国家精品课程、2015 年国家精品资源共享课程和 2018 年国家精品在线开放课程“科学计算与数学建模”负责人。2008 年获得宝钢优秀教师奖，2010 年被评为中南大学第六届教学名师，2011 年获得首届“湖南省普通高校教学奉献奖”并被评为全国大学生数学建模竞赛优秀组织工作者；2019 年被评为湖南省芙蓉教学名师。曾多次获得湖南省教学成果二、三等奖。湖南省数学会理事，湖南省计算数学与应用软件学会常务理事，中国体视学学会理事。

长期从事应用数学和计算数学的教学与研究，主要研究方向为偏微分方程数值解法、材料计算、数据挖掘分析等。主持国家自然科学基金面上项目 3 项、“863”课题 1 项、“973”项目专题 2 项、国家重点实验室开放项目 2 项，作为骨干成员参与国家重点研发计划材料基因工程关键技术与支撑平台重点专项项目“高通量自动流程材料集成计算算法与软件及其在先进存储材料中的应用”的研究，参与多项自然基金面上项目和省部级项目的研究；已获科研资助经费 300 余万元。已培养博士、硕士研究生 30 余人。在 *Journal of Scientific Computing*、*Journal of Computational Physics*、*Applied Mathematical Modelling*、*Journal of Applied Mathematics*、*Powder Metallurgy*、*Journal of Materials Science and Technology*、《金属学报》、《稀有金属材料与工程》、《中国有色金属学报》、《中国机械工程》等学术刊物上发表相关论文 80 多篇，其中 70 余篇被 EI 检索，60 余篇被 SCI 检索。

陈海波，男，汉族，1965年出生，湖南岳阳人。1985年湘潭大学数学专业本科毕业，获理学学士学位；1987年湖南大学应用数学专业研究生毕业，获理学硕士学位；2003年中南大学应用数学专业博士研究生毕业，获理学博士学位；2003—2005年在武汉大学数学博士后科研流动站深造，2006年1—12月在牛津大学数学研究所留学访问，师从英国皇家学会会员、国际数学联盟主席J. Ball教授。1997年调入长沙铁道学院，历任长沙铁道学院数学教研室主任，中南大学数学与统计学院副教授、教授，2002—2014年任中南大学数学与统计学院党委副书记，2014年起任中南大学数学与统计学院副院长，2004年起任博士研究生导师，2014年晋升为二级教授。先后被评为省级青年骨干教师、校级优秀教师、优秀共产党员。

陈海波教授长期从事数学教学和研究工作，主要研究领域为常微分方程的定性与分支理论、泛函微分方程、非线性分析、偏微分方程。在平面微分系统的中心焦点判定与极限环分支以及微分方程边值问题、哈密顿系统、变分方法与椭圆形方程解的存在性与多解性、脉冲泛函微分方程周期解与同宿轨等研究领域取得了一系列重要学术成果。主持完成国家自然科学基金面上项目、省自然科学基金重点项目与面上项目及教育部留学回国基金项目共6项，参与完成国家和省自然科学基金项目4项。作为第一完成人获得湖南省自然科学奖1项，获得宝钢优秀教师奖。主编中英文版教材3部。在*J. Differential Equations*、*Nonlinear Analysis.*等国际重要学术刊物上发表SCI收录论文170多篇，其中ESI高被引论文6篇。培养博士研究生21人(其中海外来华留学博士研究生5人)、博士后2人、硕士研究生50余人。

郭铁信，男，汉族，1965年出生，河南省南阳市人。1982—1992年在西安交通大学数学系获理学学士、硕士与博士学位；1992—1994年在四川大学数学系做博士后研究工作；1994—2011年在厦门大学与北京航空航天大学任数学教授，其间2001—2002年作为高级访问学者访问麻省理工学院数学系，师从著名数学家D. Stroock学习黎曼流行的随机分析；2012年作为高层次引进人才到中南大学工作，现为中南大学数学与统计学院二级教授与科研副院长、中国工业与应用数学学会金融数学与金融工程专业委员会委员、湖南省数学会常务理事，2018年被*American Journal of Applied Mathematics*聘为编委。长期从事概率论与泛函分析的交叉学科——随机泛函分析及其在金融数学中应用的研究，原创性地提出了随机赋范模等基本框架并奠定了该理论发展的基础，这些工作被西方金融学者称为开创性工作。多次主持国家自然科学基金面上项目，在国内外专业领域的著名学术刊物*J. Funct. Anal.*、*J. Math. Anal. Appl.*、*J. Appr. Theory*、*Nonlinear Anal.*与*Sci. China Math.*等发表论文40多篇。曾获得福建省科技进步二等奖与香港运盛青年科技奖。曾应邀在第八届世界华人数学家大会与中国数学会年会上作报告。

万中，男，汉族，1966 年出生，江西九江人。2001 年于湖南大学博士研究生毕业，获理学博士学位。2004 年到中南大学数学科学与计算技术学院工作，被破格晋升为教授、博士生导师。2007 年入选教育部新世纪优秀人才支持计划。国际学术期刊 *Numerical Algebra*、*Control and Optimization* 编委，湖南省骨干教师，中南大学运筹学与控制论二级学科带头人。在非线性优化、不确定优化、均衡与均衡约束优化、工业与管理优化、全局优化等研究领域取得了国际上有一定影响的学术成果：首次提出了多态不确定数学规划理论，发展了新型非单调线搜索技术，发展了一系列新型谱共轭梯度算法及其收敛性理论。培养了大批优秀的博士、硕士研究生。先后受邀访问澳大利亚西澳优化研究中心、英国曼彻斯特大学、中国香港理工大学、澳大利亚 Curtin 大学。研究生数学建模教育创新的研究与实践获得高等教育省级教学成果一等奖(排名第 2)。

担任主要科研项目的负责人：(1)国家创新研究群体项目“复杂环境下不确定决策问题的理论与应用研究”的主要学术骨干、重大国际合作项目“基于行为的电子商务研究”的子课题负责人。(2)国家自然科学基金面上项目“管理科学中多态不确定性均衡问题和柔性优化方法研究”与“城市矿产开发利用的多态不确定性与非线性特征及集成决策优化理论与算法”负责人。(3)教育部新世纪优秀人才支持计划项目“工程中的优化方法”负责人。(4)教育部留学回国人员科研启动基金项目“平衡约束优化理论与方法研究”负责人。(5)湖南省自然科学基金项目“复杂环境下带传动与齿传动设计的优化理论与算法”负责人。

在国内外重要学术期刊发表论文 110 余篇，其中 SCI/SSCI/EI 检索论文 80 余篇，JCR 1 区期刊论文 12 篇，涉及的知名期刊有 *SIAM J. Optim.*、*Appl. Math. Modelling*、*Appl. Math. Letter*、*Numer. Algor.*、*Appl. Numer. Math.*、*J. Comput. Appl. Math.*、*Comput. Math. Appl.*、*JOTA*、《中国科学》等。先后在科学出版社编著出版了 4 部理论著作：《数学实验》《数值最优化》《数值最优化理论与算法》《数值分析与实验》。

向淑晃，男，汉族，1966 年出生，湖南溆浦人。教授、博士生导师。1989 年 7 月毕业于湖南师范大学并获学士学位，1992 年 6 月毕业于西安交通大学获硕士学位并留校任教，1997 年 6 月获西安交通大学计算数学专业博士学位，1997 年 9 月—1999 年 8 月在南开大学做博士后研究。1999 年 9 月进入中南工业大学工作，由讲师破格提拔为教授，2010 年 9 月—2012 年 8 月为三级教授，2012 年 9 月至今为二级教授。曾任信息与科学计算系主任，数学与统计学院教授委员会主任、院长，中南大学学术委员会委员。2006 年入选教育部新世纪优秀人才计划，2011 年入选湖南省学科带头人培养计划，2004年11月—2005年9月年获日本JSPS振兴会特邀长期研究员资助任弘前大学研究员，2003年9月—2004年9月访问剑桥大学，2007年2—3月应邀访问世界数学中心之一的剑桥大学牛顿数学所，2008年9月—2009年9月为香港理工大学研究员。主持国家自然基金面上项目4项，湖南省面上项目、重点项目各1项。2019年4月至今担任湖南省计算数学与应用软件学会理事长，为中国工业与应用数学学会、中国计算数学学会理事、湖南省人民政府学位委员会第五届学科评议组成员、中南大学学位委员会委员。2017年6月任中国国民党革命委员会湖南省委员会委员、常委。为湖南省十二届政协委员。

主要从事正交多项式逼近的快速算法、最优收敛阶以及高频振荡问题的渐进理论、高效计算与收敛性研究，共发表SCI收录论文100余篇。近年来，在高振荡问题数值算法、正交逼近、互补问题的稀疏解等领域取得了一批成果，在正交插值逼近、Hermite-Fejer的快速算法等领域均取得突破，有Wang-Xiang公式，其所在团队为国际上高震荡问题计算研究的领先团队之一，在*SIAM J. Numer. Anal.*、*SIAM J. Sci. Comput.*、*SIAM J. Optimization*、*Math. Program.*、*Numer. Math.*、*Math. Comput.*等计算数学顶级刊物上发表论文近20篇。

研究成果得到了美国工程院院士、欧洲科学院院士Babuška，美国工程院院士、英国皇家院士Trefethen，美国工程院院士Floudas，欧洲科学院院士Quarteroni、Fokas和SIAM会士Fornberg、Hager等国际权威专家及国际数值分析Leslie Fox奖获得者Townsend、Klein、Huybrechs、Olver等国际知名专家的广泛引用和高度评价。

刘心歌，男，汉族，1969年出生，湖南新邵人。1991年本科毕业于湖南师范大学数学系数学专业；1994年研究生毕业于湖南师范大学数学系数学专业，获理学硕士学位；2001年毕业于中南大学概率论与统计专业，获博士学位。2004年于中南大学信息工程学院控制科学与技术博士后流动站出站。曾担任中南大学数学科学与计算技术学院信息与计算科学系副主任。2004—2006年在英国Cardiff University计算机学院做博士后研究和访问学者。曾入选湖南省青年骨干教师培养计划。2008年被评为教授和博士生导师。担任全国不等式学会副理事长。

刘心歌教授长期从事控制理论与应用、神经网络、动力系统、不等式理论、调和分析与小波分析等领域的教学与科研工作。在控制理论、神经网络与动力系统的研究方面取得了一系列的研究成果。主持国家自然科学基金项目面上项目2项和湖南省科技厅科技计划项目1项，承担和参加国家社会科学基金重点项目、国家自然科学基金项目、国家社会科学基金项目、教育部社科规划基金项目、湖南省科技厅科技计划项目等7项。多次应邀参加系统控制和神经网络的国际学术交流大会。主编和参编教材2部，在*Automatica*、*IEEE Transactions on Neural Networks*等国内外权威学术期刊发表论文100多篇，2017年获

IMACS 2007 Most Successful Paper Award (International Association For Mathematics and Computers in Simulation)。2016 年获得湖南省教学成果一等奖(排名第 3)。培养博士研究生和硕士研究生 29 人。

刘源远，男，汉族，1976 年出生，湖南省邵阳县人。1999 年 6 月于湖南师范大学数学系毕业，获学士学位；2002 年 6 月于中南大学毕业，获得概率统计硕士学位；2006 年 6 月于中南大学毕业，获得概率统计博士学位；2007 年 4 月至 2008 年 3 月和 2011 年 11 月至 2012 年 10 月先后在加拿大卡尔顿大学和布鲁塞尔自由大学做博士后研究工作。2008 年 9 月晋升为副教授，2014 年 9 月晋升为教授。现担任数学与统计学院副院长兼概率与统计系主任。2010 年被湖南省教育厅授予“湖南省普通高校青年骨干教师”称号，并入选中南大学“升华育英”计划。2016 年被聘为中南大学博士研究生导师。

刘源远教授长期从事马氏过程、排队网络、应用概率等领域的教学与研究工作，担任随机过程、概率论基础、概率论与数理统计等课程的教学工作。研究方向为马氏过程的遍历性、扰动理论、排队网络的渐近性、带块结构的多维马氏过程等。在 *Advances in Applied Probability*、*Journal of Applied Probability*、*Queueing Systems*、*SIAM Journal on Matrix Analysis and Applications*、*Science China Mathematics* 等国内外概率和数学主流刊物上发表学术论文 40 多篇。主持 4 项国家自然科学基金(2 项面上项目，1 项青年项目，1 项中加合作交流项目)，1 项教育部留学回国基金，1 项湖南省自然科学基金。现担任 *Mathematical Reviews* 评论员、《应用概率统计》期刊编委。作为指导教师，培养硕士研究生 20 多人。

焦勇，男，汉族，1979 年出生，湖北十堰人。2009 年毕业于武汉大学和法国弗朗什孔泰大学，获得理学双博士学位；同年进入中南大学工作，并先后入选中南大学“升华猎英计划”和“升华学者特聘教授”；历任中南大学概率统计研究所副所长、数学和统计学院院长助理和副院长，2019 年 1 月开始担任数学与统计学院院长；是国家优秀青年基金和湖南省杰出青年基金获得者。

焦勇教授研究领域是泛函分析，特别是非交换分析和概率、经典的和非交换的鞅空间理论等；与合作者解决了非交换分析领域长时间的公开问题——非交换的 Good Lambda 不等式；发现了非交换微分从属的合适定义，为非交换微分从属理论的进一步发展搭建了一个合适的框架。目前，在 *Adv. Math.*、*Commun. Math. Phys*、*JFA*、*Trans. AMS*、*Ann. Probab.*、*Probab. Theory Related Fields* 和 *J. London Math. Soc.* 等国际主流数学期刊上发表 SCI 论文 40 多篇。现任中国工程概率统计学会秘书长、全国空间理论与应用泛函分析学术委员会委员和国际 SCI 期刊 *Annals of Functional Analysis* 编委。2019 年应邀在世界华人数学家大会上作了 45 分钟的报告。

刘圣军，男，汉族，1979 年出生，江西都昌人。教授，博士研究生导师，德国洪堡学者，入选教育部新世纪优秀人才支持计划，湖南省杰出青年基金获得者。2007 年于浙江大学 CAD&CG 国家重点实验室博士毕业后来中南大学工作。历任中南大学讲师、副教授，2012 年被破格聘为博士研究生导师，2014 年被破格晋升为教授。中南大学高性能复杂制造国家重点实验室固定研究人员，任中南大学工程建模与科学计算研究所副所长。曾任中南大学数学与统计学院院长助理、信息与计算科学系党支部书记。曾兼任中国工业与应用数学学会副秘书长、中国仿真学会青年工作委员会副主任。2017 年曾被授予中国仿真学会优秀科技工作者称号。

刘圣军教授长期从事几何造型与计算、智能算法设计与应用的教学与科研工作。承担计算机图形学、数字图像处理、几何造型与计算和数字几何处理等本科生课程，以及数值分析、高等计算机图形学和高级图形图像算法等研究生课程的教学任务，是两门国家精品课程教学团队成员。主要理论研究成果包括几何算法设计与应用、形状分析理论与技术、基于智能算法的图像和几何处理技术及其应用。相关理论研究成果得到国内外专家的一致认可，公开发表科研论文 40 余篇，其中 SCI 收录 24 篇次，EI 收录 11 篇次。致力于将几何理论与算法、智能算法应用于实际生产中，如机械加工中的几何优化和路径规划、医学设备中的定位技术、基于深度学习的气候预测技术等。近年来主持 3 项国家自然科学基金项目、1 项湖南省科技计划重点项目、1 项湖南省杰出青年基金项目及其他各级各类项目近 20 项，参与国家重点研发计划 2 项，获得总项目经费约 640 万元，其中横向经费约 240 万元。刘圣军教授于 2012 年获 1 项国际奖励基金（德国洪堡基金会博士后研究奖励基金），2012 年获“陆增镛 CAD&CG 高科技奖”二等奖，2013 年入选湖南省普通高校青年骨干教师培养计划，同年入选教育部新世纪优秀人才支持计划，2016 年获“鑫恒”教育基金优秀教师奖。

冯立华，男，汉族，1979 年出生，山东日照五莲人。2001 年本科毕业于鲁东大学。2004 年硕士毕业于中南大学，2007 年博士毕业于上海交通大学，随后在山东工商学院工作，2012 年在中南大学博士后流动站出站，并于 2013 年 3 月入选中南大学升华猎英计划进入中南大学工作，先后任中南大学数学与统计学院副教授、教授（博士生导师），历任数学与统计学院数学与应用数学系主任、教授委员会委员、中国工业与应用数学学会图论与组合分会理事等。

冯立华教授长期从事代数图论与组合矩阵论方面的研究，发表论文80余篇，被国内外同行引用超过700次，解决了该领域内的几个公开问题。主持国家自然基金项目2项。冯立华教授负责讲授数学分析、抽象代数、组合数学、图论、矩阵论、基本代数、有限群表示论等10多门课程。

杨东辉，男，汉族，1979年出生，湖南涟源人。本科就读于华中师范大学，硕士、博士就读于武汉大学，曾在南非金山大学数学系、中南大学信息学院从事博士后研究工作以及在浙江大学、美国中佛罗里达大学从事访问学者工作。2007年7月至2011年12月在华中师范大学数学与统计学院工作，历任讲师、副教授；2012年1月调入中南大学工作，历任副教授、教授、系支部书记、系主任等。

杨东辉教授长期从事数学的教学与科研工作。教学方面，为研究生、本科生开授课程10余门。科研方面，自2007年以来，已经在国内外各种期刊上发表论文10余篇，获取包括国家自然科学基金青年基金项目、面上项目等在内的基金项目多项。其研究工作主要集中于分布参数系统与随机过程的控制理论、偏微分方程的形状最优化理论等，其中偏微分方程的形状最优化理论是其主要研究方向。他是国内首先进行偏微分方程的形状最优化理论研究的科研工作者，已经取得了一系列的研究成果。现已培养博士生、硕士生10余人。

潘克家，男，汉族，1981年出生，湖南宁乡人。2004年本科毕业于中国石油大学（华东），2009年博士毕业于复旦大学应用数学专业。同年到中南大学任教，2012年晋升为副教授，2017年晋升为教授，2018年被聘为博士生导师。历任信息与计算科学系副主任、系主任，数学与统计学院副院长。2016年被评为湖南省普通高校青年骨干教师，2017年获得湖南省杰出青年基金。

潘克家教授长期从事偏微分方程数值解及其应用的教学与研究工作。主持完成3项国家自然科学基金项目及湖南省自然科学杰出青年基金项目、高等学校博士学科点新教师基金项目、中国博士后科学基金特别资助项目等10多项，科研经费达300多万元。发表学术论文50篇，科学出版社出版其学术专著1部。与汤井田教授等针对勘探地球物理中的计算难题进行合作交叉研究，在国际地球物理评论性期刊 *SurvGeophys*、德国地球物理学会会刊 *Geophys J Int*、美国勘探地球物理学会会刊 *Geophysics* 等期刊上发表论文多篇，含2篇ESI高被引论文、1篇ESI热点论文。

邓又军，男，汉族，1982年出生，湖南衡阳人。2010年6月获得中南大学理学博士学位。2010年9月—2012年8月为韩国仁荷大学博士后研究员（合作导师：Hyeonbae Kang院士）；2012年9月—2013年8月为法国巴黎高等师范学院博士后研究员（合作导师：Habib Ammari院士）；2013年9月以特聘副教授引进人才身份到中南大学工作，先后晋升为副教授、教授，并担任信息与计算科学系主任。任湖南省计算数学与应用软件学会理事、美国*Math. Review*评论员。曾担任国际期刊*Journal of Applied Mathematics*编审委员会成员。

邓又军教授长期从事应用数学、计算数学领域的教学与研究工作，主要讲授高等数学、线性代数、概率论与数理统计、数学物理方程、常微分方程、实变函数、泛函分析等课程。主要从事偏微分方程中反问题的正则化、最优化、等离子共振及隐形相关领域的理论和数值研究。主持国家自然科学基金、湖南省自然科学基金项目等多项。在国际知名学术刊物*Arch. Ration. Mech. Anal.*、*Commun. Part. Diff. Eq.*、*Ann. I. H. Poincare-AN*、*Inverse Problems*、*Journal of Differential Equations*等发表论文若干篇。

刘路，男，汉族，1989年出生，辽宁省大连人。2008年考入中南大学数学科学与计算技术学院就读数学与应用数学专业。2010年，刘路在读本科二年级时，独立解决了英国数理逻辑学家Scetapum（西塔潘）于20世纪90年代提出的一个猜想（西塔潘猜想），受到数理逻辑国际权威杂志*Journal of Symbolic Logic*主编、逻辑学家、芝加哥大学数学系Denis R. Hirschfeldt教授等多名专家的关注。

2011年10月，由侯振挺教授推荐，中国科学院李邦河等3名院士分别向教育部写信，请予破格录取其为研究生，并建议教育部有关部门立即采取特殊措施，加强对其学术方面的培养。为了让刘路尽快进入该领域的学习和研究工作，中南大学决定让他提前大学毕业，并立即录取为硕博连读的研究生，直接攻读博士学位，师从我国著名数学家侯振挺教授。

2011年9月16日，刘路应邀出席美国芝加哥大学数理逻辑学术会议，并作了40分钟报告。

2012年3月20日，中南大学宣布破格聘任刘路为中南大学正教授级研究员。根据校方规定，刘路获得100万元的奖励，其中50万元用于改善科研条件，50万元用于改善生活条件。刘路获得“2012中国科学年度新闻人物”称号，摘取凤凰卫视“影响世界华人”奖杯“希望之星”。

刘路留校后，又创造性地将他解决西塔潘猜想的方法推广变成“能够为若干领域带来更进一步的发展”的“一个真正的全新技术”，并应用其解决了如Joe Miller问题、Kjos Hanssen

问题等计算理论、反推数学理论、算法随机性理论中的一系列问题，被誉为“近年来计算理论及相关领域中最重要的贡献之一”，其论文发表在国际知名数学杂志、美国数学会会刊 *Tran. Amer. Math.* 上。芝加哥大学数理逻辑大师 Denis R. Hirschfeld 的最新专著中，将刘路的成果写为一章(附录)——“刘氏定理的证明”，对刘路的成果作了详细的介绍。

刘路于2016年获得中南大学数学与统计学院博士学位。2018年4月至2019年1月在新加坡国立大学数学研究所做访问研究员。科研方向为数理逻辑、可计算性理论、反推数学、算法随机性理论。

2.3 学科师资

2.3.1 2000年前数学学科师资情况

1)1952—2000年中南工业大学(含中南矿冶学院、长沙有色金属专科学校)数学教师名单

(1)教授：

李玉泉　吕　德　程宝龙　文如庆　关家骥　彭岳林　芮嘉诰
刘裔宏　蔡海涛　刘一戎　沈美兰　韩旭里　李养成　武　坤
宋守根　肖政初　向淑晃　张鸿雁　刘良林　王志忠　殷志云
李学全　王志忠

(2)副教授：

蒋仁雁　盛衍采　曾君莲　陈光灿　张润贞　唐高银　张克训
李云甫　李世华　黄伟纯　傅伟兴　李显方　王坚强　邓孝友
温欣深　罗锡佳　尹福源　夏浩然　雷宝瑶　晏玲琍　翟永然
彭亦愚　彭大恺　谭丽芳　张孟秋　彭荷萍　徐星尧　万冬玲
王国富　彭秀平　周凯山　唐先华　袁修贵　赖秦生　陈小松
林壮鹏　郑洲顺　刘碧玉　刘庆平　刘心歌　秦宣云　申建华
孙元三　杨灵娥　李军英　刘旺梅　赵欢喜

(3)讲师：

柳家敏　冯正强　何志敏　余社平　谢贵良　刘建华　张　力
张阳春　何　勇　苏越良　杨德生　侯木舟　周英告　徐禾芳
羿仰桃　陈建雄　肖　萍　宁　克　王洁夫　王旭波　谷群辉
刘　力　朱志巍　李学宏　沈向阳　钟一兵　左义君　袁　沅
谷晓玉　张先明　吕　骏　陈　明　何　伟　任叶庆

2）中南矿冶学院数学教研室、中南工业大学数力系历任负责人（表2-1、表2-2）

表2-1　中南矿冶学院数学教研室历任负责人及党组织负责人

年份	中南矿冶学院数学教研室				备注
	主任	副主任	党支部书记	党支部副书记	
1952—1985	陈宗鳞 关家骥	关家骥	许同青 莫开信	沈一鸣 傅明仲	20世纪70年代，成立基础学科部，后改为基础课部，1984年撤销

表2-2　中南工业大学数力系历任负责人及党组织负责人

年份	中南工业大学数力系					备注
	主任	副主任	调研员	党总支书记	党总支副书记	
1985—2002	李玉泉 关家骥 芮嘉诰 韩旭里	程宝龙 吴为平 伍洪泽 潘生泉 李云甫 王嘉新 范太华 刘又文 肖政初 武　坤 韩旭里 张鸿雁 李学全	傅明仲 （正处） 李肇云 （副处）	陈裕葵 叶夏生	张鹏展 李伟成 范太华	1987年7月以前为数理系 1992年更名为应用数学与应用软件系

3）1960—2000年长沙铁道学院数学教师名单

（1）教授：

侯振挺　李致中　邹捷中　刘再明　张汉君　李慰萱　杨承恩　廖玉麟
肖果能　曾唯尧　王家宝　张卫国　袁平之

（2）副教授：

金立仁　谢世浩　杨乐栋　周光明　徐　敏　孙　焰　高培旺　陈雪生

陈亚力　亢保元　陈海波　甘四清　刘伟俊　张　齐　汪炎汝　裘亚峥
易昆南　赵新泽　周泰文　马进业　涂德胜　胡建华　罗交晚　戴嘉芸
傅定文　叶富罕　曾育蓝　尹　侃　苏双飞　贺伟奇　陈新明　王植槐
梁枢里　刘后邗　陈嘉琼　范竹筠

(3)讲师：

武美西　龙成基　叶青平　雷衍天　刘金枝　吴立中　杨清燕　黄炳炎
蒋保国　罗迎春　陈铁林　陈迪红　杨文胜　唐　立　王国芬　胡朝明
方秋莲　朱　灏　刘国新　彭彦泽　刘　锋　丁士锋　袁成桂　刘　诚

4)长沙铁道学院数理力学系、数学教研室历任负责人(表 2-3)

表 2-3　长沙铁道学院数理力学系、数学教研室历任负责人

年份	数理力学系(基础学科部)		数学教研室		备注
	主任	副主任	主任	副主任	
1960—1967			龙成基		成立长沙铁道学院
1968—1977			聂振淑	苏双飞	
1978—1980	李廉锟	钟桂岳　邓如鹄	苏双飞	杨自新	
1980—1983	李廉锟	廖家玉　胡仕奇	陈嘉琼 （至 1982） 叶富罕		成立数理力学系
1983—1986	王永久	余肖杨　刘明球	叶富罕 （至 1984） 周光明	王家宝	
1986—1991	余肖杨	王家宝(至 1989) 周光明　刘明球	陈嘉琼	贺伟奇 王　朋 钟兴恭	
1991—1996	程根吾 姜忠信	周光明(至 1993) 王家宝　王　勇 卢望璋	廖玉麟(高) 赵新泽(工)	尹　侃 易昆南	设立高等数学研究与工程数学教研室
1996—2000	王平安	张卫国　曾唯尧 孙　焰　王家宝 卢望璋	周光明 （至 1998） 陈海波	甘四清 陈雪生 王国芬 刘伟俊	
2000—2002	刘再明	王家宝　卢望璋	陈海波 贺伟奇	刘伟俊 易昆南	设立应用数学、统计学等教研室

5) 长沙铁道学院数理力学系、数学教研室历任党组织负责人(表 2-4)

表 2-4 长沙铁道学院数理力学系、数学教研室历任党组织负责人

年份	数理力学系党总支		数学教研室党支部		备注
	书记	副书记	书记	副书记	
1968—1977	李 荣				
1978—1980	金立仁	刘明球	王植瑰		成立数学党支部(1979)
1981—1983	金立仁	刘明球	周光明		
1984—1993	金立仁	刘明球			
1994—1996	姜忠信	卢望璋	贺伟奇	陈亚力	
1997—1999	曹立军	卢望璋	周光明	陈亚力	
2000—2002	曹立军	卢望璋	陈亚力		

6) 2000 年前湖南医科大学数学教师

(1) 教授：

张惠安

(2) 副教授：

彭再昌　易非易　李飞宇　刘建华　张佃中

(3) 讲师：

邓松海　张美媛

7) 湖南医科大学数学教研室负责人

数学教研室主任：张惠安

2.3.2　2000—2018 年数学学科师资情况

(1) 教授：

侯振挺　刘再明　刘伟俊　陈海波　甘四清　戴斌祥　刘庆平
许青松　李俊平　张　齐　刘　诚　刘　路　尹清非　郭铁信
焦　勇　刘碧玉　刘一戎　韩旭里　唐先华　王志忠　张鸿雁
陈小松　刘心歌　向淑晃　万　中　郑洲顺　何智敏　袁修贵

秦宣云　易泰山　侯木舟　刘源远　冯立华　喻胜华　易昆南
亢保元　邹捷中　俞　政　林　祥　刘振海　陈小松　李学全
张慧安

（2）副教授：

陈亚力　陈雪生　贺伟奇　唐　立　汪炎汝　裘亚峥　丁士锋
朱　灏　彭　君　李周欣　潘克家　方秋莲　杨淑平　李军英
王国富　刘旺梅　彭秀平　唐美兰　肖　莉　刘圣军　任叶庆
杨德胜　周英告　杨东辉　李飞宇　张佃中　刘建华　邓又军
鲍建海　朱世华　吴锦标　周　岳　李小爱　王小捷　涂德胜
贺伟奇　胡亚辉　刘金枝　刘　锋　彭丰富　彭荷萍　武　坤
张孟秋　周凯山　易非易　何　勇　贺　妍　叶夏生
刘建华（湘雅）

（3）讲师：

杨文胜　胡朝明　刘红娟　彭丽华　郭尧奇　吴明智　安少波
周山彦　龙　珑　邓松海　梁瑞喜　张美媛　张　炜　牛原玲
方晓萍　胡　志　谌自奇　杨晓霞　吕　骏　刘新儒　刘建华
张　力　陈　明　张阳春　何　伟　李　英　邓卫军　贺福利
郭孔华　徐宇峰　肖　萍　徐星尧　张先明　黄　艳　胡玉玺
谭　利　段宏博

（4）助教：

程　兰　王　芬　赵瑞玉　郑英鹏　何星汉　耿丽君　张　倩
杨　坤　杨　朔　吴　蓉　张　婷　刘　璐

（5）高级工程师：

赵元法　肖建勇　雪飞胜

（6）副研究员：

邓厚玲

（7）工程师：

黄　英　唐　颖　王　洪　金　培　龙小满　周凤英　罗小红
徐　蓉　湛珍根　谭超美　彭润桃　黄炳炎　罗跃逸

（8）助理工程师：

章继青　杨爱红

（9）工人：

言　军　胡达轩　欧月辉　罗春云　卢维谦

2.3.3　2002 年至今历任院领导名单(表 2-5)

表 2-5　2002 年至今历任院领导名单

年份	职务	姓名
2002—2006	党委书记	叶夏生
	党委副书记	陈海波
	院长	邹捷中
	副院长	韩旭里
	副院长	刘再明
	副院长	张鸿雁
	副院长	王家宝
	副院长	李学全
	副院长	李飞宇
	调研员(副处)	卢望璋
	办公室主任	方小兵(2002—2004)　邓厚玲
2006—2010	党委书记	叶夏生
	党委副书记	陈海波
	党委副书记	马国荣(2006.5—2006.12 代)
	院长	刘再明
	副院长	韩旭里
	副院长	唐先华
	副院长	李飞宇
	副院长	郑洲顺
	副院长	刘伟俊
	调研员(正处)	叶夏生
	办公室主任	邓厚玲

续表2-5

年份	职务	姓名
2010—2014	党委书记	颜兴中
	党委副书记	陈海波
	院长	刘再明
	副院长	韩旭里
	副院长	刘伟俊
	副院长	唐先华
	副院长	李俊平
	副院长	焦勇(2013—2014)
	办公室主任	邓厚玲
2014—2018	书记	刘再明
	副书记	安少波
	院长	向淑晃
	副院长	陈海波
	副院长	李俊平
	副院长	郑洲顺
	副院长	郭铁信
	副院长	焦勇
	办公室主任	邓厚玲
2018—	党委书记	段泽球
	党委副书记	安少波
	院长	焦勇
	副院长	陈海波
	副院长	郑洲顺
	副院长	郭铁信
	副院长	潘克家
	副院长	刘源远
	办公室主任	邓厚玲

2.3.4 2019年学院师资情况

(1)教授:

刘再明 刘伟俊 陈海波 甘四清 戴斌祥 刘庆平 许青松
李俊平 张 齐 刘 诚 刘 路 焦 勇 郭铁信 刘源远
刘碧玉 韩旭里 唐先华 潘克家 王志忠 张鸿雁 刘心歌
尹清非 向淑晃 万 中 郑洲顺 何智敏 袁修贵 秦宣云
冯立华 杨东辉 刘圣军 朱 灏 周英告 杨德生 邓又军

(2)特聘教授:

周华成 陈和柏

(3)副教授:

唐 立 汪炎汝 裘亚峥 彭 君 李周欣 方秋莲 周 岳
李小爱 鲍建海 吴锦标 朱世华 郭尧奇 王 洪 胡 志
贺 妍 王小捷 李飞宇 张佃中 刘建华 李军英 王国富
刘旺梅 侯木舟 唐美兰 肖 莉 任叶庆 刘新儒 徐宇峰
杨淑平 梁瑞喜 丁士锋 牛原玲 杨文胜 龙 珑 邓松海
贺福利 谌自奇 李志保 杨晓霞 彭丽华 张 炜 吴 恋
陈雪生

(4)特聘副教授:

贺 兵 陈思彤 秦栋栋 张宏伟

(5)副研究员:

段泽球 邓厚玲

(6)讲师:

安少波 应金勇 张 胥 胡朝明 张美媛 郭孔华 吕 骏
张 力 王 璐 陈 明 宁家福 马 攀 何 伟 李 英
邓卫军 刘红娟 刘 璐 鲁 卢 王洪桥 石坐顺华

(7)助教:

薛兴悦 王孟正 王 芬 郭 毅

(8)工程师:

唐 颖 龙小满 罗小红(实验师) 周凤英(实验师)
罗跃逸(实验师)

(9)助理工程师:

章继青

(10)工人:

胡达轩 罗春云 王浩军(高级技工) 卢维谦

2.4 外籍教师

Usachev Alexandr，男，中南大学数学与统计学院俄罗斯籍外聘专家，是中南大学数学与统计学院引入的首位全职外聘专家。现主要从事非交换几何方向的研究，目前已在 *Adv. Math.*、*J. Funct. Anal.*、*Indiana J. Math.*、*Studia Math.* 等国际主流数学刊物发表论文多篇。Usachev Alexandr 于 2013 年 12 月毕业于澳大利亚新南威尔士大学（University of New South Wales），获理学博士学位，导师为澳大利亚院士 Fedor Sukochev。其主要科研工作经历为：2014 年至 2016 年任职于新南威尔士大学；2017 年至 2019 年 7 月间在瑞典哥德堡大学（University of Gothenburg）从事博士后的研究；2019 年 7 月至今，任职于中南大学数学与统计学院。

Hyeonbae Kang，男，中南大学数学与统计学院海外高端人才引进专家，韩国著名数学家，韩国科学院院士，仁荷大学数学系教授。曾获韩国最佳研究论文奖、最佳学术成就奖、韩国科学奖等。研究领域包括反问题及数学成像、积分方程、偏微分方程、渐进分析、复合材料和同质化理论等。

第3章 创新平台与学术交流

3.1 数学与交叉科学中心

中南大学数学与交叉科学中心成立于2012年5月，旨在从学校层面搭建一个数学与其他学科交叉合作的高水平研究平台；通过体制机制创新，凝聚校内外数学及相关学科力量，协同攻关，开展数学与其他自然科学、工程技术和社会经济学科的交叉研究，提高人才培养质量；使数学和统计学科在应用中得到迅速发展，并同时助推其他学科的发展，增强中南大学在国内和国际上的科研竞争力；将数学与交叉科学中心办成高水平的科学研究基地，力争建成省部级重点实验室。

数学与交叉科学中心由学校科研部进行业务指导，依托数学与统计学院，实行学术委员会领导下的中心主任负责制，负责日常管理。学术委员会主要负责交叉中心的发展规划、项目指南的制订与项目评审等工作。主要研究部门包括数学与信息技术交叉研究部、数学与工程交叉研究部、数学与经济金融交叉研究部、数学与先进制造交叉研究部、数学与材料环境交叉研究部、数学与生物医学交叉研究部等科研部门。

数学与交叉科学中心早期采取学校投入机制。通过初期建设，达到高水平的科研能力，能够承担国家级项目、重大项目专项和重要应用性课题，培养高质量的人才。逐步摸索有偿服务机制，如解决工程和社会经济领域的实际问题，面向社会开展培训服务等。预期到2020年，将数学与交叉科学中心建设成为特色鲜明的具有国内先进水平的研究中心，建成一支具有国际竞争力的创新团队(表3-1)。

表 3-1　中南大学数学与交叉科学项目立项清单(部分)

序号	负责人	类别	项目名称
1	甘四清	重点项目	齿轮传动非线性随机动力学建模与求解方法研究
2	刘圣军	重点项目	几何造型方法在超精加工中的应用研究
3	潘克家	一般项目	复杂地电条件下基于外推多网格法的三维 CSAMT 并行正演研究
4	吴锦标	一般项目	排队网络及在计算机通信网络中的应用研究
5	刘红娟	一般项目	颗粒物在人体肺部传输与沉积的格子
6	陈海波	重点项目	具有依赖结构的非线性多智能体一致性
7	许青松	重点项目	药物-靶点相互作用网络及其算法研究
8	向淑晃	重点项目	微分互补系统的理论、计算
9	刘庆平	重点项目	非线性随机系统输入状态稳定性分析与设计研究
10	杨淑平	一般项目	基于全钒电池储能系统充液过程的优化建模
11	冯立华	一般项目	组合数学在城市公共交通车辆径路旅行时间分布理论中的应用研究
12	彭　君	一般项目	金融中的随机分析问题的研究
13	周　岳	一般项目	组合数学与和集及留数算法的交叉研究
14	张　炜	一般项目	长沙市虚拟科技产业园全景图示数字资源可视化平台建设关键技术研究
15	邓又军	一般项目	基于磁共振的生物电阻抗成像理论研究

3.2　概率研究所

1978 年，侯振挺教授获英国皇家学会戴维逊奖，成为中国第一位获此殊荣的数学家。他的研究成果被国际数学界称为“侯氏定理”。“侯氏定理”的问世，使侯振挺成为国际数学星空中的一颗耀眼新星。他深感中国数学科研要赶超世界先进水平，必须造就一支献身于数学科学的高水平的学术队伍。同年，长沙铁道学院成立科研所，由侯振挺教授任所长，下设概率统计研究室，组建了以侯振挺教授为学术带头人的科研团队，开展对马尔可夫过程、马尔可夫骨架过程及排队论等的研究。

1981 年，国家首批博士点公布，侯振挺作为学科带头人领衔长沙铁道学院概率论与数理统计博士点。他以新观念和新思维，不拘一格广泛吸纳人才。青年李慰萱、邹捷中、费志凌、何其美，他们或工人，或残疾，或只有初中学历，由于对知识的渴求，均被侯振挺接纳；陈木法、陈安岳、张汉君、张健康、孙加明、袁肖谨、刘再明、肖果能、陈学荣……这些慕名而来的学子，均聚集在侯振挺身边。经过 20 多年的努力，组成了由 10 多位博士、40 多位硕士组成的起点较高、与国际数学研究接轨、分层次配置的学科团队，被称为“侯氏梯队”。

他们的科研成果《马尔可夫过程的 Q-矩阵问题》——这本 50 万字著作问世后，立即引起国内外数学界特别是概率论领域的关注和好评。多位中国科学院院士认为，这是“迄今世界上唯一一部关于 Q-矩阵问题的专著”。英国皇家学会前主席为该书英文版作序。之后，侯振挺教授带领博士生对连续参数 Q 过程唯一的情况给出了最优决策存在性的证明，取得了可喜的成果。

从创造“侯氏定理”到形成“侯氏梯队”的 20 年时间里，侯振挺在马尔可夫过程及相关领域内，对马氏过程、半马氏过程、逐段确定的马氏过程等分支进行分析概括，取得了一系列深刻而丰富的科研成果；发表学术论文 80 多篇，出版专著 6 部，并完成了湖南省能源模型、决策系统软件开发、消费市场趋向分析与需求预测等科技攻关项目，取得了显著的社会效益和经济效益；获得 1982 年国家自然科学奖三等奖、1987 年国家教委科技进步二等奖等 20 余项国内外奖励。

2002 年，在中南大学的统一部署下，在原中南工业大学、长沙铁道学院、湖南医科大学三校数学教师的共同努力下，成立了中南大学数学科学与计算技术学院，顺利完成了三校数学学科的融合工作，成立概率研究所，由侯振挺教授任所长，为概率论研究和学科人才的培养提供了很好的平台，取得了一系列重大的成果。2007 年以侯振挺教授领衔的概率论与数理统计学科被批准为国家重点建设学科，2011 年又被批准为湖南省“十二五”重点学科，并先后获批建设应用数学博士点、数学一级学科博士点。

3.3　工程建模与科学计算研究所

工程建模与科学计算研究所是中南大学校级研究所，主要围绕科学建模方法和高性能计算技术开展基础研究、相关建模及计算技术在实际工程中的应用研究，为系统决策和工业生产提供科学基础和实践指导，同时强化数学与统计学院相关研究力量与实际工程技术研究、应用研究相结合，为相关研究成果进行应用探索。

2017 年，中南大学进入国家“一流”大学建设名单，且中南大学数学与统计学院的数学学科进入国家“一流”学科建设名单。研究所依托于中南大学数学与统计学院，旨在为中南大学数学学科与工业界及其他科研机构搭建一个技术对接与合作的平台。通过体制机制创新，凝聚校内数学及相关学科力量，协同信息学院、软件学院、机电工程学院及复杂制造国家重点实验室攻关，主动出击，开展与工业界的合作，提高人才培养质量。通过与工业界的合作，将研究所的科研成果应用于工程实际，并从实际工程中发现科研课题，实现产学研的一体化。同时推动中南大学数学及其相关学科的发展，使数学学科在应用中得到迅速发展，增强该学科在国内外的地位及科研竞争力，提高该学科人才的技术创新与技术应用能力。研究所将努力发展成集创新型、应用型和科学研究于一体的人才培养及成果转化的基地，力争建成省部级重点实验室。

3.4 学术交流

自 20 世纪 60 年代起，以侯振挺教授为代表的教师就已开始关注国际数学问题，并与国际国内一些知名学者和数学家一起开展探讨，取得了一些重要科研成果，一些教师还被经常邀请到国外讲学。

“八五”期间，学校与国内外的学术交流日趋活跃，教师出国访问、交流频繁，学术氛围日渐浓厚。

“九五”期间，随着学校体制改革的进一步深化，对外交流与合作进一步加强。1999—2000 年，在侯振挺教授及其学术群体的倡议和组织下，长沙铁道学院首次成功主办了具有一定规模的国际性学术会议——“马氏过程与受控马氏链”国际学术会议。此次会议规模较大，有 120 多位代表参加，其中有近 40 名代表来自美国、日本、澳大利亚、英国、德国、荷兰、加拿大、墨西哥、瑞士及中国香港等 10 多个国家和地区。此次会议推动了学校的对外学术交流，也提高了我校数学学科在国内外学术界的知名度。1999—2000 学年的暑假，李致中教授等牵头主办了全国性学术会议——中国运筹学会排序学术年会。此外，李致中教授还参加了在北京召开的第 15 届国际运筹学大会，其论文获大会设立的“运筹学进展提名奖”。

进入 21 世纪，随着本学科的进一步发展，以及学院的快速发展，“走出去，请进来”已成为提升学科建设和发展的一种常态。

2006 年，中南大学概率论与数理统计学科点举办马氏过程大型国际学术研讨会；2007 年举办新世纪分析数学大型国际学术研讨会。本学科点还与中国科学院、北京师范大学、香港科技大学、美国西北大学、加拿大 Carleton 大学等高校长期联合培养研究生。2019 年开始，有外籍教师长期被聘入本院，开展数学教学和科研工作。

近年来，学科声誉得到不断提升，70%以上的老师均有出国访学经历，有近五分之一的硕士、博士生通过有关派出途径获得了国(境)外的学习深造和工作机会，优秀的本科毕业生有相当大的人数申请全额奖学金至英国华威大学、曼彻斯特大学和美国哥伦比亚大学、南加州大学等世界一流名校攻读硕士或博士学位。同时，通过中国政府奖学金和相关资助项目来学院攻读硕博士学位的海外学生人数逐年增加，2012—2017 年有来自美国、韩国、加纳、刚果、肯尼亚、喀麦隆、南非、南苏丹、尼日利亚等亚洲、美洲和非洲国家近 40 名学员在中南大学数学与统计学院攻读学位或进修。

自 2016 年以来，数学学科在 *Adv. Math.*、*Commun. Math. Phys.*、*Ann. Probab.*、*J. Lond. Math. Soc.* 等国际主流数学期刊发表国际合作论文 78 篇。2019 年，主持国家自然科学基金国际地区合作与交流项目 2 项(中国—波兰 1 项、中国—瑞典 1 项)。每年有多人次参加国内国际重大会议，并作会议报告，多人担任世界知名期刊的编辑与特约审稿人。

近 3 年来，学院已派出 29 名研究生赴美国、英国、加拿大、澳大利亚等地一流大学进行学术交流与联合培养，接收 19 名国外学生攻读研究生学位。如：与中佛罗里达大学签订交换生协议，派送 10 名本科生到对方学校学习 12 个月以上；与北卡罗来纳州立大学签订 3+X 项目，已有 5 名学生参加 NCSU 夏季数学课程项目等。(图 3-1～图 3-10)

图 3-1　1999 年 8 月，“马氏过程与受控马氏链”国际学术会议吸引了国际概率论泰斗邓肯(左三)、数学大师渡边信三(左五)等一批国际知名数学家参加

图 3-2　2015 年 6 月 29 日，复旦大学郭坤宇教授在数学与统计学院大报告厅为师生作《经典分析中的几个问题——泛函分析方法漫谈》的报告

图 3-3　2015 年 5 月 15 日，中国科学院周向宇院士来院作《从复数谈起》的精彩演讲

图 3-4　2015 年 10 月 23 日，西安交通大学徐宗本院士来院做《大数据大智慧》学术报告

图 3-5　2016 年 4 月 19 日，瑞典皇家科学院院士 Vidar Thomée 教授和中国科学院院士石钟慈研究员来院讲学

图 3-6　2017 年 3 月 3 日，美国人文与科学院(American Academy of Arts and Sciences)院士、华盛顿大学 Gunther Uhlmann 教授来院讲学

图 3-7　2018 年 7 月 15 日，中国台湾学者吴宗芳教授来院讲学

图 3-8　2019 年 5 月 16 日，北京大学副校长、中国科学院院士、美国艺术与科学院院士田刚教授应邀来院指导工作

图 3-9　2019 年 6 月 9 日至 14 日，我院焦勇、郭铁信教授应邀在第八届世界华人数学家大会作 45 分钟报告

图 3-10　2019 年 6 月 18 日，美籍华人、国际知名数学家丘成桐院士与我院师生交流座谈

第4章 人才培养

4.1 本科生培养

中南矿冶学院 1977 级数学师资班

刘文斌　刘一戎　刘　勇　刘　力　叶伯英　吴良刚　孙学锋　张国荣
潘状元　娄　容　陈小松　胡大伟　胡勇义　姚　楠　李学红　张跃峰
王平根　刘克林　殷志云　谭　琦　于湘勇　彭万宝　肖政初　朱志巍
周润兰　林　亮　任明慧　沈向阳　萧　熙　饶似娟　张　惢　杨逢锡
郭建林　何一帆　贺伟奇　吴常志　赵达夫　何岳山　季　跃　黄激青
庄海根　殷小雯

长沙铁道学院 1978 级数学师资班

詹四明　周　进　樊铁军　丁白平　黄　靖　雷广萍　江　珊　徐　鸥
王建中　林昌时　肖　希　黄锡光　张宇辉　祝小飞　陈　林　刘向丽
朱　灏　刘玉坤　陈小英　陆凤兴　何其美　李建湘　卿甫均　李作发
范远清　刘卫平　吴常志　王　洪

中南工业大学 1986 级

潘正新　唐志平　李荣晖　戴云龙　张朝晖　戴交良　伍忠东　王忠定
陈文彬　刘仁斌　刘光明　陈国汉　梁　工　聂蔚青　谢先红　连永超
李卫良　王　煜　林文良　李孝全　于　磊　王朝阳　陆　伟　姚　敏
罗淑纯　蒋绥明　陈小兵　李　锐　仉晓涛　谭　见

长沙铁道学院 1987 级数学师资班

赵国平　何润芳　陈永东　顾玉星　王善民　刘慧琴　吴文显　邱荣华
陈晓蓉　温玉琳　汪思东　安　宁　于连泉　张　飞　闫宏飞　蒋云鸿
温玉顺　严　红　崔宏明　邹世海　范立强　严　玲　温雨亭　付小芳
藤俊明　许卫平

中南工业大学 1987 级

何　勇　李建武　李志峰　祝卫林　朱振明　邓庆平　孔令学　李志武
李长明　莱军民　张新明　辛东坡　蒋兴明　吴启根　范望春　刘明建
申明奇　李　茂　魏长青　刘永强　阳光军文　陆宝群　明光宗　柴碧华
康华娟　任继梅　魏　燕　唐会芳　任叶庆　刘晓辉

长沙铁道学院 1988 级数学师资班

陈　杰　赵　健　侯　黎　田立霞　邱劲柏　马玉宽　秦　辉　李春鸣
张　昆　藏　权　张　雯　周马君　陈家勇　陈利雯　祝跃球　洪立伟
蔡　伟　葛金华　金正哲　冯贺军　郑方迪　张　强　王　冰　赵春丽
张兴强　仇　蓉　段宏杰　张　恒　刘海军　张享发

中南工业大学 1989 级

黄锐泉　唐天明　周　勇　陈　军　汪永红　王文忠　周雄剑　李　崧
黄　浩　梅　琪　周　杰　颜红春　朱　玺　李志荣　李　浩　龚有宗
李建坤　赵　伟　吕学伟　骆　弦　刘庆忠　吴　昆　马　勇　曾君玉
王雾松　高　霞　胡　仪　刘争艳　周　翔

中南工业大学 1993 级

郭　昶　王刚毅　刘晓明　蒋钊林　姜贻盛　游赣梅　温军林　方　杰
米勃潮　刘晓飞　杨前东　张小田　陈　俊　刘旻朔　黄煦艳　孙志斌
黄基前　覃雪梅　洪建兴　李　川　夏　异　谢小宝　谭　智　林志强
林维铿　牛健耕

中南工业大学 1994 级

蒋炳林　施晓光　周　念　王定有　魏永丰　黄志祥　彭龙军　胡隆康
谢　军　郑文祥　黄荣福　阳德钰　赵东明　汪政理　彭超群　蒋瑞林
陈　明　李姣燕　黄今晶　申铁峰　丁本岑

中南工业大学1995级

欧旭理　刘招英　何慧彬　贺毅波　阎　力　曹春红　符　强　唐小龙
何朝霞　张兴东　周梦夫　郭志明　曾永丰　尹海峰　胡晓红　谭辱笼
叶全民　何日福　杨庆华　郑雪梅　张海涛　王跃明　于长海　朱红亮
刘　宇　江智扬　甄军领

中南工业大学1996级

陈　铭　阳　光　文海雄　洪浪波　周流武　胡　静　何明远　袁力哲
张　莎　安晋元　王丽军　潘庆军　葛同田　杨　闯　赵海波　杨　柳
李万萍　李春江　黄旭辉　黄新新　周鹏程　金方平　陈文霞　成　敏
李海宏　邓小荣　邱美辉　刘圣军　金雪松　丁道水　张闻音

中南工业大学1997级

周昂扬　王美娇　黎国伟　刘礼峰　易胜华　徐彦伟　李　辉　涂光平
余树根　黄　建　廖　杰　李可夫　黄英敏　贺　娜　李　衍　周东升
范　静　唐　兴　范美华　谭卫国　舒文杰　卢志军　桑红生　黄　鹏
刘　可　邹红庄　徐国平　吴庆先　邓良睿　施海鹏　郭宗昌　钟　毅
黎　峰　陈万飞　吴海翔　何　辉　冯朝阳　赵　理　黄程昱　王开福
蔡振华　凌莞君　黄　翼　陈绍何　马振军　陈嫄邡　薛建强　安　宇
张春宝　沈振华　陶建波　陈华侨　胡振坤　胡娅敏　孙　斌　张　盈
魏小锋　杨光磊　李　明　勾红领　王德宏　张　安　谭定杰　王　静

中南工业大学1998级

张　海　肖鸣宇　王　谦　沈付刚　唐勇民　张经良　陈　蔚　万　可
张火军　张昌盛　童　桦　何改英　赵本坚　代　纯　魏红涛　刘　伟
林宇剑　张　凯　夏中伟　漆志鹏　林　青　刘虎诚　植煜焕　魏文俊
李占峻　高骥忠　朱晓晗　姜耀鹏　李　鹏　陈　强　王　霞　王　磊
黎宏升　胡振国　许　征　张文翔　尹　军　蒋晓明　熊　伟　殷　杰
李文波　范　青　刘肇宇　张　琼　黄媛媛　郭鸿鹏　许光年　胡玉玺
吴志林　董志敏　黄　诚　高洪波　石剑波　田　杰　吴限德　刘文勇
尹　航　巫海峰　王　敏　曾鸳鸯　易　靖　石　勇　潘志红　周　晔
黄　妍　赵国兴　王　刚　陈俊洁　黄广良　周华照　王　朋　林　锋
刘高佳　何霞毅　周　晗　吴兴国　赵　鑫　蒋　华　郭小元　郝跃海
王利锋　杨新春　傅智全　梁　伟　李　佳　湖湘勇　洪　涛　阳习辉

张鹏　荆慧珺　葛懿　顾玲琍　王昊沙

中南工业大学 1999 级

罗秋文　肖超　刘健　张东阳　范琰　李欣欣　冉沛　高茂森
钟月娥　姚冬梅　林敏　徐礼志　盛俊　李金萍　董晓丹　王在龙
刘春生　余巨字　李乐　王晶刚　马荣强　张国栋　袁海　王艳梅
杨光　蒋永冬　沈环宇　侯排林　陈军晓　奉美　王华　曲大鹏
鲍清阁　罗华　邓华　甘现科　谭灿　李雅平　刘沛东　何俊
贺旭鹏　刘妍琼　刘辉　刘青　陈跃华　夏军伟　刘松斌　朱云涛
蒲贞丹　李见明　郑昌文　王丽莉　王伟　付海　姜占伟　刘小琼
王晶磊　王义　王堡麟　玄立永　肖强　严万通　罗天明　杨森
张志昌　韦致毅　黄明勇　康维　侯志杰　王丹　彭启玲　李脉
龙波　蒋金金　雷晓玲　胡众杰　胡超　刘威伟　李晓非　唐宏文
南堃轲　谢江跃　苏诺　岳泽林　龚睿　王立特　吕栋　周华炜
江宏波　邢海林　谢少英　潘云川　莫晓晴　胥少鹏　石晶　蔡可济
孙炳龙　陈文　王国涛　张红梅　邓小峰　谭长合　蔡涛　邓翔
马虹博　肖玮　黎庵夫　岳红梅　李强　万响　肖刚　刘凯
彭星　贾跃飞　范治军　黄福平　白志敏　邓鹏　张光锋　曹凯
张利兵　李海晖　曾威　苗晓刚　冯武　杨文明　邢泽晶　韩嵘
郑艺　周阳渠　李喆　林谦　李玲慧　李杰　林激　颜飞
艾宇　廖侃　谢艳　杨文韬　赵拥层　罗佳　胡奇辉　李滚
秦铭谦　郑金锁　陈自洁　张贤　唐良均　孙占龙　李琨　伊瑞
陆小兵　陈伯福　赵启德　王伟　佟海　刘添　张岩　陈占斌
葛晓　邓宇　张泊　史艺荃　杨一帆　熊洁　宾剑　石宇
李壮　李毅　龙韬　焦杨　杨究宇　胡国军　尹中冀　王柯
邓倩　段卓然　王军　王希海　陈应红　章宏远　高立蓬　杨光明
陈梁　邬昌　王凌宇　张雄辉　王敬伟　彭建　冯栋　王培嘉
况磊　沈电娜　钟小武

中南大学 2000 级

邓敏捷　刘欣　梁友　张中峰　邹科发　石普余　黄学香　尹坤
任波　杨恒　谢阳添　李永武　刘涛　杨德草　陈立鹏　刘峨
姚艳庆　李洪彬　秦振江　吴兵　金万雨　董涛勇　阚锦龙　刘刚
杨晓东　王岩　张洪吉　于波　陈江　李翔　张鸿峰　陈江
夏祥　欧春松　唐田　吴刚　米思奇　景峰　孙勇卫　陈永兵

秦伟华 刘　杰 赵　波 苏达贤 刘道榆 彭笑一 杨继鑫 樊东明
莫平华 李永池 李淑芳 陈仕军 王　伟 崔　雪 于子龙 贾晓斌
陈立宁 侯　坤 郑开学 肖铨武 谢　强 戴建宇 王珍华 周　清
范伟平 刘　勇 王　军 郭　啸 毛建君 王禹翔 肖爱平 王海叶
陈　澎 赵彦山 王海彬 钟庆琪 钟传勇 高　刚 卢韶兴 余华桥
胡　亮 曹　奕 刘　沙 陈惠红 耿　鸣 何惟薇 肖恩环 房　浩
李　程 江费成 黄大为 屈　罡 吴重佳 周　志 钟　斌 刘　尧
黎　钢 费　灿 刘昆鹏 张泽京 徐　鹏 钟　臣 伍智勇 严　梅
麻忠美 席　伟 常富红 史英英 张正本 梁　智 王万军 郑云洲
唐　辉 胡　隽 杜　甫 吴慧明 张　敏 赵全德 吴　穹 赵　云
刘　鹏 杨文刚 邓　拓 贯智伟 何　俊 张夏天 杨　彬 付　威
傅　钰 潘卓林 李　佳 程玉彬 彭　悦 龚　仆 覃建华 彭思远
曹普仁 何想成 韦耀生 庄德勇 肖荣辉 陈子强 高晋芳 朱敬红
耿国靖 王乐毅 周　烨 付　磊 邢秋宇 王　英 蒋　力 刘　伟
朱彩霞 王　楠 杨伟国 肖　彬 万康智 唐　鑫 叶　栩 段　玲
张京华 李　恋 谢震乔 雷立志 孙志远 左都敏 贺小运 陈奎强
邓珠子 张　路 谭　锐 黄万胜 谢黄曾 范衍冠 王　涛 张军威
陈　娟 李晓明 梁健锋 李银霞 王剑英 刘泽丹 庄陈坚 吕彦坤
刘元磊 马　刚 张爱龙 张　婧 邓　凯 陶　波 杨　勇 罗　善
刘　杜 谷　涛 王君辉 黄郁君 任卓巨 杨　玲 何莉娜 蒋波波
谭栋仁 宋　锐 马玉箭 霍利杰 张小军 唐舜尧 杨大伟 程　毅
李元晟 姜蕴莉 黄霖喆 饶　飞 唐　赛 谢　翌 孙彦军 曹香东
辛　亮 张　雷 张艺凡 王铁雷 贺雷雷 陈昌主 王　琳 郭　飞
易丽辉 王　毅 戴　婷 贺阳剑 周　涛 兰　蔚 薛志新 王智辉
刘　洪 周　炜 夏朝辉 郁文斌 蔡丽红 叶莉娟 王海涛 邓有为
甘庆波 狄育红 乔俊田 韦干翼 陈芝谋 王　敏 张　奇 张　雷
康　鹏 韩伟伟 万小敏 吴　樟 欧如飞 杨　飞 陈伟刚 李福军
罗　锋 徐　磊 聂旦勇 韩　勇 杨　勇 姜　超 黄　凯 王　智
陈湘龙 李开望 王　宏 宋春光 段建刚 徐连营 罗小湘 张金利
邓　雄 张　宇 刘慧媛 李亚丽 袁小兰 佟　婕 王　静 吴　晏
韩小楠 雷　萍 罗　歆 张成萍 袁　敏 史慧杰 童　伟 杨紫昱
欧阳敏华 江　凯 张艳阳 张　斌 李屹东 缪应优 聂荣臻 黄志新
马毛伍 黄旭晔 史少毕 刘　闯 郑　丽 邓　妍 孙兆海 邓胜江
朱　伟

中南大学 2001 级

潘燕　王国雄　胡亮晶　唐艳群　何海兴　肖维佳　尹李辉　陈巍
胡鑫　刘鸿萍　彭芬　董克炎　柯善文　周钧　谢苏林　钱世红
陈仕才　刘恒冰　王嘉磊　郭承青　杨高峰　王本强　高林峰　王春鹏
孙健鑫　王保文　陈刚　杨晗　冯国聪　周振华　刘正平　夏胜梅
汤永辉　黄隽　姜皓　张莉　吴铁甲　张志杰　刘有福　胡斌
齐杰　唐伟峰　赵智维　龙国春　刘慧　王海宏　余锐　甘文军
郑炜　毋江涛　杨贺宏　刘毅刚　余涛　郭建斌　纪宁　郭智慧
刘明明　魏建中　王巧巧　杨晓霞　陈红刚　杨景瑞　安东龙　谢集友
邓东成　胡海　李祥　张晶　魏小霞　顾锋　胡文兵　王金玉
洪佳　黄琳琳　龚右桂　栗志平　谢江波　谭滔　伏啦　董炎桥
张武　黄俊　余钟　唐怜怜　刘欣芳　王军　王琛　于音
李建军　孙守祥　郝聪　张旭斌　唐立三　陈富娟　孙伟东　闫冉
唐峰　陈燕燕　杨海燕　曹潮　陈洁　黎钢　郑林　刘帅华
刘新儒　杨建　孙云　陈行　危硕　郑桂玲　谭利　周默灵
黄琳　汪勇　刘海芳　韩素红　罗根　李淦　赵佳岩　宋飞
杜鹏　郭尧琦　李虹　钱磊　万晓明　张雷　张微　常明
李世文　李勤俭　钟世伦　李建双　张伟　孙彦军　孙际策　姚松球
刘勇　叶茂　章贤　田回　王永　匡美华　陈茜　孙利杰
付爱珍　王嫔　何小冬　卜伟　殷睿　冯彬　张云洲　陈仕平
温卓宇　王迎冰　肖金梁　杨勇吕　陈磊　郑德财　王小敏　单义倡
陈梦之　周股　刘小梅　宋春宁　李曼曼　易溪林　易波　成蓉
李锟　李敏　戴隆邦　熊国强　袁宏新　曾宇　梅小平　支娜
王岑　岳妍　郑梅　成楼　王平　袁作龙　刘丰磊　房俊
李卫高　曾宪法　陈正长　邓伟　张启亮　王宗伟　吴金灿　徐上钧
潘玲　王薇　肖凌浩　邢秋宇　潘卓林　黎妍　鲁玲伊　蔡杰
鲁肃　颜焕新　陈启俊　刘学仕　朱琳林　曾召军　梁霞　袁建平
罗刚　伍杰华　王明哲　胡强　崔莉莉　任晓强　周洪涛　金丹
郑府　王海永　王菲　李普红　那勇生　张大朋　宋廖君　游东旭
刘晓东　刘晓春　洪昊龙　林鹃　刘萌　高洁　彭极玲　张洁
肖建军　刘韬　胡湘江　田宇　邓翔　朱琦焱　刘子奇　张鹏
付登刚　杨伟　黄霄　吕强　王俊卿　赵超　王小平　钟新安
穆智蕊　裴报宇　宋国锋　张康　朱明　施清泽　周丽莎　周彦
付明凯　罗莹　马玉　骆尧　孙晓英　史银喜　邓建成　吕俊璐

吴　博　刘熙远　潘壹华　阳　熹　陶　贵　李艳伟　周　峥　陈　姣
易　文　邓又军　刘海波　郭睿婷　程　实　高文宇　吴　昊　杜连顺
姜可舒　梁丽巧　常　华　柳宇飞　刘芳成　韦吉才　翟　瑛　肖　楠
田雨含　叶　君　张年生　黄　灿　董思琪　戴华娟　熊艳群　刘晓亮
王映丹　毕宇婧　张　厦　刘海荣　留心怡　刘芙娇　吉　赛　李彦华
王春如　余爱平　肖　川　白伟佳　杨　杰　吕劭昂　杨　勇　雷　飞
王鸿吉　叶博渊　张东杰　王广民　杨宗俊　邓伟权　徐建玲　龙　英
张　琴　万婷婷　童　慧　周晓珊　江　波　张　瑜　殷丽娜　赵文娟
周　虹　郭静姗　杨春梅　刘　珊　仇媛媛　徐晓华　邓有才　蒙　剑
刘思沛　黄日祥　刘玉锁　刘汉兵　牟　辉　周少鹏　姚志国　方建成
秦万平　莫丕仁　王　伟　虞　康　刘　方

中南大学 2002 级

韩　璐　于国伟　赵倩倩　刘国成　马海强　刘月飞　洪海啸　高玲玲
张建峰　孙雪雨　赵长军　杨振东　黄灯基　严　磊　张　震　余　敏
谌军军　柳叶子　易达艳　周兴旺　万　斌　甘卫国　橘立云　令狐克波
刘志琴　邓爱平　左永森　何志贞　康彦文　许　涛　王明明　胡良均
许海峰　魏　兵　刘　爽　门　石　黄爱丽　李恒鑫　李颖华　许党员
童文礼　韩玉建　姬莉莉　沈照明　谭　齐　陈金花　张无双　蔡　刚
周　尚　张日升　刘　潇　彭康泰　陈海波　温美珍　马　涛　潘　勇
彭正松　余俊月　来　鑫　常鸿翔　杨吉刚　冯永杰　王国雄　曹宏光
崔　婧　武志飞　赵春雨　张维凯　张　杨　段　凯　胡佳立　熊国明
孙　茜　肖妮妮　周在广　黄　鹏　陶　银　宋　芬　王博强　宁伟斌
钟玉芳　李江滔　邹伟超　钟志伟　朱有富　杜亚俊　李　临　赵小刚
敖　江　包崇兵　邵　方　王　鸿　张广玉　贺志明　藏志长　李　刚
牛李媚　孙　伟　王佳新　张阿苏　杨小玲　潘　建　付　敏　谢克锋
曹　暨　李　茂　江　磊　刘　伟　阳彩霞　胡常乐　陶光前　李文魁
黎久希　周文明　李　刚　廖小辉　易　捷　王德荣　王恪铖　鲁晓云
张　宁　赵　超　邢　伟　王　晶　李　响　崔小军　陈曙光　刘　鑫
王海明　张亚博　惠朝阳　万志军　郑　旭　李金玲　文小阳　李　鸽
邓　丹　陈　妹　易　婷　刘志鹏　段惠桂　邹　虎　王关金　杨　辉
安聪沛　沈建桦　景亚莉　吕　斌　王　栋　黄雄辉　张朝清　吕　强
周丽莎　任巫远　罗秀鹏　吴永军　徐玲玲　尤振青　廖信金　毛　青
靖红芳　陈　飞　刘　双　邱亦斌　崔家骝　丁海洋　刘径舟　马　超
张双双　汤　泉　严人杰　彭岚林　朱国胜　覃廖宁　杨　英　魏兵武

澎世权 段宏博 李金成 江鹏恺 邝景新 鲁 雪 宋 飞 王宗伟
赵群生 王贤慧 邵瑞东 刘丽丽 陶亦丹 罗鹏飞 刘乘东 曹建锋
项成龙 罗 璇 邓 娟 肖 植 周 辉 曾 品 莫 鼎 朱 概
谭 兴 李 景 郭明华 秦 瑜 黄永前 陈 翰 张 毅 熊一舟
白 涛 周 楠 冀 爽 潘祥至 刘桂良 李月青 李文池 吴旭霜
刘 慧 陈 怡 梁志汪 杜振东 涂 欢 张永明 李 波 董嘉盛
黄其栲 周欣怡 陈 翔 方育雄 符 勇 龚 辉 陈满峰 何 江
杨智慧 王海波 蒋明月 田 方 孙 瑾 尹 菡 黄 熠 张 戬
林柏就 杜占帅 李建双 郭金林 徐鹏程 张友根 刘郎辉 姜 峰
苏小波 凌 南 范自立 姜金凤 庄续强 马红发 王 巍 潘明珍
钟志华 李 琳 周 通 于 洁 吴海波 王 倩 李法波 谢万余
姚 琦 张 梯 孙文静 李田荷 李新红 王 健 石 慧 张 燕
叶开文 张 亮 欧阳春辉 丁 楠 霍禹成 董 燕 符 斌 杜清涛
张天林 王美霞 洪梅花 祝 伟 陆振波 朱 峰 夏长军 龚舒琳
张华高 张弓长 邢立芳 徐 娟 张新波 邓卫东 陈琳娜 徐 婷
贺明辉 赵壁辉 文世雄 方晓萍 龙海燕 贺 跻 龙卫宇 赵友华
张 敏 张 威 杨林峰 谢 璇 欧阳兴

中南大学 2003 级

李志清 黄文念 陈娟娟 杨锡继 张祖锦 王海超 王浩达 张 平
沈峥嵘 王 明 王广新 王振全 张 腾 孙 玄 刘南宁 陈 翔
郑 毅 唐 棠 韦俊安 王李茹 岳 野 任晓峰 黄晓斌 贾亚琼
林楚秋 赵金川 吴金华 李宗明 邢 颜 权建国 张 典 詹结祥
王小捷 于丽波 刘孙伟 陈雪健 王 辉 马 岗 范方剑 陈 骁
彭陶平 邓久涛 毕先兵 陈永耀 陈伟波 何 浪 李平衡 张 刚
孔 勇 刘心博 陈典银 万德鹏 黄晓亮 高 彪 尹 伟 于 越
陶 锦 欧海林 丁 亮 陈红磊 刘晓华 袁明举 张金平 陈德荣
唐 慧 郭鑫武 文 斌 龚 正 邓建锋 孙中伟 霍军亮 姜 超
谭 乐 崔年峰 陈中祥 黄 锋 赵保华 邓练波 许晓燕 田 涛
徐飞鹏 李媛奇 刘 巍 李红艳 欧 霞 劳汗业 黄 勇 杨 强
朱建车 李瑞源 金利刚 陈 诚 安永利 王少峰 孙 亮 王 慧
吕 军 徐 涛 马 新 向熠恒 何兆平 付 成 余迎松 曾楚晖
梁正红 陈少伟 樊琳琳 张 扬 陈有烨 刘璐璐 王 东 郭 新
李文魁 汤 泉 梁绍亮 陈俊儒 刘 健 冯睿娜 蒋立军 徐肪辉
丁俊鹏 邵星星 谢鹏程 程 慧 王江江 陈 才 李 刚 何利明

郑君　罗南炎　吴昊　李明程　汤益华　王玲　胡争　邢光
夏龙华　张萃玲　刘笃池　莫正传　郭天帅　刘卿　谢振华　肖霄
谢林峻　郭睿　苏洪波　熊星炜　龚斌　沈贤龙　曾德　尹建
王霞　陈再　赵正洋　陈琰瑜　牧敏　刘利通　史鹏　刘海涛
陈俊涛　刘文钊　汤剑　李涛　陈萌　李光耀　唐育　蒋明月
侯雪峰　陈湘玲　蔡伟刚　占沃波　周延　汪国雄　马冠宇　魏云娥
王英　何侃　李俊　陈贺　邹声才　罗银　邱军辉　王小洪
雷黎涛　尹浩　郭朝兰　林增强　栾鸿方　徐阳　石小莉　王栋
李政权　章宗长　赖欣　毛锋　张博学　安文轩　刘文军　谢乐
陈洋洋　吴朵　刘炜　黄九江　胡赐元　龙宽　刘建利　汤艳
陈艳丽　王明明　王茜　刘恩庆　武志鹏　续博文　莫嘉杰　李亮
张艳菊　李皓伊　张世友　董聪　郝侃侃　刘博洋　刘斌　杨林斌
刘非凡　郭京坪　冯宗鹏　宋锡琴　王家勃　王春生　封超　江涛
肖勇　罗舜　刘雅萍　熊银凤　朱红兴　王伟　王晓丽　李聚海
金博　孙亚星　吴露萍　涂云花　潘建业　耿永志　李浩茹　蒋尚
王为　蒋红云　李林军　王道　廖旭蓉　何建平　林书琴　欧阳旭
万晓娟　郑海燕　汤小林　赵洁　韦海波　魏祎　潘浩　袁野
张旻　王茂隆　陈文杰　张万海　翟安娜　毛海棠　邱荣发　张义
艾亚芳　何丽娜　母学贤　王辛强　任洪剑　郭小川　张宏超　刘强
蔡芳娜

中南大学 2004 级

万光羽　杨荣景　郑明勇　朱远鹏　郭斌　唐红叶　苏人　邵俊
刘一兰　于巍　李雯　贺巍　谭少才　蔡伟勇　高科　张稳
刘肃　丁艳　许鹏　侯殿辉　惠泽人　秦志强　董朝丽　丁倩芸
王珑　李继　董勇军　曹建昌　盛一钢　龚文玉　蔡青峰　尤长远
陈禄山　黄立敬　袁小康　梁其豪　佟思　于斌　向广旭　只庆伟
章谦　王宏锦　甘健雄　张志　陈小平　许清茹　沈立志　周建军
徐珊　王浩业　宋丙星　陈璐　姜晓军　解彬　李昌雯　蒲廷志
武立国　张凯　胡杰　王颖　蔡海滨　邢姣　申梁宽　陈松坡
王旭　谌磊　周神保　冯英　阳子为　唐建民　黄赵颖　胡德芳
朱福昆　狄俊　刘伟　海旭　宋鑫　吕占美　郁继刚　陈毅
田益升　唐孟　杨理伟　倪晨晨　付启娟　李龙　汤嘉　林毓琼
滕白羽　徐凯　要甲　荆中博　张彦嵩　高世方　何高原　周永林
陈小海　文晶　龚加乐　杜志远　王宇峰　黎刚　裴朝旭　韩道志

徐勤武 周攀 王劦 周颖 李群 尹胜科 葛成林 张宁通
陈孝远 徐云 陈泽峰 李磊 李荣耀 刘磊 王宣 张阳
刘复成 刘艳 吕陆峰 刘凌波 胡尧 朱勰 管洋洋 隋国臣
徐星 章亚平 于帅帅 毕杰山 赵利平 张靖 魏琳 朱倩茜
包立 毛炜玮 周波 郝贺 蔡永健 兰枫 李建华 吴梅林
杨晓栋 柳武 宋洋 唐培卿 段萍 张政学 田会同 周礼
田晓姣 谭镇华 杨隆 沈承峰 刘顺河 刘永华 张蓓 陈颖
苗萌 杜长营 李珠怀 赵德川 向征 陈文卿 韩帅 李冰
陈锦 庄毅 潘润华 杨冠 陈益育 张中亚 李冬冬 周潇洒
柴磊 张方波 曾业 龙粮 谢琪 李志源 蒋贤臣 赵琳琳
宋亮 滕琳 尹宏佳 籍炜 张云柱 陆磊 顾寅俊 王旭
何蕊华 罗晓艳 祝涛 刘文韬 江超凡 王雅伦 梁冀 范舟昱
吴鸿畅 宋路磊 张继承 蔡娱 邹鹏 刘辉 郑亮 黄衡
姜湧彬 殷洪武 扶凌云 杨铁成 李志英 张亚楠 陈瑞智 张致荣
石晓江 付海钢 白冬皓 甘可璇 彭娟 徐剑利 杨溯 黎蓉珍
薄远超 阮春伟 赵兴贵 陆文 黄元芝 岳培林 黄金龙 龙云
金纬 唐江梅 刘小庆 邹倩芳 邓振良 汪雄 孙华 吴永东
刘岩 汪林月 万媛 张福霞 员海峰 刘鹏 任礼秋 闫娜娜
秦芝 陈卫根 奚春琴 杨茜 邹晓华 李勇 林翠香 李军社
赵玉洁 周乐乐 郑俊 张宁 裴振 段晓丽 谌天宇 唐欢
赵利 贺秋华 刘虹杏 杨芬 何艳 张洁 张雪 胡丹
李黛垚 姚海滨 蒋芳华 谭友俊 廖俊敏 赵海祥 竹永强 李娜
盛喆 周维娜

中南大学2005级

陈律 姜珊 杨文虎 马成锋 苏又 刘海 黄贤端 王文斐
赵基宇 吴庆芳 贾艳丽 谢虎 雍熙 曾攀 刘辉飞 刘焕兴
王飞 徐宇锋 卜素亮 贾永光 邹广久 王海玲 王禹 李岩
高全 李欣 蒋美卿 汪武超 师斌 余宏志 王传东 赵金艳
王振鑫 区松毅 李明辉 覃晓 钟小耿 董建伟 姚志恒 张弦
李中艳 张巧枚 徐景 彭勤 周旭 杨华 邓磊 宋佳璐
郭阶添 张健 张杰 张艳 马世昌 岑洁 张晓庆 雷晨
古城 冯玮 张晶 董炜 羊鑫 宋云峰 李鑫訸 李振宇
吴伟章 杨嵩 康迪 李浩 张强 刘延虎 张晓勇 肖倩
荣楚 单亮亮 肖文清 曾宁凤 陈月球 郑佳慧 李朋 杨少英

王志杰 杨少英 甘璐 吴甜甜 王兆乾 张宁 蒲云斌 赵一晓
徐飞花 解敏 李子萱 庄照鹏 王金泉 杜德祥 杨成佳 马云
李倩楠 田野 任玉翀 杨俊 瞿恬静 谭洪宇 易作天 曹杰
王小燕 李辉 马小欢 蒋师旭 熊敏平 陈远友 姚程 张晓菲
陈万宏 丁敏 刘卫军 史礼静 张倩倩 杨康敏 虞真 王正奎
李晨辉 吴蔚威 王立朝 李严华 韦春燕 刘红云 张杰 熊强
毛剑 刘钦 周丽斌 毛颖 艾金 刘林 颜霖 刘敏军
李东方 蔡寅 熊焕章 宫翔 李亚超 里雷 南珂 顾然
闫泳帆 符卫娟 周登 李康健 崔振华 柳武 贺天山 钱文彬
何燕红 胡宝亮 程华芳 吕伟 宋旸 杨晓辉 吴祥辉 李沫
汪科 闵兵 唐灵芝 李亮泽 徐佼 段天蔚 王狄 唐军
马群 邹建峰 孔繁勇 阎岚翯 王庆 肖飞 申梦然 李鹏
唐波 王倩 董学良 段静玉 尤峥奋 郭洋 方建银 石麟
余建广 顾顺勇 张荣举 王伦 郭小倩 刘小红 朱坛超 王高
李佳 张浩 谭敏 付青花 李辉 黄光辉 朱迎丽 聂志超
葛刘斌 江柳林 刘寅鹏 苏建辉 王鑫 葛伟 张春丽 邱依昕
李楠 邓永刚 张睿 穆荣镜 张小花 杰恩思卡·马力汗 张磊
克帕尔·卡米力 如克艳木·艾尔肯 艾力肯·阿不都热依木 耿丽君
买热木散木·阿不拉 阿地力江·艾尼 巴图那生 伊利亚尔·亚力坤
曼孜热木·克热木 迪丽努尔·阿不来提 富雅琴 呢加提·塔西买买提
张海峰 叶尔肯努尔·吐尔逊别克 马建建 何璐 屈娜 张英俊
达娜古丽亚丽洪 柳仲 鲍远乐 杨帆 冯珍 潘锦光 汪卫
杜光照 吴旭 云宇 闫慧 徐端 王恒 谈叶青 丁燕
陈灿 李金辉 郭明波 曹洋 赵乃非 刘新姬 单全征 李进
窦建霞 秦川 邓佳玉 李云飞 钟燕文 郭涛 王雅琨 马珊珊
覃光阳 欧钊锋 李浩 王洪学 胡超 杨立 邓琼慧 刘辉
蒋文静 李宇佳 奉剑锋 杨海舟 张希堃 朱强 范靖宇 韩春春
索润 邓健 刘锐 赵晓力 辜予薇 凤榕 常巍 应迁笑
邓敏峰 曾令蛟

中南大学2006级

路玉龙 许密影 刘聪敏 陈燕珍 张海 蒋延军 王承博 韩靖
朱超 梁登 余思婧 吴毅湘 邓晓健 陈媛 岳晓辉 陈倩
万奇锋 方博 陈平 张鑫 周彦男 郭煜 冯燕茹 许佳佳
郎巍巍 李科东 颜春惺 杨露 李喆 付景磊 董胜强 陈红霞

赵亚锋 任永志 叶 焕 伍永超 许 丹 谢 熠 陈婷婷 罗文文
胡其昌 徐 壮 刘佳雨 程显东 于万春子 李 林 三璞玉 卢会军
刘 驰 葛毓培 诸葛金平 曾 伟 曹志彬 杨仁姣 肖 伟 李 君
韦 凯 傅晓艺 张士超 贾海娜 李 阳 熊雪琴 陈 凯 程江帆
周冠军 彭 婵 盛伍元 段琪辉 陈 伟 张欢欢 张 曙 张振宇
张源欣 熊 婷 陆惊雷 王一富 王守栋 田时贤 折巧梅 蔡永强
蒋江兰 刘 林 马平平 高 原 昊 卫 何生敏 梁北海 罗跃逸
张 岩 邢 磊 孙芳芳 田 卉 程立业 黄 维 唐 甫 罗会贤
李伟军 邹小明 夏巧叶 陈雨蒙 胡龙潜 秦卫强 郑江晖 丁士功
刘 强 李 军 杜 林 李妍妍 曹鲁燕 陈林光 李智龙 安晓亮
刘勇宽 陈高鹏 徐礼根 李志恒 陈 健 谭雯涓 杨 燕 张 威
张允辉 曹 稳 文 娟 林浪江 刘 波 姜 波 杨 敏 段 娟
洪 伟 刘 仁 肖 平 陈小勇 阳蕁瑞 季春雨 缪晓炜 李时杰
沈 笛 印 俊 黄丽丽 王家昌 杨 恩 崔志向 张 坤 胡新苹
司徒杰 赵成宝 程 莉 李东洋 张长青 陈 昕 刘 滔 王 琴
陈伟君 王 彬 饶 杰 朱 韬 莫志伟 谭晓畅 杨 艳 赵洁颖
陈信良 胡 川 何兆强 苏 红 马 英 雷 蛟 张 楠 景 莉
蒋伟峰 赵 征 吴玲玲 吴 波 王振飞 张楠楠 邹 超 龙 壤
谷 浩 范文彬 李怡州 罗 娟 陈 焱 彭佳兵 徐绰舒 徐光明
贺 翔 李 帅 吴 珂 陈 文 杨 洋 王 宁 齐广旭 王 腾
吕方俊 管旭龙 邓夏阳 欧武华 付坤华 黄河夫 罗 晨 李莎莎
万 骁 石 磊 杨武雷 易 睿 王海军 肖艳芳 丁 帅 杜 鹏
张启超 曾 鹏 袁 平 黄启勇 李 维 昊希雯 雷春林 刘 睿
胡荣尚 陈 路 李 伟 李梦璐 刘 睿 唐甜甜 刘 洲 周雅英
詹德坚 王 喆 余文珍 杨 菁 崔云霞 崔晓云 谭荣荣 史高见
卜 超 彭 惠 肖卓华 林红光 孙 磊 周燕春 沈玉芳 马 利
路美霞 李小龙 孙婷婷 李 冰 张 杨 李 强 舒 睿 李永乐
王 丹 朱 超 毛玲沁 魏太云 冯金萍 廖毓洁 唐 雨 黄 河
汤耀华 陈名波 刘 霞 邹玉芳 谭丽群 糕佑天 汤 鑫 张思维
孙 跃 支 芳 王兴兴 陈绍磊 李 岩 池海飞 吕 鑫 周春生
温贤周 王 丹 韦龙馨 黄名亮 刘子真 王明亮

中南大学 2007 级

刘国亮 柳 岩 杨 阳 冯春林 贾文锋 钟婷婷 姜佳慧 田兴虎
杨利琴 刘玉莺 罗智鸿 高 政 陈庆辉 陈熹远 张顺亮 覃壮德

张　超　钱　威　吴俊硕　王　雷　瞿晓彤　韩德良　鲍征强　相振双
陈石波　董　双　易　懿　傅太白　邵皇矣　王　坤　洪书鸿　王　鹏
娄　翔　毕　博　程　兰　丁　伟　史茹霞　王　嘉　南　琳　彭根龙
虎兴龙　苏小烽　傅　波　陶　果　刘兆阳　唐钰宣　钟国飞　赵　卜
田　丰　王文乾　罗　浩　贺小龙　郭吉光　曾云剑　王　梅　向全洪
王兴前　于　迪　刘舒啸　陈冠男　解龙杰　白　冰　王　威　何开先
张　弛　杨宝全　罗　裳　聂石涛　蔡巍巍　汤澍涵　纪晓龙　亢　莉
汤腾达　李　放　胡武术　曾凡刚　高　磊　黄志远　彭皎凤　李方斌
王　离　周振新　吴　熹　王丹丹　吴丹江　王根明　孙世权　姜雨龙
刘海燕　颜婷婷　李晓磊　陈　楠　许海满　范永嘉　肖　宁　曾燕玲
曾曜明　陈有乐　夏　鼎　魏博文　杨　艳　黎玉龙　瞿延鹏　祖立振
樊小杰　柳　雄　杨之乐　王丰华　廖铭铃　陈荨海　周云鹤　龚燕翔
陈　飞　张　威　段鸿飞　杨焕昭　马朝晖　杨　一　朱　灵　李馨超
何跃兵　黄伦鹏　李安琪　黎国秋　黄　良　李政寰　刘惠茹　李知进
胡建波　黄见晨　张莹灿　李新星　刘　斌　王浩然　兰建英　王　超
黄　鹏　杨　阳　刘超越　张文强　姚东伟　韩晓梅　徐梅梅　段丁瑞
焕　伟　王敏赛　叶利华　宋　雨　黄淑燕　郑永周　唐　强　梅金玲
高华伟　孙　贝　王　迪　丁浩瀚　张　衡　李玉龙　范　辰　尹　丽
魏荣满　李　潘　谭　鹤　苏　贤　王　玉　杨　凯　肖爱梅　郑　煊
丁　洁　许　东　康　成　苏焕银　郭江浩　李　尧　朱肃娴　李廷灿
张　帅　黄　婧　马启锰　张国发　王香怡　石　洋　李华斌　张　的
彭　湘　魏兰英　陈　政　李再律　邓星鹏　周新钥　袁志鹏　陈　芳
栗　茜　雷湘媛　韩大伟　徐云峰　张梦轩　应仁仁　姚　皓　罗　希
黄同宇　邢思远　刘锋锋　薛东阳　李伟生　张盛业　张慧敏　罗金川
王　样　周　文　周　维　马　丹　聂国华　李德浪　胡益平　刘吟风
吴国维　罗秋姣　黄楚楚　潘利民　胡　奔　罗　川　贾正华　熊琪瑞
许亚宁　张　鹏　刘丽芬　单铖吉　熊　欣　甄若愚　聂晓勒　高　乐
蒲红刚　程雪玲　甘　磊　魏梦昀　徐贤君　熊　顷　朱　挺　杨　涛
马永才　卢兆刚　区月星　沈　玲　桂巧凤　杨　窗　王　杨　葛淑菲
赵志生　杨　婷　杨　燕　李柳夏　唐　蔽　黄　利　胡梦荻　党一学
李月娇　钟　祥　姜维平　王　泉　王　珏　李明新　杜　杰　马智勇
暴　鹏　宦咏梅　徐　静　刘　蓉　王　国　郭　爽　仰美方　高　正
董浜浜　夏婷婷　杨　志　凌　鑫　黄　凤　王小兰　吴穆儒　万源沅
洪　波　龙　媚　杨志楚

中南大学 2008 级

毕嵩雯 陈建松 陈若榕 丰 超 黄远程 贾 彪 李 程 李 菲
刘 路 刘 洋 刘 婷 毛中荣 沈祖伦 宋 磊 唐君宇 田洪文
王 灿 王思君 肖伟鸿 张红丽 张志康 赵 丹 赵天宇 赵伟玲
周 勇 朱陆凤 傅达妮 高 涛 郭晨曦 胡国显 黄 敏 蒋 斌
李 泥 吕永强 倪 朦 秦瑞霞 汤 余 唐 浪 唐文成 田 卉
王 量 王起昌 王庄志 吴加奇 肖文斌 许灵峰 英 骏 于珊平
余 超 岳劲松 赵 璐 赵翊龙 郑早明 艾堂勇 陈家华 陈兴龙
赤 鑫 戴必珍 邓 娟 范 杰 胡 浩 李 星 林立彦 罗 捷
欧阳晨 任 军 万冬冬 王 凡 王绵辉 王 煜 伍亚雄 肖胜男
杨 璟 姚文相 余 丹 岳岁时 张 滨 周 杨 朱欣波 邬清涵
陈 峰 陈思威 黄国敏 黄 帅 李东霞 梁远飞 刘海波 刘培阳
刘笑寒 柳 志 罗贤权 梅立兴 聂 赟 孙宏宇 汪 斌 王 芬
王梦佳 王武蕾 肖 楠 谢 伦 熊岚森 薛安邦 杨 莹 阳玉梅
张语丝 鲍云敏 陈文阳 陈潇潇 陈 媛 程 思 丁 益 郭婧姣
黄素平 李羡歌 廖祥兴 刘 晨 刘贯春 刘文君 马思远 牛明博
蒲宣任 石佩琦 宋 琦 孙文强 汪亚军 王国正 王敏琛 王志勇
谢天逸 杨志河 周知瑞 周 鑫 陈芳霞 陈 光 陈雪姣 戴 琳
傅欣飞 黄 骁 李 秒 林东坡 林剑桥 刘 玲 刘文英 彭俊文
宋海涛 万红杰 王彦斐 吴灿星 武冠亨 叶洪娇 曾雁飞 张 博
张亚东 郑健平 周 凯 朱东波 谌李雪 瞿 希 陈启蒙 丁曙光
韩 帅 何 佳 胡 非 解 玮 黎井雄 李 湖 李足珍 莫富文
欧阳锋 彭 林 彭琼稼 祁鹏山 乔宇君 宋 然 唐雅倩 王晓峰
王艳华 席 硕 熊 峰 徐杰豪 杨 莎 易国栋 张 聪 张雪阳
周 涛 查江鑫 陈海彬 陈 江 高燕飞 胡 哲 李文彪 梁晓娜
吕春贵 马 骁 毛奕岑 牛怀界 史舒悦 宋天宇 粟亚亚 王大伟
伍人暾 向泽文 肖晶妮 严 涛 杨文宁 喻 欣 章 彤 张 荣
赵 航 赵 馨 邹长帅 徐 焱

中南大学 2009 级

林乃胜 伍军成 赵凡超 王麒翔 韦丽彬 唐 欢 胡 青 朱丽娟
黄俊波 樊 健 杨茹岚 姜 越 师怡敏 丁克明 孙晓歌 刘 涛
李 君 任晓航 马立东 侯广婷 任天翔 赵学洋 金志松 姜燕妮
温 贤 周瑞文 黄 伟 王 芳 李茂茂 马鑫昱 林秀蓥 王及时

张昊 段北平 林志鸿 李海婷 王利娅 隋筱童 徐常委 杨剑武
方玮 于立彬 达之玢 李云骏 宋丽伟 张双卓 麻理 侯晓伟
金旭飞 高舒娟 兰元勋 杜守俊 王浩杰 刘瀚 李为健 杨志红
肖许曼 胡晋宁 王畅 孙书成 连泽新 裴小磊 郑淦云 王东兴
任万凤 王柄人 柳鸿涛 朱朋雨 王春丽 史婧 周忠江 董龙龙
李晨曦 高楠楠 朱力 李依依 金为卿 楼周峰 李小璐 李胜
李威 刘津武 陈伟 康哲嘉 柳梅 曹鹏 郭昱含 赵兵兵
倪彬洋 罗会会 蒲喜民 王逸群 张喜东 王臻佳 王禹 周娟
刘玉强 黄晓光 谢志普 周晋 孙然然 蔡骏潇 邓宇先 杨朝阳
贺晓勐 徐亨利 唐自强 沈梦雨 姚乐 张翔 杨霞霞 刘雨晴
王富胜 林隆汪 刘桂东 王麒睿 黄政阁 郭继红 郭哲琦 王成
徐驰 洪健 刘元昊 郭雪梅 何沛娟 冯文锐 徐源兵 巩玉婷
梁继超 林艳 田宇 张伟 寿恺妮 周陆泽 郑爱慧 陈彬
毛欢 李旎 黄福得 王献 陈蓓 耿叁 高静 崔赓
何西 邹果 李娜 李志 胡胜 张超宇 王殿韦 侯悦薇
刘司航 熊景宏 王海阔 丁松伟 王彩霞 杨莉 米占通 吴迪
何风玲 周杰 陈锦芳 贺霆 金圣博 曾诗琴 魏文斌 王芬
罗斌 郭路明 李雪晨 王伟铭 曾山 车昱婧 陈全成 宁丽丽
徐尤富 孙权宸 周婉群 卫中亚 陈卓 印锐 秦旺哲 李艳
陈禹 闫东辉 孟梅 于森林 周德俭 胡洋 邓楚坤 罗颖颖
凌胜利 郑晓敏 李雨 谢杨 薛晓榆 罗期方 汪波垠 陈菊
宋耿 刘萃 阮声帅 黄现涛 李晴 刘凯 杨杏 罗威
马双燕 葛星 王业敬 马蓉 楼臻博 龙俊妃 刘姣 唐亚兵
张家新 戴仕远 李赟杨 吴珊妮 颜思阳 王程畅

中南大学2010级

吴美霞 张学东 杜红焕 谢磊 杨子熙 胡志昊 程诗景 牛宇阳
郭建婷 戴自文 牛雪炜 李闯 马云鹏 韩日升 陈亚伟 张景怡
王训一 王雨思 钟奕楠 严鹏飞 陈宗篪 杨思雄 刘雅清 严洁
罗新辉 李世宸 李雨婷 黄泽赟 王旭 殷尉然 姜文 雷晓峰
李慧楠 曹文瑞 刘英明 申柯 于安琪 张琳 李健雄 黄家文
黄艳娟 周波 王焱 邓智中 陈梓睿 梁琨 吴奇 吴昕薇
张清扬 王小芳 蒋侃 齐琛 周宁 陈娟 魏亚税 戴昶
李超 魏荡 郭慧洁 肖峣 李奥 李顺 郭薇 姜玫伶
程勋杰 丁杰 卢思谦 李杰妮 张亚利 陈士波 周文 黄静远

刘新宇	包　茜	杨雯晴	张　珂	夏　银	刘业归	陈　倩	彭晨明
孔思思	唐小艳	全星彦	唐良爽	李　娟	张利康	劳杰林	孙晓岩
韩宗宸	张俊伟	吴志超	任肖霖	杨当福	汪山山	梁　梁	梁钊铖
刘承光	朱　文	周曦娇	樊园园	马冬冬	李　敏	陈　璎	关生力
唐邦超	王　喆	周超凡	陈　阳	方志刚	程　俊	皮　静	任恒远
孙宏亮	张才金	侯智敏	王逸凡	杨启航	程　睿	莫斌基	许俊杰
桂　詡	林平玉	吴弘雨	李　阳	张宗豪	陈文亮	方平咏	赵志阳
陈丹华	冯倩云	肖小莅	吴　昊	陈　艳	施鑫东	贺　军	梁永超
陈　璐	陈　伟	林　海	李　昂	李关兴	李文瀚	任文慧	王艳莉
许润哲	田义洋	李万达	马倩倩	黄耀鹏	李梅芬	唐琦琦	谢华龙
郭　奇	郭晓东	乔　磊	龚璋敬	何施慧	李　飞	李怡君	苏相瑜
姚佩畅	林　杰	林文辉	陈佳浩	周慧玲	刘嘉睿	韩彦红	刘晓楠
魏吉玲	冀猛猛	尹彦兵	谭雅薇	安　然	董文俊	李传权	符世醒
金鹏强	王立君	胡昆仁	王　叶	温发星	吉　纯	胡静怡	石　强
陈　灿	陈冬梅	刘　军	王珊珊	柯树阳	高　源	汪　玥	张代娇
宋　敏	李善楠	徐赫赫	蒋舒成	焦　晗	刘亚新	张　凡	李　思
刘　欢	张海燕	吴天曾	朱　玥	黄志杰	杨紫薇	刘　岳	刘　峥
向　聘	何纬定	吕　晴	林泓洋	苏建昌	郑　淼	陈照书	胡一超
黄　建	左雅慧	张青杨	吴　璇				

中南大学 2011 级

邰鹏宇	马国兖	袁晓凡	秦　宇	吴渊博	李玉双	汪　钊	吴　蓉
吴江琦	张　琨	杨华庆	张莉娜	徐　磊	王鹏宇	董　梁	洪立成
王　曦	刘　昊	易小冰	张婧川	尧华豪	余亦泽	张子豪	薛顺寿
刘心宇	褚　备	陈明双	纪丽洁	朱　玲	赵智勇	谭　盛	王　松
吴柳灿	黄　维	彭旭雯	彭泽宇	胡雪松	赵澍源	赵　文	周　胜
周　宸	郑慧梅	吴泽环	王　倩	邓　晗	刘仁和	黄文虹	胡阳阳
李兴科	刘军葆	田久芳	张瑞芝	李凤梅	彭佳武	林卓欢	化　兵
商柏杨	叶　拓	郭振宇	易星辰	何　睿	邹可新	马婧婷	卢红旭
赵星河	邵经纬	张　璐	王章俊	吴棋滢	陈　尧	王庆贺	阮爱华
陈蒙来	陈周阳	刘蓉蓉	都昌发	杨子松	陈阳波	余　海	王晓晶
徐锋世	夏运达	莫雅婷	陈腾宇	李　慧	叶正科	莫舒岚	钟　勇
李天宇	刘西洋	于　莉	付琳超	王天平	陈小杰	熊　星	宋苗苗
孙晓斌	谢超峰	罗　彤	王明华	王苗苗	陈星燃	赵塑宇	黄林哲
贺一凡	孙志豪	阎春光	明　广	刘　青	覃寅林	唐诗奇	陈昱婧

陈子豪　王燚妍　任朝廷　杨振涛　贾　轩　贾　霖　张　越　郑娜云
万文春　梁巧妮　代圣贤　于春游　林慧峰　沈吴越　徐凡丁　严　造
段苇萌　许曾超　王利利　侯雪君　宋冠宇　宋中辰　杨丽娟　喻　韬
言卓夫　蒋　林　戴春畅　罗亚男　汤百燕　聂台猴　胡　强　张镇光
张一冲　杨　璐　梁焯豪　王　婵　蔡浩昌　马晓燕　贺锦涛　胡莉莉
符　棒　董文婵　徐正明　马文博　曹春旭　张金芝　康　敏　钟琳雯
段　林　杨　柳　罗邦文　李顺含　徐琪璘　马艺萌　高　源　徐　科
郭晨曦　邓兆斌　陈　扬　陈志鹏　李钦松　王耀彬　李双清　龙益农
吴　斌　张楚楚　谭　淼　王　曦　徐飞扬　杨　冉　贾营欣　张　鑫
战依敏　宁宇航　何西子　黄　琛　黄玉辉　张佳琪　江　涛　彭正阳
孙晗晗　王江华　严　鹏　陈恒志　罗晗颖　黄　燕　刘　双　朱蓉艳
邓林青　王　勇　刘　群　王　帅　陈　勇　智丽丽

中南大学2012级

舒良烨　成　燊　刘　洋　代浩然　童昱博　胡博文　王姿懿　李佩恒
吴振豪　柯遵森　胡苨文　陈欣婕　牛泽晴　汪　悦　安艺玮　焦　琰
徐喜灯　陆彦君　汪思嘉　农宇轩　郑国玲　谭凯文　贺　明　王　岳
曲秋林　谢凯森　杨　兰　高亦鸣　王　斌　黄鹏慧　叶家奇　曾文桦
陈伟勋　尤　静　李　力　侯嘉瑞　蔡　猛　万雅伦　梅菁菁　张珣洵
李欣阳　陈雨萌　谢昆廷　杨珺舟　祝侦科　屈芬杰　彭雨婷　陈嘉慧
耿　彪　肖　汉　夏天琦　周晨辰　隆泽林　甄志伟　谢　雪　李志芳
张铭伟　秦秋媛　梁玉芳　陈江楠　余　阳　刘良洁　谢　伟　李克健
袁嘉慧　张雨荷　常宁宁　杨　玥　顾　彬　李明涛　谢小月　陈亚瑜
胡风范　吴梦静　伦一昆　陆翰池　隋　怡　陈褒扬　韩　坤　主成凤
宋　雨　张玉玲　肖冠举　吴青可　孙慧洁　杜思珊　齐德胜　燕莹轩
周维维　张晓江　贾梦晗　胡皓宇　庄　语　温哲鑫　罗东升　田德东
赵　曦　吕　航　王千赫　钟时扬　李　珍　王新钧　李恒睿　刘裕昌
林文强　严　静　朱晓明　杨晓艺　顾怀宇　张素辉　杨　雨　程　昆
王永建　刘史毓　王语哲　王天宇　刘金鹏　谢文锦　曹子杰　钟思思
郭海涛　张　杰　虞效竹　谢冬妮　唐荣霞　汤　芬　赵　扬　杨晓风
吕晨晖　宋雅婷　戴　维　张文琪　刘启业　易　梦　罗　旖　操召俊
莫育敏　刘文丽　其　美　付　宇　贾雪川　黄　辉　张长昶　赵文佳
陈　磊　左东澎　杨先招　盛　强　郝英姿　胡润娓　杨　香　吴世煜
胡　冲　黄　宁　谭国荣　李秋蓉　吕　正　李　琳　何思清　刘夏玲
罗佳晨　张世棋　朱亚庭　蒙云雷　李　丽　王　博　孔睿峥　薛颖杰

薛兴悦 范寺超 崔耀文 田聪聪 朱梦萱 肖　强 于文新 高田野
王　露 胡雪梅 汤蕊芝 郭晓健 张俊强 李　澜 孙宪玺 许　晴
彭亦圆 杨崇俊 胡绍福 李　犁 欧秀震 李盼盼 朱文松 桑丽园
黄伟毅 杜晋叶 潘圣宁 丁　啸 蔡　勇 薛　乾 张潇月 邓洁儿
申茹娟 魏瑶涵 蒋新田 邵西檬 杨礼华 王　磊 张　璇 胡金鑫
杨　祥 郭媛媛 杨　泽 肖锦涛 刘毅纯 李　勇 张　奕 郭潇潇
陈　磊 白依川 何　艺 翁银娣

中南大学 2013 级

黄寅中 李　凯 胡锦浩 毛　人 王鹏宇 吴逸凡 陶裘祯宇 王文强
郭雨佳 陈拓夫 王　旭 唐泽宇 冉　鑫 刘思言 李　吉 李　辉
彭　程 杨建臻 陆治州 陆　亚 勾　娜 严佳星 杨　伟 张　卫
宁　翔 马　泽 楚天舒 陆　慧 王　欣 韦　健 叶国飞 张菁菁
严金磊 张　恒 严怀智 白玛仁增 王珺明 王天琪 赖增奋 魏如冰
谢君翊 冯　杰 郭洁仁 林忠智 陈宗楠 贺一凡 王艺儒 殷　洁
覃　蕾 蒋冬羽 贺纪旺 刘知渊 龚开新 彭靖宇 董伯彰 方姝雅
郭佳瑶 李　耿 史亚东 卜晓洁 陈亦欣 徐涛涛 谭词元 曹伟伟
袁宇杰 温　馨 薄雅楠 张元浪 张　宇 孙智豪 段后胜 马康晔
宋胜重 覃春甜 何　革 罗怀毅 颜家澍 黄文峰 葛　山 傅嘉颖
杜　俊 张　聪 侯　佩 杨　威 秦　飞 盛德瑞 刘阳阳 谭立璘
张　昊 杨远航 袁炜雄 刘建超 陈明辉 余梓祯 李明亮 杨欣霖
吴广成 翁福添 杨志强 宋友芳 倪浩天 帅群松 辛集涛 刘子薇
张天乐 方耀辉 孔文佳 李秋凯 孙奥兰 沈　壮 薛润生 李淼淼
张　帆 郭　磊 区锦康 叶志坚 胡雅婕 李禹辰 马广良 王晋轩
王　欢 林书敏 姚向前 吴亚兰 张秋宜 邵　来 刘婷云 欧诗岳
彭富明 吴沭成 李　洋 邓宇闻 秦　睿 沈鹿嘉 沈茹尹 罗筱雅
李　婷 梁　雨 岳　晟 刘晓楠 生　辉 冬一兵 田　琦 韩昀恒
许琳妍 张永昭 袁孟嘉 米慧如 胡小露 李　飞 马　欢 林梦婷
余江锋 王泽文 吴　畏 滕　飞 刘　晶 周　琳 唐弋静 刘宇婷
梁　仪 张英杰 彭宏伟 宋艾馨 毕启炜 李　念 曾　琪 位月清
刘勤飞 张靖云 张艺潇 杜雯清 陈　卓 姚　尧 刘亨劲 王　鑫
夏业飞 王　维 高菲菲 李寅锋 王凤仪 程　笛 刘艺超 蒋南翔
刘　佩 范灿霞 谢天时 黎　洋 毛伟杰 詹妙娴 彭　程 侯丽萍
王思雨 杨　杰 董晓艺 应群智 黄启城 李　荣 杨梦湄 马　婷
李佳莼 刘谨铭 黄春莉 黄怀兴 肖　扬 张峻菖 吴清青 陈　蕾

方锦钰 吕凌峰 崔贝贝 李开霖 周 俊 龙馨儿 文 汇 陈 照
郭昭阳 刘 佳 彭 琢 乐文义 彭 易 宁姗姗 黄心雨 金淑珍
郑伟航 王惠敏 王重阳 任敏芳 马 爽 宋伟健 向冬妮 宋可涵
郝学慧 苏 雨 刘 韬 陈子泰

中南大学2014级

张之栋 杨 烁 丁长缨 王 鲸 朱志强 何松涛 吕 磊 姜源泓
林佳琪 李佳佳 蔡涵玥 张一凡 郑晓腾 黄学睿 傅广鑫 李卓桁
孙子钧 彭惠敏 马欣宇 王 燕 胡勇银 张方旭 袁金茂 李昭宇
冯丹丹 李东蔚 李翔宇 李晓雯 宋 健 唐靖宇 舒伟聪 温攸泽
魏婧婧 刘博书 仇玉孔 欧诗哲 李 茹 杨佳丽 杨晨曦 周芳玉
黄 睿 刘 畅 林志杰 黄 伟 潘 磊 高 天 曹毓元 黄 熹
戴君健 张 悦 马鸿鹏 周 正 罗智睿 李京宸 李俊妮 吴函宇
李秀实 李 杨 俞兴吉 付 垚 余楚强 姚 璐 乔 莊 杨 洋
李林艳 黄新红 辉忠荣 潘富豪 陈钰坤 王晓敏 刘云宜 谭江睿
王 阳 方小玲 廖歆昱 张科理 原 源 张熙乾 赵洪遥 王丁磊
范雯霏 钱恒宇 严雨涵 殷志强 陈俊彦 李 颖 宋苗苗 付欣郁
韩明雪 黄 豪 刘云鹏 林珠西绕 杨 睿 吴从应 马万里 王维杰
陶 铮 马文博 汤有飞 薛培静 吴斯迪 刘江顺 李 斯 郑沛宇
刘振华 蒋雨杉 张天帅 卢鑫成 孟 悦 徐 戉 刘翰博 侯树茂
刘 魏 林晓锋 刘赵婧 王 省 裴君翎 崔雨轩 姜 涛 李 焕
杨朝阳 张 培 黄兴晨 赵聪聪 刘玉龙 蔡荣辉 许亦楷 姜泰羽
李荣萍 李 享 陈 瑞 刘 超 邓目伟 周慧柔 何跃东 刘祥瑞
张 菲 张润泽 张 羿 谢俊杰 方 茜 徐圣源 边逸群 何洋成
黄金戈 徐钧超 潘颖莹 叶 健 洪子橙 李向维 张帅磊 廖璠艺
陈裕福 臧豫玉 梁星元 张雨微 常林凤 姜友尧 聂 杨 文 叶
徐 佳 欧阳颖 石 曼 易晓琪 郭晨露 包 磊 董尚懿 朱 佩
赵 怡 王俊富 李 玲 李肖芳 秦文亮 任泽玮 高成博 徐琨博
苏博文 唐欣瑜 吕淑梅 鲁天馨 刘卓澜 张若诗 张耀丹 王泽坤
孙华阳 杨思佳 刘昱辰 周嘉钰 次仁旺堆 李婧怡 马艺歌 李卓明
鲁鑫宜 王 掌 王榕巍 许 靖 陈炜蓉 李君君 周益安 虞水磊
言鹏韦 黄小英 王冠人 王慧慧 王丽雯 李宁薇 李维银 李雨泽
田新宇 周孟雨 王靖茹 李可心 魏芳萍 陈盈盈 胡孙龙 张晨阳
张宇思 刘晨旭 崔 蓉 周子圆 吴晓峰 王 慧 吴逸飞 黎 明
曹佳卉 丁学浩 周国芳 杨祖燕 王 珺 李嘉祺 沈冰秀 吴尹煌

梁贵铭 韩思莹 侯泽夏 李扬 方鑫 周杨睿 刘畅 王云鹤
史玉文 张转 李铮 任星 李媛 顾梦蝶 罗豪凯 姚瑶
彭浩蓝 刘婧

中南大学 2015 级

姚翔宇 马威 于雪 陈宇豪 张铭哲 王特 余博译 卢妮
王杰 吴佳恬 李智超 唐欣雨 赵元媛 向杨 詹晓琼 黄嵩
高铭志 刘文昭 金圣丽 高悦 赵泽辰 杨畅 郑彤 邓佳富
康吉东 李晓霞 吉俊蓉 陶迎春 张腾 叶辉辉 李金玥 李宗昊
李东泽 解金澎 付万莹 王思远 周思源 包万琴 张俊 石小军
肖健 蔡文文 周悦歆 倪雪凯 蒋济超 段超华 吴双双 李建华
赵钰铭 范志强 张笑然 余珊 阴朴谦 吴雨桐 何静 边巴卓玛
扎西 罗俊 刘生苇 蔡艺鹏 张哲茜 许延卿 史磊 王雅婕
贾元斌 全晓倩 彭谦 陈博樯 欧宇 李怡 张晓萌 牟惠言
伊烨 迟佳磊 何榕浩 钱敏炜 陈春艳 陈懿超 李世强 周括
钟楚涵 张樱瑞 鲁泽禹 寇颖 焦英哲 耿婷婷 蔡宜轩 张宇鹏
杨雅芝 李思诚 周骞 章浩然 孙瑞 冯小爽 王安迪 吴晓新
刘振 章有彬 龚建良 曾祥鑫 刘宇豪 刘昕帆 曾宪琦 邱家目
王明飞 费良可 邵洲 乔国玮 夏君毅 谢湲 谢婉莹 苏锷
李伟冠 杨丽祺 张志豪 周盼 于竺灵 冉庆 陈俊文 郝靖楠
朱懋富 王汝豪 李昊昱 胡慧祥 杨颖 王哲禹 周宇哲 靳显麟
张馨月 熊照 查宏刚 黎亚春 李鹏 张桓 汪麦琪 李景龙
周云帆 郭奕涛 徐雅倩 马宇柔 徐恺頔 褚书含 马鑫 陈坤雄
庞志贤 涂宾南 李识 何紫倩 詹灏鑫 王孟正 张果然 李泽港
丁聪 孙艺丹 涂宁悦 王波 陈开乐 吴紫彤 旦增卓嘎 黄晓辉
岳露佳 任一鸣 佘冰俏 欧阳倩好 李希鹏 王金燕 孟宪昊 满馨月
伍民峰 林靖尧 廖元 华秋菊 方菲 杨筱 肖枭 王明远
董瑶 李安然 金晨 崔锴祺 白瑞 林永升 李悦 阎兆增
王杨 孙姗 陈转雄 钟海天 王昊喆 陈明杰 周俊林 李林灿
曾澄 洪晓艺 许越 李滔 高妍秋 周虹丽 高胜寒 朱毅哲
符嘉敏 闫妍 覃景潇 张梦雨 张美 袁点 魏赫 宋朝霞
申思佳 达娃次仁 柏凌瀚 易证南 焦舒洋 朱琳 张瀚月 谢申琅
石慧赢 方洁 刘秋彤 吴沛昆 陈丽 雷雨恬 蒋卓昱 戴云行
张翼 傅麒毓 古梓芬 黄玲玲 张广昱 黄佳珍 何菲凡 曹楷
罗媛 刘念 李延锋 郭展旗 郭逸群 邓牧野 次仁多吉 钟清扬

丁子艺　宋　峥　沈伟斌　户一帆　郭春阳　刘若兰　胡　沙　张　强
张　钰　赵仁熙　朱伟增

中南大学2016级

欧逸其　殷子欣　李　绚　王　莹　杨红宾　单顺衡　冯成领　王跃然
杨国政　胡小军　暴田田　陈丽宇　高永波　郭霖泽　王静萱　王维恺
朱瑞娥　李振珂　左永宝　王静婷　张金烨　赵昀涛　杨双红　周子程
陈　文　甘桐雨　蒙昱言　田鹏程　汪志伟　徐蓉琼　张　瑞　马　赞
倪心月　王泽凡　许贵贤　朱一鸣　刘峻豪　梁钰婷　吕石龙　刘志林
李亚州　杨一凡　张震东　姜　安　王　鑫　俞铭捷　高小伟　雷逸童
吴　彤　张晓琴　侯洣璇　任鹏宇　颜雅琴　卜钰欣　杜国有　金小杰
罗焦飞　沈小鲁　文华旺　闫　萌　蔡云菲　唐舰辉　王禹乔　吴林泓
袁如意　耿子汶　李易航　韩忠霞　李钊颖　钟思宇　朱　正　奠莉萍
李　潇　杨思宇　李雨濛　罗宇峰　袁中菊　赵永琦　李宁宇　王赛羽
肖淑萍　陈　哲　杜　婷　刘子豪　彭枭楠　宋文龙　孙　凯　吴铭泾
杨莉平　蔡源培　范如圆　田伟铭　夏熙临　高子涵　周晓敏　李树威
程万里　凌成龙　孙源浩　韦庆友　崔乃玉　王薪潼　向斌武　黄敏睿
苏岚林　庞智强　白　野　郭依萌　刘少龙　马亚楠　于启航　李沐书
刘　昊　薛　瑞　杨　屹　单永涛　李　超　李明启　刘沿辰　王若熹
张世磊　陈跃晖　李锜炜　秦彬宇　邱梓峰　亓　欢　郭宇雄　李思扬
黄昕蔚　邹文豪　黄雅晴　戴怡然　刘诗棋　王梦然　许桁瑞　周先锋
金　灿　刘迪威　向　上　杨　昊　陈志博　方子华　李　新　鲁　军
石　霖　许双双　邹　闯　郭亮荣　姚建强　吉佳卉　王　妍　崔　政
朱子祯　次仁顿珠　张　寰　黄晓乐　徐　飞　毛田甜　李欣航　王文鹏
魏莹莹　张　沫　甄梦楠　陈心仪　赖绎帆　刘旭怡　徐斐雯　贺心艺
江山麒　李怡钒　穆　磊　王玺玥　余晓祯　杜露露　夏玮璘　马奇玲
任梦真　刘　娜　吴金平　德　珍　陈宇昕　时　何　丘翠珊　郑建芳
曹新娅　王喜锟　杨国晟　张宇涵　邓子威　林　娜　罗忻睿　张伶香
邓雅君　黄嘉莉　孔　祎　娄钰淇　邵　惠　韦　桐　张岐彪　郭如意
邵雨静　于　颖　黄文韬　王寅卜　许天凝　刘鑫雨　徐　璟　达娃卓玛
吉　巴　马文萱　方　睿　宋玮琳　王丽清　韩哲俊　王培锦　王艳彤
张晶莅　赵怡文　曹雪晨　高泽宇　黄　昕　吕春玥　赵为炜　何　鑫
黄筱倩　李冰灵　马　榕　隋　阳　杨庆飞　郑涵颖　曹　钰　洪　浩
余佳俐　刘丁阁　杜明夏　魏嘉萱　徐　素　旦增达瓦　梁孟菲　冯至逸
苏楠灏

中南大学 2017 级

李思团　马　顿　万昭曼　卢浩然　陈建国　樊诗颖　唐国靖　范泽曦
苟皓哲　万　全　刘佳璐　陈康依　王洁辉　翁嘉聪　鄂继跃　林兴为
雷子平　王昕悦　韩如铁　王泽源　吴文强　周佳琪　陈有纯　卢伟颖
张正茂　周科儒　高　婕　牛景旭　史浩天　杨文德　蒋嘉欣　颜雪仪
卜小兵　覃　猛　邹云飞　李　灿　祁建坤　范家俊　李维涛　张小蒙
赵启扬　田明淞　杜振宇　徐世松　朱湜臣　孙丽慧　顾新尧　金帅澎
龚柏汕　鲁怡文　印泳锦　周　飞　安子阳　郭　琦　丘琮培　郑文龙
刘志强　张国卿　张　静　曾凡文　崔煜坤　王　雪　李垠翰　李心莲
吕　博　邹登辉　邱永琪　周　烨　李仲磊　潘姿璋　袁　琼　张金华
王宇菲　王　卓　张雨辰　刘逸先　刘子宁　杨　鑫　张雨澄　陈彦尊
江映松　沈祺翔　郭婷慧　李俏君　郑若拙　黄碧琪　蒋慧铭　张太洋
高铭蔚　马英杰　扈洋榕　陈　奎　晏昕熠　张浩然　任　涛　陈潇迪
孟龙睛　周子渊　陈弈畅　李　洋　杜　菲　梁馨予　柳红叶　钟仁熙
陈欣欣　傅荣炜　胡津逍　郑　昊　郝凯炜　李　佑　张明坤　文　艺
张嘉诚　刁　寒　李双媛　唐菀萝　高海亮　李嘉倩　王冠懿　袁　会
汤恒晖　吴镒城　程　博　李承志　闫梦蕾　程凡可　王　冲　夏　娟
王鹤为　窦　智　亢燕如　李　涛　王冰琪　丁媇烽　彭　帅　王理东
魏天霆　周　玥　曹锦彬　洪珍平　王佳一　祝锦文　陈柏何　吴　畅
旷　名　唐年华　程旭鹏　刘汉超　谭舒耀　张博晖　赵思齐　曹利弘
郭璞鑫　乔　磊　周富义　李君杰　王　鑫　杨舒竣　刘　琨　索郎欧珠
郭懿浓　蔡泽凡　黎炜娟　汪俣充　张艺嘉　陈广渠　冯绮晴　刘子鋆
张朝银　李辰阳　卢　昶　陈　月　蒋艳姣　毛馨瑶　宋昕起　许　伊
马　骁　陈　郊　李洁雨　张嵛翔　国昕怡　卫　冕　杨　冉　黄宇琪
张昕怡　赵婷娅　仇远林　黄予舒　向　宁　袁　雯　黄淇琪　洛桑曲培
曾译萱　李瑾然　方柳涛　凌煜哲　吴梦琦　陈　圆　柯宝芳　孙梦想
朱镕希　佘　昱　赵　霞　傅佳乐　蒲柏岑　王文义　张　昕　贾　珂
于守业　贺铁元　刘虹邑　赵美琪　钱玉新　邬坤宇　李林茜　赵博雅
樊逸璇　孙　萌　项晓晔　翟若臣　潘　多　郭　榕　于　佳　姜鹏越
陆　葭　叶伟东　范予涵　刘汉宁　滕妍苒　曹嘉华　成　娟　阳圣兰
蔡虹琳　何　聪　鲁欣沂　曲彦博　王泽帆　刘佳伊　张佳鹏　黄冠文
覃丽婷　谭菲宇　徐　聪　张鑫媛　胡　蕊　石金满　赵朴涵　高晓洁
王安澜　信苗佳　多杰次仁　黄安康　加央桑布　李熠邦

中南大学2018级

阮若晨 陈振涛 潘越峰 高纪元 刘子漩 戴晔岭 景周辰 吴玥玥
何　璇 李笑语 裴启庚 熊梦可 段旭阳 贺雪歌 李　昂 廖富祺
于　皓 陈稳稳 苏铖锋 方　静 王　正 李帅新 张　翥 孔维强
李　媛 梅　彪 王　震 许佳乐 石昱霖 姜新宇 王禹茗 李述威
廖仁智 肖文博 杨　哲 段　延 黄琛显 缪嘉荣 皮敬佳 肖汤宇
陈俊南 李学坤 梅一凡 邱晓鹏 幸晓霞 曾海雷 刘维康 徐昭东
周　明 朱逸飞 岳子阳 张浩宇 郭珂馨 舒亦童 郑世星 罗立涛
颜锦东 黄雅藝 董泽锦 李翠婷 马慧泉 王晨璐 伍铭焕 陈梦璇
何佳怡 李金明 饶洪浩 王眹娴 杨家乐 韩京航 罗佳瑜 马　月
王铮颖 庄哲楠 黄荣平 毛　琦 肖志演 左　尹 刘晶晶 钟细武
陈　峤 史　通 胡　勇 曾诗琴 龙煜林 邹正倚 李汇煜 王雅洁
蔡海波 顾芸珏 李雪凌 欧沛琳 王俊豪 武彧婧 应鑫浩 陈　涨
胡芯豪 容　骁 伍鹏锡 张佳宁 何　旭 季书屹 宋炳慧 孙怡然
杨德钊 李　治 彭宇宣 徐睿璐 黄　矜 宋美萱 冯琼芳 李家正
朱　朗 孙辰郅 宋晨曦 崔道蓉 罗雨涵 王钊涵 陈兆阳 韩锦程
刘鹏琪 卿乃侨 王梦溪 徐　瑶 余莹莹 葛婉逸 康　博 史原源
修以勤 胡萌羽 林文龙 陶雨晨 吴清源 杨伽成 李梓睿 袁　娇
宋卓凡 李云天 李朋霏 朱　锐 王凌伟 金海彬 项兰兰 付　轩
吕家诚 王子澳 邓嘉源 侯宇博 刘泳卿 宋亦童 蔚文颖 许泽林
张文佳 葛晓轩 雷　洛 卢　琳 谭楚雯 徐晨寒 赵琳萱 黄　维
刘伟浩 王　荃 吴雪琪 张茜文 刘鑫林 史鸿铭 张　楠 蒋尹飞
田　庚 聂祥胜 林　增 左　典 黎镇图 颜宇航 葛宇飞 陶　李
王子正 邓　琦 黄文豪 苏文俊 文赟琪 薛晨晖 曹雪晴 郭雨辰
雷　松 卿欢瑶 谭雨婷 闫　冰 钟静雯 暨仕佳 刘紫轩 王　旭
张子毅 周烜卓 刘镇豪 宋存栎 张清泉 金圣中 王泽瑄 杨曈鑫
鲍　慧 刘甜甜 杨滟艳 郎开西 王乐祯 徐　雍 丁诗怡 柯小宇
麻桦菲 吴利金 闫江越 常季飞 韩卓宏 李冯航 邱世文 王斯麒
杨昊川 冯　浩 匡一为 吕志贤 王宇桐 赵域奇 胡国鸿 罗　璇
谈华敏 张　晓 黎知微 易　江 姚若薇 闵家祺 丁　慧 郑卉萍
周仙航 李俐安 迟云飞 张煜晨 于书畅 费伟枝 曾自立 李修远
彭云佳 彭涵影 刘星雨 王佳欣 丁华卿 王文睿 夏田英子 冯启涵
徐　畅 钟国虎 朱学琦 邹殊伟 欧子怡 张欣爽

4.2 硕士研究生培养

长沙铁道学院 1978 级

周胜生　肖果能　陈安岳

长沙铁道学院 1980 级

唐令琪　邹捷中

长沙铁道学院 1982 级

何其美　张汉君

中南矿冶学院 1983 级

朱　易

中南矿冶学院 1984 级

杨　政　杨灵娥　袁修贵　谭海鸥

长沙铁道学院 1984 级

蒋兆峰　袁肖瑾　张　敏　刘庆平　张欣帆　孙加明　刘卫平　占四明
黄　靖　雷广萍　史　峰

长沙铁道学院 1985 级

刘建华　贺少林　唐汇龙　许　杰　朱　灏　黄大展　何宁卡　王效拉
李尤元　罗开位　彭云交　李关世　袁建良　杨晓斌　李力勤　程家麟
徐纯诚　肖跃球　刘兆丰　胡列格　王崇举　贺伟奇　胡继松　刘海华
程祖伟　易宏举　付志超　王　朋　毛腾飞　丁志宏　欧阳益林

中南工业大学 1985 级

陈宏平　张鸿雁　陈道福　夏建业　王乐宏　魏正红　张永勤　王会强
王　梅　顾　明　武　坤　邹自德　詹榜华　朱月萍　刘海林　王宪福
王志忠　谭　钢　刘金旺

中南工业大学 1986 级

陈运胜　袁　源

长沙铁道学院 1986 级

孙　焰　胡建华　李学超　黄砚玲　刘旺梅

中南工业大学 1987 级

陈宙泉　陈友朋　何　黎　蒋盛益　刘宗光　刘天增　张　敏　戴松涛
陈广霞　刘庄明　刘政权　肖桂春　刘福来　赵泽茂　曹际利　申建华

长沙铁道学院 1987 级

王泽旻　刘　凯　夏学文　舒辉四　巫建文　吴龙君　高京广

中南工业大学 1988 级

宁　克　李学全　冯正强　张　卫　钟德强　李卫华

长沙铁道学院 1988 级

宋绪立　查伟雄　肖龙文

中南工业大学 1989 级

林明华　易献忠　徐选华　张先明

长沙铁道学院 1989 级

孔怀胜　肖建勇

中南工业大学 1990 级

刘佑龙　张新华　宋迎春　王金宝　姚　薇　张　钦

长沙铁道学院 1990 级

王竹青　禹平华　雷定猷

中南工业大学 1991 级

柳合龙　蔡红标　苏越良　谢振中　李国伟　徐少先　何　勇　彭江平

长沙铁道学院 1991 级

张祖荣　张保国　王国芬

中南工业大学 1992 级

彭代明　冯广波

长沙铁道学院 1992 级

宋来青　陈　超　向　俊　雪飞胜

中南工业大学 1993 级

周　翔　何智敏　胡　建　余育雄　王雾松

长沙铁道学院 1993 级

张正俊　唐有荣　杨时刚

中南工业大学 1994 级

黄　立　李志彪　邵润华　莫　斌　唐义德　曾兴石　刘小慧　刘　军

长沙铁道学院 1994 级

连正鑫　周　弋

中南工业大学 1995 级

王玉祥　曾宪成　刘红卫　綦盛友　杨清华　李军英　伍显峰　刘志刚
杨　安　林　聪　张宏伟

长沙铁道学院 1995 级

杨　健

中南工业大学 1996 级

王树文　肖条军　刘旺梅　熊刚强　王树文　邓胜祥

长沙铁道学院 1996 级

梅其祥　李赵祥　刘胤宏

中南工业大学 1997 级

李肯立　肖　萍　孙志斌　吴晓勤　田吉山　胡　南　黄文韬　肖条军
张汗灵　黎茂盛　向联慧

长沙铁道学院 1997 级

袁里驰　林祥　詹卫许　胡　飞

中南工业大学 1998 级

尹光华　石岿然　王利民　刘任河　赵梅春　罗　进　陈仕河

长沙铁道学院 1998 级

陈柳鑫　李顺祥　吕文　付印平

中南工业大学 1999 级

郑敏玲　王文涛　侯木舟　彭丰富　卡玛拉　彭向阳　李春生　邵学清
蒋宏锋　张兴东

长沙铁道学院 1999 级

王桂娟　徐小红　于慧龙　刘源远　韩　玮　姜正涛　李志纯

中南大学 2000 级

兰　艳　彭　猛　赵雪芝　张生雷　周英告　郭　凯　徐　刚　刘　锋
章联生　彭卓华　刘圣军　李远禄　文　翰　董英华　曾霭林　刘全辉
高艳侠　王　伟　徐保华　袁佺生　刘家军　李　锐　李小爱　张治觉
肖艳清　罗文昌　袁春华　向　阳

中南大学 2001 级

李　茂　杨　刚　刘　波　蒋致远　张　安　郭宗昌　马振军　彭小飞
王勤龙　谭卫国　邓小青　陈入云　邓驱燚　李　辉　刘　勍

中南大学 2002 级

肖　熵　赵　鑫　陈　明　罗端高　徐　慧　邹伟军　王艳群　童孝忠
张　炜　刘　娟　胡雪梅　林　锋　陈志高　杨淑平　周永雄　李伟民
余兰萍　王　响　龚罗中　罗　琰　全　忠　高骥忠　唐勇民　黄　诚
范国兵　邱赛兵　肖鸣宇　朱承学　王海萍　刘　冰　张浩敏　张瑞海
代少军　夏中伟　牛秀艳　唐美兰　陈　茜　潘　俊　任叶庆　吕　骏

中南大学 2003 级

欧旭理　唐胜达　叶海波　胡　玲　邓　倩　米黑龙　钟月娥　周永卫

蒋晓明 范贺花 姜占伟 颜飞 李脉 岳红梅 赵育林 宋允全
任海平 王允艳 B. T. Tes 李滚 王庆菊 江五元 李雅平 韩金广
苗俊红 胡奇辉 王军 陈占斌 王伟 彭伟锋 袁月定 王丽波
张国栋 梁琼初 曾军山 张泊 龙媛 李自强 伊瑞 佟海
王晶刚 刘建国 杜超雄 唐剑雄 李芳芳 王言英 张逵 刘霞
林敏 谢艳 王伟 王叶芳 曹梅英 封全喜 周慧 董海玲
范琰 雷晓玲 刘琴 龙志文

中南大学 2004 级

周涛 刘欣 杨会崇 张宇 刘东海 邹冬花 陈成美 颜青
李今平 邓华 周耀琼 王方勇 岳海涛 刘立华 李恋 戴毅
黄郁君 桑红芳 李明珠 魏娜 刘慧媛 蒋力 王涛 鲍建海
王乐毅 何莉娜 王伟 李治 黎正红 任波 李金萍 肖碧海
林海波 狄育红 蔡白光 孙凌宇 邓珠子 赵清贵 莫平华 杨玲
游细清 阳永生 刘德志 李英 童金英 侯爱玉 易丽辉 杜西英
蒋桂松 张成萍 梁友 朱琳 吴世枫 吴玉森 朱伟 徐磊
胡玉玺 胡殿旺 周兰 蒋青松 张秀红 戴洪帅 李开望 黄介武
杨文胜 李上钊 黄伟 孙宇明 贾智伟 彭丹 康新梅 王志同
张中峰 苏华 戴婷 王海叶 朱敏 刘伟 沈亮 庄陈坚
唐明田 廖小莲 陈昌主 张婧 徐立梅

中南大学 2005 级

李时敏 窦玉娥 于菲菲 顾九华 管继虹 叶茂 李建军 苗强
王芳 胡江和 张彩宁 杨伟 刘立国 方杰兴 孙磊 王柏育
孙广华 蒋淑芬 郭啸 张瑞芳 秦振江 闫同新 罗花 刘子奇
虞康 赵智维 王丫 刘海芳 黎可 王广西 宋华 雷玉红
刘晓亮 陈畅 岳妍 龚建朝 周玉娜 王国强 曾志辉 梁霞
邵凯 李明 李普红 王炳昌 刘晓红 吴政先 罗超良 张安彩
高玉静 耿国靖 张曾 伍亚 马德全 郭兴翠 潘瑞芬 齐杰
殷乃芳 刘美娇 张会勇 张微微 徐俊科 罗娟娟 邓达 高江
郭蕾 徐建玲 陈燕燕 仇媛媛 戴华娟 王春鹏 王会英 李鹏飞
吴磊 龙国军 李伟 杨晓霞 张翠翠 余锐 刘秀文 冯国涛
王琛 李茂盛 杜春娟 姚金然 朱玉莲 赵百利 房浩 史可
张立欣 赵雄洲 韩素红 高洁 陈茜 李艳伟 桂香 张红霞
肖亿军

中南大学2006级

刘　年　王映丹　马海强　刘小惠　丁　胜　张　玲　卢金花　王　晋
王丽娟　刘建刚　胡常乐　王国蔚　刘建国　孔祥星　张艳杰　魏秀梅
李　娟　唐明军　沈照明　唐　胜　王明明　张　玄　阳彩霞　乐立利
刘超男　亓福军　彭自嘉　周培祥　黄爱丽　郑　珊　曹玉芬　张　磊
袁中英　王真军　赵　丹　李亚丽　李东海　梁淑平　岳书霞　李美兰
潘　丽　沙　勇　陈金花　曹光玉　周　通　曾海群　徐　娟　郭东霞
李萼楼　李月青　江英华　刘　宣　张　伟　杨海艳　宋　芬　邹　倩
尹红梅　郑友云　廖晨曦　欧小波　来　鑫　邓屈波　孙　静　张兴永
何　坚　王　智　王春燕　常　洁　黄万胜　张立霞　汪海洋　朱有富
黄　辉　黄玉兰　黄　磊　黄传建　方茗萱　杨莲娇　张　艳　李田荷
刘翠华　付小勇　孙俊涛　苗秀金　蒋　萍　路其昌　于海明　孙　茜
付嵩峰　彭　涛　李燕玲　李恒荣　陈海兵　陈秀丽　蔡亮成　刘　鑫
韩素芳　康　宁　江　卫　田帅生　丁卓武　姜晓伟　邓宇华　张　亮
侯敬花　包崇兵　肖俭明　祝长华　张希娜　刘文芳　欧阳春辉　万钟林
于　洁　崔彩虹　陈玲玲　安聪沛　刘经农　谷成玲　孙　瑾

中南大学2007级

孔心丽　裴　芳　王　茜　倪　娟　秦慧星　侯　朵　成　林　邹序焱
赵曼琴　蒋红敬　邵建华　张丽媛　董　聪　邱军辉　万　琼　宁重阳
郝存生　赵丽娜　李姝静　曹石云　盛红林　汪文飞　胡　娟　殷小琴
陈雪姣　王　俊　赵倩倩　王华国　李娜芝　邢　颜　李　岩　满敬銮
蔡佐威　苏锡琴　姚　蹈　廖云洞　肖桂姣　张淑梅　杨　涛　王　治
陈中祥　李　波　孟福真　王国瞻　李　智　王　明　周正珍　孟露露
蒋红云　文　娟　徐庭兰　郝　晶　黄　奇　邹娜娜　杨　鹏　徐艳卫
卜珏萍　龚　正　邓练波　文　慧　李红艳　黄移军　杨　薇　朱丽霞
黄文念　张志琴　崔著秀　武伟伟　杨益非　孟正中　陈　娟　孙亚星
李艳方　万丽娟　郭　艳　毕先兵　贾云青　周慧香　沈红燕　王　巍
张新波　惠远先　桂有利　孙映霞　毛海棠　涂云花　薛利杰　刘　健
朱丽娟　郝爱云　张刚华　刘南宁　张泳涛　杜金姬　龙海辉　佟丽丽
曾超群　龙思成　高秀娟　樊渊文　陈红周　段宏博　霍忠林　蔡平霞
谭英贤　顾坤坤　李　强　邓　伟　彭　凤　蒋立军　李文科　陈　萌
熊星炜　史　鹏　曾　德　沈贤龙　杨　柳　阳鸿鹤　刘建康　王　爽
陈　静　周利芳　梁正红　王乐乐　李　涛　康洪朝　宋云玲　全小平

熊庆超　王小捷　李俏杰

中南大学2008级

叶　军　周　振　曾继成　孙　曼　李　娜　邓振良　陆　文　侯银莉
蔡　雯　赵德川　罗　纯　孙延宾　马银香　刘　静　秦艳丽　徐　莉
张芳芳　林翠香　陈晓丽　邹　静　赵伟华　康玉金　廖旭蓉　朱少平
韩道志　刘　方　张赟媖　雷文彬　崔　慧　黄苑钢　杨思路　张　品
周翠萍　晏玉梅　于士燕　郭　佳　孙　涛　杨珊珊　郑　娟　孔跃东
陈伟利　孙　萍　王保力　徐艳艳　卢宗娟　吕淑姣　杨　冠　袁海君
丁倩芸　张　稳　吕占美　何敏园　付政敏　岳东娟　吕小闯　罗中明
白艳华　张甲军　汪中友　董晓国　杨展路　刘　祥　谢卫平　任俊杰
王丹平　梁文冬　李　倩　王　旭　许　超　朱峻清　秦湘斌　王　磊
郭　芬　谢雪平　邓　娟　丁　博　王　珍　肖雨峰　陈世虎　宋双双
戴晚香　廖　谨　马东宇　连欢欢　陈　晨　桂景锋　董二女　孙一为
陈玉伟　谢旭初　孟令申　刘志苏　张幕程　滕金平　臧彦超　姚东森
杨晨晨　赵伟富　宋雪琼　朱远鹏　张　志　胡迎辉

中南大学2009级

杨　嵩　周　越　刘　芸　李海峰　苏　又　周兰兰　肖其珍　张春红
奥克巴　阮月平　封　娟　肖　峰　吴秀清　杨越越　王　丽　丁东慧
马发强　张芝兰　陈志杰　胡芳芳　赵晓力　马姗姗　朱怀伟　程　实
胡　超　冯冬冬　刘晓波　孙文娟　丁　燕　富雅琴　蒋雯静　李宇加
卢婵婵　邱　佳　刘小红　庹　波　徐宇锋　宋　旸　雷志提　李艳红
王明辉　李　超　罗世嵩　代　伟　黄香香　刘　依　费云云　武进张
王竟竟　张　迎　马俊杰　于　飞　刘辉飞　孙宪明　潘　伟　章　静
宫春燕　吴　蕊　周建富　孙晓萍　刘玉婉　王小燕　邓　勇　夏智权
郑晓东　刘志兵　郭珍艳　李　翡　耿莉媛　赵　钰　刘秋杰　韩春春
许崇磊　段湘斌　邹思艳　孙晓红　罗　珍　王　飞

中南大学2010级

于文娟　黄俏玲　李智文　王　丹　陈友祥　黄继超　陈　峥　姚　帅
王　伟　汪　琳　冯燕茹　许晓梅　熊文耀　李丽敏　蔡永强　李媛奇
戴雪梅　刘　琦　陈　康　周　敏　裴　振　徐建强　张　曙　徐　敏
唐思远　张　玲　陈则辉　邓　琼　龙奕羽　李建霞　杨国栋　李丽玲
吴毅湘　孔庆鸽　王清娟　王通梅　贺怀辉　梁壹厅　夏玉婷　王阳洋

邹小明　胡向荣　谭祖刚　郭　洁　刘用敏　彭　磷　卢遇芳　袁雪峰
彭　智　黄丽丽　刘　霞　李　晶　王　璐　李传龙　汤　鑫　钟国翔
何兆强　张　峰　张丽鹤　詹德坚　余　娟　焦美荣　徐微微　温小威
陈金娥　吴　蕾　张明星　龚玉燕　鄢衡均　刘阳阳　袁建民　杨超慧
刘　鹏　孙婷婷　冷瑞瑞　谌凤霞

中南大学2011级

吴月平　赵　换　吕前冲　王秋平　秦栋栋　贺波涛　刘海燕　李海荧
冯良文　谢艳敏　李欢欢　郭江浩　高　乐　马桂林　彭碧涛　任鹏月
束彦军　刘哲汝　曾凡刚　陈　楠　赵思甜　王　静　孙　姣　彭炎翠
仰美方　姜维平　韦龙馨　龚燕翔　王珊珊　刘兆阳　储育青　许秀枝
王亚博　周君君　苑玉洁　朱　红　胡贤利　周丽峰　聂晓勤　祖立振
张莹灿　田　丰　雷高燕　袁　敏　蒋琳枫　陈　阳　陈丽航　杨　旭
钟宇亮　熊　婷　张海峰　黄鑫霞　傅太白　毛　凯　林　莹　宋克克
信亚楠　张之凡　党一学　杨安明　杨云磊　李　牧　梁玉汝　吴雪云
薛小乐　徐炳祥　耿丽君　李　静　肖　宁　杨　俊　张亚丹　史红霞
江丽琴

中南大学2012级

石丽丽　李雅婷　邓锦叶　杜　敏　王大伟　申　菲　周亚运　刘　婷
李冬彬　张雪阳　熊宏涛　欧　兵　王俊杰　肖晶妮　戴杨杨　杨碧璇
刘　逸　陈洁琼　张宏伟　李素莲　石枫蔚　查　彬　鲍龙生　唐　浪
陈芳霞　黄素平　李亚敏　肖　楠　陈启蒙　杨　莹　黄　帅　刘玉莺
黄　翔　陈志立　马官慧　段丹丹　李　莹　伍人暾　查江鑫　陈　雪
王　侠　邓　娟　朱赛花　谭双琳　周　贤　张语丝　常　远　张小虎
韩　薇　王春玲　杨　静　史舒悦　肖胜男　李　秒　何杭飞　黄超荣
姜　好　高　旺　彭　新　戴　琳　谌东东　张又方　张　晶　蒲宣任
王铮汉　汪鹏飞　王伟莉　李广兵　曹元明　段焕青

中南大学2013级

刘桂东　郑淦云　于森林　杨　璟　李　胜　段北平　车国凤　蔡　幸
周德俭　谢广亨　冯文锐　李雪晨　孟妞妞　秦　晶　赵　杰　刘　姣
闫飞飞　徐常委　朱民锋　陈锦芳　李宗真　高　足　兰永新　粟亚亚
胡　肖　焦肖红　杨　杏　彭姣凤　支妍妍　姜燕妮　侯广婷　段十怡
邓文忠　陈　刚　程　兰　陈子恒　车昱婧　张　娟　吴　堪　冯梦莲

代成成 徐源兵 李赟杨 凌 双 王凤仙 李任充 曾诗琴 陈思彤
黄 伟 李宜洋 冒霜霜 阳迪龙 罗 威 胡顺新 罗九晖 胡 洋
毛奕岑 刘伟义 汤迎春 李秀梅 毛 欢 李伟伟 邹 萍 魏曼曼
王 芬 黎 莉 徐巧娣 施翠云 李 旎 刘亚楠 陈 芳

中南大学 2014 级

刘亚新 陈丹华 朱富红 毛 睿 张楠楠 陈珊珊 张海燕 胡燕清
欧阳蕊 陈 璎 易超群 冀 庚 何施慧 李泊绘 史玉丹 王 鼎
尚 亿 杨当福 宋 敏 周曦娇 韩日升 陶 金 吴志超 陆 佳
林平玉 吴 昊 左雅慧 邓 维 向 聘 彭慧峰 刘晓凡 李健雄
周慧玲 李 杨 李印彬 韩凤彩 李文秀 龙志丹 钱 欢 王春荣
杨 彩 刘佳琦 魏文琴 许俊杰 谷雅杰 唐国智 李 红 安 阳
索永强 张敏芝 贾 旭 李因雪 谈凌浩 陈 灿 刘小朋 陈 希
周 娟 王亚超 刘英明 李传权 周慧玲 朱小敏 张青杨 刘晓楠
王 梗 李 奥 张俊伟 谢维洪 涂汇娟

中南大学 2015 级

郑 岩 郭飞飞 尹天翔 田希军 台德俊 丁甫跃 沈博敏 熊 岩
徐巧玲 于 莉 张朋丽 黄建平 刘楠楠 谢超峰 吴 奇 张佳琪
王利利 张 盛 刘 扬 廖凯妮 全星彦 余 欢 宁 曦 刘敏敏
彭佳武 周 凯 何 耀 唐云茜 李钦松 何酉子 吴 麟 刘 晶
黄 琛 廖 慧 何 云 符厚山 李文迪 马俊斌 陈星燃 杨娟娟
苏 炎 胡玉琴 伍崇钧 关生力 沈吴越 谭若涵 曾朝霞 杨 璐
丁 玲 宾康维 耿雪芹 闫利华 张 越 张亚利 魏静静 张子昱
林木洋子 任亚楠 鲁建亚 严 雨 杨 柳 王来菊 刘丹丹 张瑞芝
朱 玲 段月亮 王文灿 刘蓉蓉 韩飞飞 宋红利 廖丽佩 焦 晗
何玲莉 刘森立 邓佳玉 刘晶晶 王国旗 王庆贺 都昌发 张友培
陈 敏

中南大学 2016 级

王 倩 孙红丽 薛兴悦 张 伟 费 强 李 月 罗慧子 王晓晶
刘 娟 龚 兵 李振振 万 姣 李秀芹 陈嘉慧 黄 铮 孔德松
郭珂珂 刘 红 操召俊 胡美娟 陈 志 肖锦涛 张婧川 蔡 猛
吴家仪 王 艳 夏 璐 高伟伟 文金侣 王立雄 薛李娜 陈丽芳
罗 旖 武月杰 洪耀卿 袁 想 王雁凌 康彩琴 肖传坤 于明珠

刘文丽 张冬青 何芬 李澜 王文彬 陈伟勋 胡娟鹃 班静文
周维维 翟晓航 李思文 李磊 何艺 吕晨星 吴蓉 周汉君
孙宪玺 刘华慧 李楠 李宏怿 刘书芳 李永涛 钱鸿超 李虹宇
文李曦 李静 陈磊 张赛燕 曾丹 杨崇俊 王宁 余琴
李彩灵 赵甜甜 潘银平 肖强 雷孝宁 王梦超

中南大学 2017 级

陈冲 张英杰 张天乐 洪铃 郭昭阳 尚婷婷 薄雅楠 张帆
刘韬 章欣炜 吴洁 段军霞 闵旗 朱斌 佘婉婷 吕静
肖柔 陈卓 梅莹 林梦婷 金玉凤 苟红梅 王桐 史亚东
陈乐 刘金鹏 魏啸宸 赵育莹 李智峰 覃蕾 位文言 王千赫
晏榕 廖乾芬 许媛 赵家家 刘子荷 陈思琪 刘晓璐 赵晓刚
万文 杜俊 文世杰 梅辉 许建英 袁帅 罗依雯 田永强
张丹阳 叶志坚 田洪丽 韩嫚嫚 崔晓莉 姚珊珊 黄瑞建 李冰晓
胡蝶 高中 陈建斌 胡奇颖 胡艳艳 佘卫勤 沈壮 杜雯清
廖玲 彭思思 翁福添 王惠敏 袁炜雄 董信珊 吕芳芳 王姣菊
李柳燕 石荣华 贺飞飞 姚向前 李婷 李籽圆 李子嵘 王彦祺
张宁 张晓园 刘玲 张豪杰 李彦瑾 黄勇 陈周阳 朱文松
庹恒 殷洁 朱蓉仁

中南大学 2018 级

黄新红 李彦芸 申贞远 张熙 沈建霞 邢丹妮 梅蔚然 李丽
田园 谢丽丽 樊英超 汤佳逸 张帅磊 刘玉龙 李容容 张一煌
王鹏德 余楚强 张舒畅 彭港 陈桑双 陆佳惠 李未来 牛子博
张孟丽 印道鹏 陈英皞 唐婉晶 王琰 罗豪凯 李舒 谭江睿
顾倩 郑茹 郑昊 伍雨萌 刘卓澜 傅文欣 吴梓坚 易卓
王利茜 周贤立 周玉婷 伍伟佳 尚碧菡 刘坚 胡晓芳 陈礼帆
杨乾芳 王玮 吴尹煌 目飞艳 赵柯龙 任燕 姜兰 曾佳丽
朱世存 喻晨曦 尹茜 李佳慧 李彦孟 雷子伊 孙金凤 李晓鹏
高成博 张转 凡伟 侯浩江 张耀丹 熊翊琳 徐晨宇 尚园园
陈绍瑜 刘心怡 周仪璇 谢勿梦 高菲菲 谭丽霞 欧阳颖 李丽
陈旭 王琬宜 黄旸 张巧婷 黄飞 黄江红 唐靖宇 黄小峰
孙华阳 刘敏 陈浩林 徐子勤 何乐晨 方钊玉 邹航 文叶
骆家辉 伊凡 莫妮 莎拉

4.3 博士研究生培养

2001 年以前

章联生 彭 猛 Camara 李春生 彭丰富 郑敏玲 蒋宏锋 王文涛
罗交晚 林 祥 冯广波 丁传明 罗卫东 唐 立 吴群英 陈海波
李 民 黄文韬 陈传钟 孙德山 戴 清 黄 奇 蒋放鸣 俞 政
刘国买 姚小义 王益民 何宁卡 周 文 陈新美 刘罗华 周 斌
李占光 熊万民 杨家兴 邹捷中 张汉君 刘再明 李学伟 应立军
李俊平 袁成桂 郭先平 陈治亚 孙 焰 胡建华 孙怀胜 刘国欣
罗开位 刘心歌 张卫国 刘万荣 杨招军 陈学荣 陈 超 冯光波
林 祥 唐 立 陈海波 李 民 吴群英 丁传明

中南大学 2001 级

叶 兵 王南华 易辉平 王海怒 尹清非

中南大学 2002 级

朱玉国 何 伟 杨国忠 杨 昕 颜 艳 刘爱忠 雪飞胜 彭丰富
胡永忠 郭瑞芝 蒋丽君 李晓花

中南大学 2003 级

杨土保 陈雪生 向 阳 方秋莲 胡朝明 邓松海 张 齐 陈 放
肖建勇 崔登兰 刘 锋 王勤龙 周英告 王 颖 胡国清 李俊海
刘连生 刘源远 柳赳夫 罗家有 蒋致远

中南大学 2004 级

郑 盈 周铁军 刘 勍 蒋永明 朱恩文 杨 刚 肖 莉 廖基定
张 炜 谭杭生 龚日朝

中南大学 2005 级

陈玉海 雷 敏 肖晴初 尹湘锋 任叶庆 袁少谋 丘 斌 董海玲
吴晓勤 马 忆 张浩敏 代少军 贺文武 陈入云 李 岩 蒋建初
王 奇 彭叶辉 刘丽芳 曾军山 胡雪梅

中南大学2006级

赵育林 张千宏 张 丽 龚罗中 杨志昊 周国立 罗振国 肖翠娥
李文皓 赵锦艳 李云翔 莫宏敏 谭琼华 朱焕然 许友军 李 景
彭 君 江五元 杜超雄 张振中 王海华 蒋 莉

中南大学2007级

童金英 吴玉森 李培峦 谭 利 邓又军 李曼曼 邵远夫 吴锦标
周雪刚 廖茂新 戴洪帅 徐昌进 赵清贵 王海永 蒋 辉 韩新方
林晓艳 刘新儒 肖艳清 靳 伟 李小爱 刘端凤 杨淑平 周永雄
李 英 戴融融 李明亮 李小朋 杨志忠

中南大学2008级

孙俊涛 唐美兰 张琼芬 张兴永 高 珊 谌跃中 方 杰 黄伟麟
鲍建海 苗秀金 李启勇 杨晓霞 董 华 唐剑雄 刘小惠 胡 琳
曹建新 孔祥星 张 丹 张帅琪 张再云 张 冕 付光辉 杨 柳

中南大学2009级

张 亮 李俏杰 李 锋 彭自嘉 陈 鹏 李 涛 尹 蓓 邓卫军
曾元临 张 军 张珏红 张 舰 刘小佑 王 芳 康洪朝 伊 瑞
陈 静 王 爽 白 亮 刘建康 王小捷 刘东海 张启明 刘仁彬

中南大学2010级

张 玄 陈暑波 张少军 唐红武 裴朝旭 邓 伟 徐勤武 李 波
黄文念 许 健 许振华 何 果 陈德柱 黄 新 彭 丹 邵喜高
李冬梅 王 娟 曾杏元 陈 毅 何小飞 王冠男

中南大学2011级

刘向虎 徐宇锋 宋 旸 张海湘 肖芳兰 张 卓 李 明 李小勇
张 然 吴清华 沈 亮 殷政伟 游淑军 闫振海 陈会文 彭 懿
王 洪 朱远鹏 陈 静 帅 军 臧彦超 郭 佳

中南大学2012级

廖芳芳 张利娜 张 健 罗煦香 敬 萍 韩素芳 卫一卿 赵乃非
曹 稳 刘 路 彭丽华 宋 娜 韩 靖 许丽萍 马俊杰 肖其珍

孙宪明　徐　燕　陈　玉　郑丽翠　吴　恋　马　琰

中南大学 2013 级

戴厚平　王亚博　郭　洁　姚金然　刘兆阳　李　脉　邓若曦　王月娇
秦湘斌　郝志伟　包崇兵　孟维维　陈　明　严兰兰　张　文　刘宏亮
王　桃　储育青　林尤武　张新波　刘祥森　方春华　周丽峰

中南大学 2014 级

何郁波　韩仁基　朱　敏　肖　楠　刘玉莺　张二鑫　李　斌　傅太白
束彦军　郭　啸　刘开拓　曹　灿　邱赛兵　黄　翔　杨　旭　陈红斌
秦栋栋　史红霞　黄　帅

中南大学 2015 级

邵留洋　陈建华　杨碧璇　鲍龙生　张瑞海　蒋红云　杨富勇　程　兰
胡　玲　雷亿辉　杨　璟　段北平　于森林　胡文杰　刘桂东　程毕陶
罗虎啸　刘桃花

中南大学 2016 级

陈思彤　罗亦鹏　张大为　闫飞飞　周德俭　田　燕　高　足　车国凤
苏　宇　李姣燕　李　明　刘成志　陈　刚　沈守强　陈子恒　陆艳飞
杨云磊　王凤仙

中南大学 2017 级

梁江丽　郭　挺　李传权　李文迪　张青杨　谢维洪　陈　俏　索永强
左雅慧　王亚超　顾光泽　王　锋　李雪梅

中南大学 2018 级

张婧川　孙光讯　全星彦　张亚利　王开福　杨当福　黄建平　杨先勇
苏　炎　苗俊红　杨　洁　童永会　张莉敏　汪　政　都昌发　张友培
杨顺枫　刘森立　周　越　何　耀　蔡　猛　王永威　李钦松　刘爱超

4.4　博士后培养

彭振赟　喻胜华　郭上江　李　兵　孙　波　万　中　王志中　戴斌祥
孙　波　张忠志　刘开宇　彭亚新　孟纯军　孙　巍　秦宣云　张正球

张先明 罗智明 游兴中 陈荣华 杨喜陶 孟 琼 袁朝晖 马忠军
彭小飞 冯大河 李炳军 郭荣文 龙 珑 梁瑞玺 焦 勇 冯立华
李松华 梁瑞喜 李炳君 贺 妍 刘潭秋 刘碧玉 丁士锋 郑洲顺
杨德生 曾宪忠 许青松 蒋顺才 李 强 贺福利 刘可为 赵金娥
吴 恋 张 文 张 建 陈 琳 姚若飞 谢广亨 张 杨 何 婧
胡双贵

4.5 杰出校友

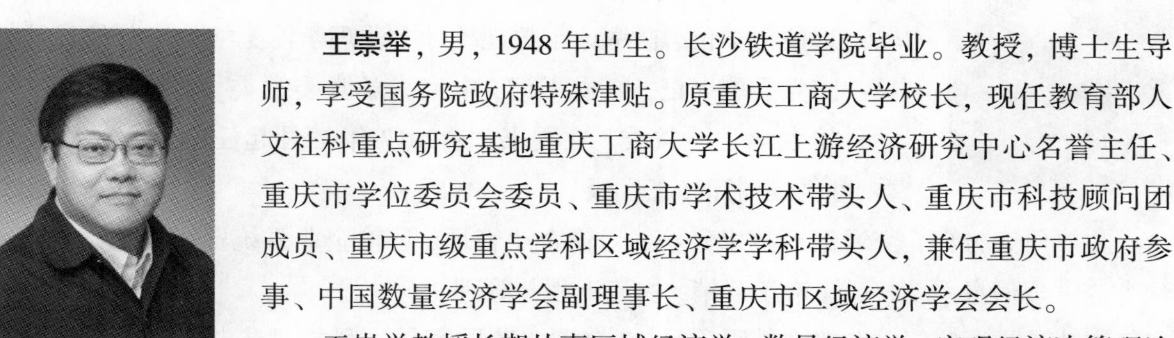

王崇举，男，1948年出生。长沙铁道学院毕业。教授，博士生导师，享受国务院政府特殊津贴。原重庆工商大学校长，现任教育部人文社科重点研究基地重庆工商大学长江上游经济研究中心名誉主任、重庆市学位委员会委员、重庆市学术技术带头人、重庆市科技顾问团成员、重庆市级重点学科区域经济学学科带头人，兼任重庆市政府参事、中国数量经济学会副理事长、重庆市区域经济学会会长。

王崇举教授长期从事区域经济学、数量经济学、宏观经济决策理论与方法等领域的研究和硕士、博士培养工作。先后主持完成国家重点科技攻关和科技支撑项目、国家自然科学基金项目、国家社科基金项目和科技部软科学项目等9项，国际合作项目4项，重庆市委市政府下达应急项目5项，教育部及重庆市科委、市社科联等纵向项目22项，为政府部门提供决策咨询报告40余份，出版学术著作12部，发表学术论文30余篇，获省部级以上政府奖30项。其成果在重庆市及西南、西部地区以至全国都具有相当影响，对重庆市经济社会发展作出了突出的贡献。被授予"全国五一劳动奖章"，是"振兴重庆争光贡献奖"获得者，被评为"改革开放30年来影响重庆·三十名经济风云人物"之一。

刘文斌，男，1957年10月出生。1982年获中南矿冶学院基础学科部数学师资班学士学位，1985年获中南矿冶学院数理系应用数学硕士学位。1991获英国里兹大学应用数学博士学位。现为英国肯特大学计算数学与管理科学首席教授。

刘文斌是国际上率先研究最优控制的自适应计算方法的学者，取得了一系列世界领先成果。他在退化偏微分方程的数值逼近方面也取得了突破性成果，所首创的拟范数方法已成为该领域中最有效的方法之一。

刘文斌的研究范围还涉及政府、科研及教育机构的业绩评估理论及应用，他在理论上系统地把偏好、生产可能集、业绩度量因素引入数据包络分析(Data Envelopment Analysis)模型。他多次参与国外教学、科研机构的绩效评估，近年来与中科院评估中心合作，积极应用这些理论指导国内的相关评估工作。

迄今为止，刘文斌发表论文80余篇，大多数发表在顶级SCI杂志上。他所在的应用数学专业在英国国家学科评估中被评为5星级(英国国家学科评估从低到高为1~5星级)，并获得英国国家数理科学与工程研究委员会(EPSRC，为英国在数理与工程科研方面的最高管理机构)9项课题资助。2004年作为海外杰出学者代表在伦敦受到温家宝总理的接见。

陈治亚，男，汉族，1958年出生，湖南岳阳人，中共党员，中南大学教授，博士生导师。1974年参加工作，1982年在长沙铁道学院运输系交通运输专业毕业并获学士学位，之后获得长沙铁道学院交通运输工程硕士学位、概率论与数理统计专业理学博士学位。曾任长沙铁道学院党委副书记、纪委书记，中南大学党委常委、副校长，西安电子科技大学党委常委、党委书记；2017年1月起任中南大学党委常委、党委副书记(正厅级)。

主要研究方向：交通运输技术经济、运输企业管理、运输企业系统资源优化、交通运输企业管理信息系统、运输市场营销、物流工程与管理。

主持承担国家级、省部级科研项目20余项。获国家计委科技进步奖1项，湖南省第五届社会科学优秀成果奖第一名，国家计委科技进步奖1项，中南大学2000年校级优秀教学成果二等奖。出版《管理经济学》《管理运筹学》等多部在国内极具影响的专著、教材；在国内外重要刊物上发表论文50余篇，其中被EI、ISTP收录5篇；取得了一批优秀的理论与实践成果，并成功应用于铁道部及多家铁路局、分局级单位，特别是给铁路运输企业带来了巨大的社会经济效益。指导博士研究生10余人，硕士研究生20余人。

何宁卡，男，1959年6月出生，湖南平江人。1985年9月—1987年8月，长沙铁道学院科研所经济数学专业研究生学习；1998年9月—2004年12月，攻读概率论与数理统计专业博士学位。高级经济师。历任珠海市委副书记、珠海市市长、广东省发改委主任和党组书记。

何宁卡有着10多年的金融从业经历，是名副其实的“经济通”。1987年8月，何宁卡调入中国人民银行广东省分行调研信息处任职。1997年亚洲金融危机发生，何宁卡临危受命，当年8月调到受冲击较大的珠海任中国人民银行珠海分行行长、党组书记、外管局局长。

1999年，何宁卡由金融专家转调政府工作，升任珠海市副市长，分管金融。2012年升任珠海市市长。经过多年努力，珠海市的金融生态环境得以大大改善。

2015年1月何宁卡任广东省发展和改革委员会主任、党组书记。

李学伟，男，汉族，1962年1月出生，中共党员，理学博士，教授，管理科学与工程学科博士生导师。1990年12月毕业于长沙铁道学院概率论与数理统计专业，获理学博士学位，其间曾任湖南省研工委副主席。

李学伟历任铁道部经济规划研究院助理研究员，深圳凯利工业公司副总工程师，西南交通大学科研处副处长，北京交通大学科技处处长，北京交通大学副校长，大连交通大学党委副书记、校长。现任北京联合大学校长，兼任中交协运输与物流研究会副会长、中国软科学研究会常务理事、中国数量经济学会理事、中国铁道学会高级会员、中国信息经济学会理事。

毛腾飞，男，汉族，1962年9月出生，湖南武冈市人。1985年8月至1987年7月在长沙铁道学院科研所概率论与数理统计专业学习，获理学硕士学位；2006年获中南大学管理学博士学位。

毛腾飞历任湖南省计委高技术产业发展处处长、固定资产投资处处长，湖南省发改委副主任、党组成员(其间2006年10月—2007年4月参加湖南省第六期中青年干部赴美学习培训班学习，任培训团团长)，湘潭市常务副市长，郴州市委副书记，株洲市委副书记、市长等职；现任株洲市委书记。

李民，男，汉族，江苏省南京市人，1963年出生，中共党员。1985年长沙铁道学院毕业。2003年获得中南大学概率论与数理统计专业理学博士学位；2004—2006年在湖南大学管理科学与工程博士后流动站从事研究工作。2015年被遴选为博士生导师。

曾任湖南化工职业技术学院党委书记、院长，吉首大学校长，湖南文理学院党委书记，湖南师范大学党委书记；现任中共湖南省委组织部常务副部长。

长期从事思想政治工作研究、高等教育研究，主要从事管理学、经济学研究，研究方向为工商管理、行政管理、区域规划等，是国家级特色专业工商管理专业负责人。

主持完成省社科基金课题2项，主持承担省社会科学基金重大招标项目1项、省社会科学基金重大委托项目1项，参与国家社科基金课题研究3项。

出版《民族地区高校产学研合作服务地方经济建设的理论与实践》等专著2部，近年来在《光明日报》《中国高等教育》等报纸、期刊发表学术论文30余篇。

2010年获得省教学成果一等奖1项、省科技进步二等奖1项。主持国家社科基金后期资助课题、教育部人文社科研究项目等。全国优秀党务工作者。

陈安岳，男，汉族，1946年6月出生，湖南凤凰县人。1970年毕业于北京大学数学系。1978年考入长沙铁道学院概率统计专业攻读硕士学位，师从著名数学家侯振挺教授，毕业后在北京交通大学任教。1985年考入长沙铁道学院概率统计专业攻读博士学位，师从侯振挺教授，1988年获得理学博士学位。1988—1990年，任英国Edinburgh大学研究员；1990—1995年先后在英国Nottingham大学、中国香港大学任教；1995—2005年任英国Greenwich大学教授；2005—2007年任中国香港大学教授；2007—2012年任英国Liverpool大学讲座教授；2012年至今任中国南方科技大学讲座教授。

陈安岳教授长期从事概率论与数理统计领域的教学与研究工作，对马尔可夫过程特别是Q过程有着精深的研究。他首先提出了Q过程的“禁止概率法”，并建立了Q过程预解式的分解定理，使Q过程构造论取得了突破性发展。后来，陈安岳教授又对马尔可夫过程理论的发展做出了突出贡献，特别是在复杂分枝过程方面取得了重大成果，成为该领域中十分活跃的专家。在*Probability and Related Fields*、*Advances in Applied Probability*、*Journal of Applied Probability*、*Methodology and Computing in Applied Probability*、*Science in China*等国内外一流学术刊物上发表论文100多篇。曾获1998年度湖南省科技进步一等奖。出版专著《马尔可夫过程的Q矩阵问题》。

刘国欣，男，汉族，1960年6月生，河北任丘人。1982年5月毕业于河北工学院数学专业，获学士学位。1987年7月毕业于河北工学院应用数学专业，获硕士学位。1998年6月毕业于长沙铁道学院概率论与数理统计专业，获理学博士学位。1993年破格晋升为副教授，1996年破格晋升为教授。曾任河北工业大学理学院院长、教务处处长，石家庄铁道大学副校长。现兼任中国工程概率统计学会理事长、河北省数学会理事长。2007年获天津市五一劳动奖章。2012年获河北省教学成果一等奖。

20世纪90年代初主要从事概率论极限定理的研究工作，在非齐次马氏链泛函的强大数定律及条件三级数定理研究中取得了重要进展。1995年师从著名数学家侯振挺教授研究马氏骨架过程。获湖南省首届优秀博士论文奖。对马氏骨架过程中重要的一类——逐段决定马氏骨架过程的研究作了基础性的工作；为逐段决定马氏过程的研究奠定了全新的起点和新的理论基础。主要研究成果汇集于与侯振挺教授合著的专著*Markov Skeleton Processes and their Applications*。近年来，研究重点转向保险风险问题驱动的逐段决定马氏过程理论的研究，在逐段决定马氏过程的测度变换理论和保险中分红问题的研究中取得重要进展。主持完成国家自然科学基金项目3项。在*Stochastic Processes and their Application*、

Insurance：*Mathematics and Economics*、*Scandinavian Actuarial Journal*、*Science China Mathematics*、*Statistics and Probability Letters*、《中国科学》等重要期刊发表论文40余篇，出版著作3部。

郭先平，男，1964年出生。中山大学数学与计算科学学院教授、博士生导师，国家杰出青年科学基金获得者，广东省珠江学者特聘教授。1996年于长沙铁道学院获博士学位(概率统计专业)。

郭先平教授的专业为概率统计、运筹与控制。他从事马氏决策过程、随机最优化、随机博弈(对策)等方面的探究。曾应邀到美国WayneState大学、英国Liverpool大学、澳大利亚Queensland大学等进行多年合作研究。在马氏决策过程(英文缩写为MDP)和随机对策(又称博弈)的研究中取得若干创新性成果和重要进展，首次建立美法等学者关注的离散时间非平稳MDP的平均最优方程，还首次给出连续时间Markov对策的最优性条件和逼近算法。他的主要成果以学术论文形式发表在*Ann. Appl. Probab.*、*SIAM J. Control Optim.*、*IEEETrans. Automat. Control*、*Adv. in Appl. Probab.*、*Bernoulli*、*J. Appl. Probab.*、*J. TheoryProbab.*、*IFAC Automatica*，*Math. Oper. Res.*、*J. Optim. Theory Appl.*、*European J. Oper. Res.*、*System & Control Lett.*、《中国科学》、《科学通报》等多种国际著名杂志上，并在国际顶级出版社Springer出版了第一本关于连续时间MDP的英文专著(与Onesimo Hernandez-Lerma教授合作)。难得的是，他的科研成果还得到国际同行学者发表在*SIAM J. Control Optim.*、*Automatica J. IFAC*、*Math. Meth. Oper. Res.*、*J. Math. Anal. Appl.*、*TOP*、*Math. Reviews*和*Zentralblatt MATH*等国际杂志上的高度肯定和公开评价。

黄文韬，男，汉族，1966年9月生，广西永福人。理学博士，二级教授，博士生导师。中国数学会理事，中国数学会生物数学专业委员会副理事长。

1997年9月至2000年1月在原中南工业大学应用数学与应用软件系应用数学专业读硕士，获理学硕士学位。2001年9月至2004年6月在中南大学数学学院概率论与数理统计专业读博士，获理学博士学位。

现任广西师范大学党委常委、副校长。历任桂林电子科技大学数学与计算科学系副主任、数学与计算科学学院院长、人事处处长，灵川县县委常委、副县长(挂职)，贺州学院党委委员、副院长，天津大学校长助理(挂职)，桂林航天工业学院党委副书记、纪委书记等职务。

2009年获“全国优秀教育工作者”称号。获广西自然科学奖二等奖、广西科技进步三等奖、广西自然科学奖三等奖各1项，广西教学成果二等奖、三等奖各1项；发表高水平学术论文40余篇，出版学术专著2部，出版教材4部；主持完成国家自然科学基金2项，主持省部级及以上项目5项。担任国家级特色专业“信息与计算科学”专业负责人、国家一流本科专业建设点“数学与应用数学”负责人，广西重点学科负责人、广西区级教学团队负责人。

长期从事微分系统与符号计算的研究，获得一系列创新成果。建立了微分系统无穷远点临界周期分支理论，给出了微分系统周期常数的递推算法，发现非多项式系统在高次奇点有等时中心，获得了一些微分系统无穷远点极限环的领先结果，首次研究高次奇点与无穷远点同步扰动分支出极限环问题，首次应用临界周期分支方法研究非线性波方程行波解等。相关论文发表在 *Bulletin des Sciences Mathematiques*、*Mathematical and Computer Modelling*、*Applied Mathematical Modelling*、*Nonlinear Analysis：Real World Applications* 等杂志上。

蒋兴明，男，1969年出生，1991年7月参加工作，中南工业大学应用数学专业毕业，博士研究生学历。

蒋兴明历任云南锡业公司机械厂技术员、助理工程师，元阳县上新城乡科技副乡长、元阳县呼山扶贫开发管理委员会主任助理，云南省计划委员会主任科员，云南省发展计划委员会办公室副主任，云南省发展和改革委员会办公室主任，云南省政府办公厅秘书八处处长等职，现任云南省政府办公厅副主任、省政府办公厅党组成员。

何勇，男，1969年出生，湖南汨罗人。1991年本科毕业于中南工业大学应用数学专业，1994年在中南工业大学获应用数学专业硕士学位，同年留校任教，2004年在中南大学控制理论与控制工程专业获得博士学位。2005年、2006年先后在新加坡国立大学和英国格拉摩根大学进行博士后研究。现为中国地质大学(武汉)自动化学院教授、博士生导师。

何勇的主要研究方向是时滞系统鲁棒控制、网络控制和过程控制。2006年入选教育部新世纪优秀人才支持计划，2007年入选中南大学“升华学者”特聘教授，2008年获湖南省杰出青年科学基金资助，2011年入选湖南省“芙蓉学者”特聘教授，2011年获国家杰出青年科学基金资助，2012年入选教育部“长江学者”特聘教授。

何勇在两个顶级国际控制杂志 *IEEE Transactions on Automatic Control* 和 *Automatica* 发表论文6篇，在 *IEEE Transactions* 系列杂志发表论文10篇。发表论文被SCI检索39篇，EI检索51篇。2003年以来发表论文被SCI论文引用560余次。

陈永东，男，1987 年就读于长沙铁道学院数学本科专业。2002—2005 年在职攻读上海交通大学软件工程硕士专业，2005 年获得软件工程硕士学位。长期从事由数学延伸及跨界的相关专业的教学与科研工作。先后在上海铁路成人中等专业学校、上海商学院、上海戏剧学院工作。曾任上海戏剧学院信息办主任，并在上海戏剧学院创意学院长期承担教学与科研工作。副教授，硕士生导师。兼任中国商务广告协会(CAAC)数字营销研究中心研究员、阿里巴巴智能营销平台创业导师等职务。

是“新媒体创意营销”微信公众账号创始人，曾获 2008 年中国十大 IT 博主称号，并于 2015、2016 连续两年获评微博影响力科技评论大 V。发表过百余篇专业文章及超过 1 500 篇博文，出版了《电子商务基础》、《赢在新媒体思维》、《企业微博营销》、《电子商务师》(二级及三级)、《网页动画设计与制作 FlashMX2004》、《智能营销》等著作。

于连泉，男，1969 年 1 月出生，汉族，山东梁山人。1991 年 6 月加入中国共产党，同年毕业于长沙铁道学院数理力学系数学专业；2009 年 1 月获得石家庄铁道学院建筑与土木工程领域工程硕士学位。1991 年 7 月在哈尔滨铁路工程学校参加工作，曾任职于铁道部第三工程局、中铁三局集团有限公司。曾任劳动人事部副部长、中铁三局北京国际分公司党委书记，现任中铁国有资产管理有限公司副总经理、高级工程师。

于连泉自参加工作以来，扎实工作、甘愿奉献，特别是多年从事人力资源管理工作，在人才引进、专业技术人才培养、专家人才队伍建设、人才培养与使用及干部的管理等方面经验丰富。为公司改革发展做出了一定成绩，曾获铁道部“优秀共产党员”“优秀党务工作者”称号。

陈杰，男，1970 年出生。1988—1992 年在长沙铁道学院数理力学系学习，2007—2013 年在中南大学商学院学习，获管理学博士学位。

陈杰毕业后曾任湖南铁道职业技术学院专职教师、处长，长沙力元新材料有限公司总经理秘书，湖南创智新程教育有限公司总经理助理，湖南海纳新材料有限公司副总经理，湖南科力远高技术集团有限公司总裁助理，先进储能材料国家工程研究中心总经理，湖南红宇耐磨新材料股份有限公司总经理。

陈杰主持筹建了先进储能材料国家工程研究中心，经历从无到有组建技术团队、市场团队和管理团队，其主导的微网分布式新能源储能系统是深圳市智慧城市建设的重要部分。2011 年荣获国家能源科技进步奖。

第5章 科学研究

本学科主持国家自然科学基金 46 项，总经费 2 067 万元(其中优秀青年基金项目 2 项，国际地区合作项目 2 项，面上项目 24 项，青年基金 18 项)；主持重大横向项目 4 项，总经费 178. 4 万元；主持省部级科研项目 29 项，总经费 252 万元。

2002 年以来，本学科在国际知名学术刊物发表 SCI 论文 2 000 多篇，获得国家自然科学基金资助项目近 150 项，获省部级科技奖励 6 项，出版学术专著 6 部。其中，2016 年以来，共发表 ESI 论文 505 篇，其中 ESI 高被引论文 22 篇，前 1‰热点论文 4 篇。ESI 论文从数量的递增到质的飞跃取得了显著的突破。近几年在 *Adv. Math.* 、*Trans. Amer. Math. Soc.* 、*Commun. Math. Phys.* 、*Ann. Probab.* 、*Arch. Ration. Mech. Anal.* 、*J. Funct. Anal.* 、*J. Lond. Math. Soc.* 、*Math. Program.* 等国际专业顶级刊物上发表论文 50 多篇。

5. 1 国家级科技成果奖励

国家级科技成果奖励见表 5-1。

表 5-1 国家级科技成果奖励情况汇总表

年份	成果名称	获奖名称与级别	获奖人
1978	齐次可列马尔可夫过程	全国科学大会奖	侯振挺
1978	Q 过程的唯一性准则	英国皇家学会戴维逊奖	侯振挺
1982	马尔可夫过程的唯一性、构造与性质	国家自然科学奖/三等奖	侯振挺 王梓坤
2013	时滞系统鲁棒控制的自由权矩阵方法	国家自然科学奖/二等奖	张先明 吴 敏

5.2　省部级科技成果奖励

省部级科技成果奖励见表 5-2。

表 5-2　省部级科技成果奖励情况汇总表

年份	成果名称	获奖名称与级别	获奖人
1978	齐次可列马尔可夫过程的理论	湖南省科学大会奖	侯振挺
1978	齐次可列马尔可夫过程——Q 过程的唯一性准则	全国铁路科技大会奖	侯振挺
1987	马尔可夫过程论的定性理论	湖南省高等学校“六五”期间科研成果二等奖	侯振挺
1988	马尔可夫过程及相关理论	国家教科委科学技术进步奖二等奖	侯振挺
1988	马尔可夫过程的 Q-矩阵问题	湖南省科学技术进步一等奖	侯振挺
1996	矿石可选性专家系统	国家教委科技进步三等奖	韩旭里
1997	系统科学与工程的理论方法扩展	中国有色金属工业总公司科技进步三等奖	韩旭里
2001	马尔可夫骨架过程—混杂系统模型	湖南省科学技术进步一等奖	侯振挺
2003	H-半变分不等式的理论与应用	湖南省科技进步三等奖	刘振海
2003	光滑映射的奇点理论及其应用研究	湖南省科技进步二等奖	李养成
2004	YB2211 型弧齿锥齿轮铣齿机	湖南省科技进步二等奖	朱灏
2005	高精度变形监测及数据处理的理论与方法	教育部提名国家科学技术奖自然科学奖/一等奖	王志忠
2006	复变函数论方法及其在弹性理论的应用	湖南省科技进步三等奖	蔡海涛
2006	高精度变形监测及数据处理的理论与方法(2005-028)	教育部提名国家科学技术奖自然科学一等奖	王志忠
2006	马尔可夫骨架过程与排队论	教育部自然科学二等奖	侯振挺
2008	数据逼近表示的若干新方法	湖南省科技进步三等奖	韩旭里

续表5-2

年份	成果名称	获奖名称与级别	获奖人
2009	多变量仪器分析方法及其在中药质量控制等研究领域的应用	湖南省自然科学二等奖	许青松
2009	偏微分不等式及其相关问题研究	湖南省自然科学二等奖	刘振海
2010	非线性泛函微分方程理论及应用	湖南省自然科学一等奖	戴斌祥
2010	非线性泛函微分方程理论及应用	湖南省自然科学一等奖	唐先华
2010	函数高阶逼近和保形插值的理论与方法(2010-097)	教育部自然科学二等奖	韩旭里
2015	非线性微分方程解的存在性理论研究	湖南省自然科学三等奖	陈海波

5.3 省部级及以上教学成果奖励

省部级及以上教学成果奖励见表5-3。

表5-3 省部级及以上教改成果(含其他)奖励情况汇总表

年份	成果名称	获奖名称与级别	获奖人
1997	工科数学一体化教学体系及其课程建设	湖南省教学成果一等奖	韩旭里
2004	工科研究生数学课程的数学技术教学模式	湖南省教学成果二等奖	韩旭里 郑洲顺
2008	数值分析	国家精品课程	韩旭里
2009	大学数学课程中融合建模计算与实验的教学研究与实践	湖南省教学成果奖三等奖	万　中 韩旭里
2009	科学计算与数学建模	国家精品课程	郑洲顺
2010	概率论课程体系、教学内容和教学方法改革的研究和实践	湖南省教学成果三等奖	刘再明 李俊平 唐　立
2010	数学类专业研究性教学方法的探索与实践	湖南省教学成果二等奖	郑洲顺

续表5-3

年份	成果名称	获奖名称与级别	获奖人
2012	问题驱动与创新人才培养的数学教育研究与实践	湖南省级教学成果三等奖	韩旭里　秦宣云
2013	数学省级精品课程示范引领下的地方院校提升课堂教学	湖南省级教学成果奖	唐先华
2016	研究生数学建模教育创新的研究与实践	湖南省级教学成果一等奖	韩旭里　万中等
2016	问题驱动的科学计算与数学建模研究型课堂教学模式的研究和实践	湖南省级教学成果三等奖	郑洲顺　秦宣云任叶庆等

5.4　省部级以上科研项目

省部级以上科研项目见表 5-4。

表 5-4　省部级以上科研项目汇总表

年度	项目批准号	项目名称	负责人	项目类别
2002	10226009	马尔可夫调制的随机泛函微分系统的研究	侯振挺	国家自然科学基金——科学部主任基金
2003	10371133	保险风险随机模型的研究	刘再明	国家自然科学基金——面上项目
2004	10471152	区组设计的自同构群	刘伟俊	国家自然科学基金——面上项目
2004	10471153	时滞反应扩散方程动力性态的研究	唐先华	国家自然科学基金——面上项目
2005		奇异摄动初值问题数值方法及高效算法	甘四清	国家自然科学基金——面上项目
2006	10671211	非线性发展型 H-半变分不等式及其应用	刘振海	国家自然科学基金——面上项目
2006	10671212	马氏过程的遍历性和有限排队丢失概率的渐近性	侯振挺	国家自然科学基金——面上项目

续表5-4

年度	项目批准号	项目名称	负责人	项目类别
2006	2007CB714107	坝堤溃决风险分析理论与评估方法	戴斌祥	“973”计划
2007	10811120018	非单调变分不等式的解法研究	刘振海	国家自然科学基金——合作研究项目
2007	10771216	随机模型与复杂分枝系统	李俊平	国家自然科学基金——面上项
2007	10771215	时滞微分方程最小周期及其相关问题研究	唐先华	国家自然科学基金——面上项目
2007	10771217	化学计量学中高维数据的统计学习方法	许青松	国家自然科学基金——面上项目
2008	10771218	高振动函数高性能数值积分算法及其应用	向淑晃	国家自然科学基金——面上项目
2008	10871206	平面微分方程的中心问题与有限环分支	陈海波	国家自然科学基金——面上项目
2008	10871205	具有良好传递性的组合结构	刘伟俊	国家自然科学基金——面上项目
2008	10871207	几类随机泛函微分方程数值方法的收敛性、稳定性和散逸性	甘四清	国家自然科学基金——面上项目
2008	10871208	保形插值和最佳保形逼近的理论与方法研究	韩旭里	国家自然科学基金——面上项目
2008	50874123	非单调变分不等式的解法研究	郑洲顺	国家自然科学基金——面上项目
2008	10810301057	随机非线性发展方程与随机动力系统	刘振海	国家自然科学基金——面上项目
2009	10901164	马氏过程的遍历性和有限排队丢失概率的渐近性	刘源远	国家自然科学基金——青年科学基金项目
2009	10971229	脉冲微分方程的周期解及其相关问题的研究	戴斌祥	国家自然科学基金——面上项目

续表5-4

年度	项目批准号	项目名称	负责人	项目类别
2009	10971230	马尔可夫到达排队系统的建模分析及算法研究	刘再明	国家自然科学基金——面上项目
2009	60970097	几何计算与表示中的约束优化方法研究	韩旭里	国家自然科学基金——面上项目
2010	11001273	Lorentz 空间的鞅理论及其应用	焦　勇	国家自然科学基金——青年科学基金项目
2010	11001274	脉冲微分方程解的多重性研究	梁瑞喜	国家自然科学基金——青年科学基金项目
2010	11071258	确定性动力系统的概率方法	侯振挺	国家自然科学基金——面上项目
2010	11071259	广义分枝模型与排队网络	李俊平	国家自然科学基金——面上项目
2010	11071260	电、磁、声学研究中一类高振荡积分方程、微分方程渐进理论及其高性能计算研究	向淑晃	国家自然科学基金——面上项目
2010	61003125	通用网格模型的等距曲面快速造型方法	刘圣军	国家自然科学基金——青年科学基金项目
2010	2010062110021	复杂排队系统的研究	刘再明	高等学校博士点基金
2011	11101433	“补丁”马氏过程及相关问题的研究	彭　君	国家自然科学基金——青年科学基金项目
2011	71071162	管理科学中多态不确定性均衡问题及柔性优化方法研究	万　中	国家自然科学基金——面上项目
2011	11171351	电、磁、声学研究中一类高振荡积分方程、微分方程渐进理论及其高性能计算研究	向淑晃	国家自然科学基金——面上项目
2011	11171352	刚性随机微分方程的数值分析	甘四清	国家自然科学基金——面上项目
2011	51149008	河网形态的自相似性及其相关问题研究	戴斌祥	国家自然科学基金——主任基金

续表5-4

年度	项目批准号	项目名称	负责人	项目类别
2011	51174236	粉末高速压制成形的格子Boltzmann跨尺度模拟及应用研究	郑洲顺	国家自然科学基金——面上项目
2011	11101435	三类常数项恒等式的数学机械化研究	周　岳	国家自然科学基金——青年科学基金项目
2011	61173119	通用网格模型的可微分隐式等距曲面快速造型技术及其应用	刘圣军	国家自然科学基金——面上项目
2011	11211120144	二维马氏过程平稳分布的渐近性和“一致”算法的收敛性研究	刘源远	国家自然科学基金——合作交流
2011	20110162110060	具有交互作用的高维分枝模型及其在排队网络中的应用	李俊平	高等学校博士点科研基金
2012	11201488	1-Laplace方程解的存在性以及特征值问题	李周欣	国家自然科学基金——青年科学基金项目
2012	11201489	多类顾客优先权重试排队系统的研究	吴锦标	国家自然科学基金——青年科学基金项目
2012	11271371	脉冲扰动对微分系统动力学行为的影响及脉冲最优控制问题研究	戴斌祥	国家自然科学基金——面上项目
2012	11271372	变分方法与脉冲微分系统周期解及同宿轨研究	陈海波	国家自然科学基金——面上项目
2012	11271373	几类复杂排队系统的研究及在可靠性分析中的应用	刘再明	国家自然科学基金——面上项目
2012	11271374	系统生物学中组学数据分析的若干问题研究	许青松	国家自然科学基金——面上项目
2012	11271375	随机微分博弈及其应用研究	林　祥	国家自然科学基金——面上项目
2012	11271376	带约束和参数的多变量逼近的理论与方法研究	韩旭里	国家自然科学基金——面上项目

续表5-4

年度	项目批准号	项目名称	负责人	项目类别
2012	41204082	外推瀑布式多网格法及其在三维地电磁场计算中的应用	潘克家	国家自然科学基金——青年科学基金项目
2012	61271355	基于随机过程的时滞神经网络模型的稳定性研究	刘心歌	国家自然科学基金——面上项目
2012	20110162120074	代数方法在Dyson型常数项恒等式中的应用	周　岳	博士点基金新教师类
2012	20120162110021	强不定非线性Hamilton系统的同宿轨、异宿轨及稳定性	唐先华	博士点基金博导类
2012	20120162120036	基于外推瀑布式多网格法的快速电磁场计算方法研究	潘克家	高等学校博士点基金
2012	20120162120096	随机模拟细胞内部生化反应系统的高效随机算法	牛原玲	博士点基金新教师类
2012	12JJ2004	几类随机泛函微分方程数值方法的散逸性	陈海波	湖南省自然科学基金——重点项目
2012	12JJ5002	供需带跳随机库存模型及其应用研究	方秋莲	湖南省自然科学基金——面上基金
2012	湘教通〔2012〕318	概率论及其相关领域的若干前沿问题研究	刘再明	其他
2013	111009	“补丁”马氏过程的构造及热核估计	彭　君	其他
2013	11301547	关于带边流形上的k-Yamabe问题的研究	贺　妍	国家自然科学基金——青年科学基金项目
2013	11301548	集合组合数学性质与计算理论性质间的关系	刘　路	国家自然科学基金——青年科学基金项目
2013	11301549	肺部支气管内气体流动和颗粒沉积的格子Boltzmann方法并行模拟研究	刘红娟	国家自然科学基金——青年科学基金项目
2013	11301550	非全局Lipschitz条件下的随机微分方程数值强收敛性研究	王小捷	国家自然科学基金——青年科学基金项目

续表5-4

年度	项目批准号	项目名称	负责人	项目类别
2013	11371373	微分自治系统几类多重奇点的极限环分支与共振中心	刘一戎	国家自然科学基金——面上项目
2013	11371374	多物种复杂分枝模型及其在排队网络中的应用	李俊平	国家自然科学基金——面上项目
2013	11371375	零能控的热传导系统形状最优化问题研究	杨东辉	国家自然科学基金——面上项目
2013	11371376	大波数 Helmholtz 方程新型、高效积分方程解法的研究	向淑晃	国家自然科学基金——面上项目
2013	61304011	非线性控制系统输入——状态实用稳定性分析与设计	杨晓霞	国家自然科学基金——青年科学基金项目
2013	61375063	基于构造型最优结构前馈神经网络的时间序列数据挖掘研究	侯木舟	国家自然科学基金——面上项目
2013	20130162110070	马氏骨架过程及在复杂网络中的应用	侯振挺	高等学校博士点科研基金
2013	20130162120035	基于马氏过程的复杂网络拓扑特征研究	谭　利	高等学校博士点科研基金
2013	20130162120086	高维协方差矩阵的非参数模型及其基于阈值规则的估计	谌自奇	高等学校博士点科研基金
2013	13JJ3002	复杂环境下带传动与齿传动设计的优化理论与算法	万　中	湖南省基金
2013		高分辨率阵列侧向测井反演研究	潘克家	其他
2014	11401592	几类泛函随机微分方程的遍历性	鲍建海	国家自然科学基金——青年科学基金项目
2014	11401593	基于剖面似然的统计推断	谌自奇	国家自然科学基金——青年科学基金项目
2014	11401594	几类随机微分方程的高效数值算法及其在生物学中的应用	牛原玲	国家自然科学基金——青年科学基金项目

续表5-4

年度	项目批准号	项目名称	负责人	项目类别
2014	11471337	重排不变空间中的非交换鞅论	焦 勇	国家自然科学基金——面上项目
2014	41474103	基于GPU的CSAMT三维正演的并行外推多网格法研究	潘克家	国家自然科学基金——面上项目
2014	51479215	基于DEM的洞庭湖流域河网特征分析与数据挖掘问题研究	戴斌祥	国家自然科学基金——面上项目
2014	71403298	生命周期视角下金属资源可持续发展评价及促进政策仿真研究——以铝金属为例	郭尧琦	国家自然科学基金——青年科学基金项目
2014	14JJ1004	非交换的弱Hardy鞅空间及其在调和分析中的应用	焦 勇	湖南省自然科学基金——杰出青年基金
2014	2014F12008	通用网格曲面		
2014	14JJ2003	报童问题的风险和效用理论及其高效算法研究	邓松海	湖南省自然科学基金——面上项目
2014	14JJ3012	生命周期视角下金属资源生态效率评价——以铝工业为例	郭饶奇	湖南省自然科学基金——青年基金
2014	14JJ3019	“补丁”扩散过程的构造与随机模拟	彭 君	湖南省自然科学基金——青年基金
2014	14JJ4002	铁矿砂定价权博弈模型研究	李周欣	湖南省自然科学基金——青年基金
2014	14JJ4009	高维协方差矩阵的非参数模型及其基于阈值规则的估计	胡朝明	湖南省自然科学基金——青年基金
2014	14YJCZH045	金融化背景下基本金属输入型价格波动风险的监控与防范研究	郭尧琦	教育部人文社科基金
2014	14ZDB39	我国紧缺(有色)基本金属矿产资源国际定价权缺失原因、变动趋势与提升对策研究	郭尧琦	湖南省社科基金重点项目

续表5-4

年度	项目批准号	项目名称	负责人	项目类别
2014		金属纤维烧结结点空间几何尺寸计算及计算机分析软件	郑洲顺	其他
2015	11501058	C^n中的有界不变区域具有的性质	宁家福	国家自然科学基金——青年科学基金项目
2015	11501580	关于新双参数 Rényi 熵在两类量子信道容量中的研究	龙 珑	国家自然科学基金——青年科学基金项目
2015	11501581	广义分数阶微分方程的高效数值方法研究	徐宇锋	国家自然科学基金——青年科学基金项目
2015	11571369	随机度量理论及其应用	郭铁信	国家自然科学基金——面上项目
2015	11571370	几类数学物理方程驻波解的存在性与动力学分析	唐先华	国家自然科学基金——面上项目
2015	11571371	若干空间周期和对称发展方程的动力学及其空间模式的研究	易泰山	国家自然科学基金——面上项目
2015	11571372	具有复杂块结构的多维马氏过程的理论及应用	刘源远	国家自然科学基金——面上项目
2015	11571373	随机微分方程弱逼近理论及应用	甘四清	国家自然科学基金——面上项目
2015	61572527	通用网格模型侧铣加工中的几何问题研究	刘圣军	国家自然科学基金——面上项目
2015	15YJCZH166	生存大数据分析方法和应用研究	王 洪	教育部人文社会科学研究项目
2015	2015JJ3148	基于高阶紧致差分格式的并行外推瀑布式多网格法研究	潘克家	湖南省自然科学基金——青年基金
2015	2015JJ4066	高次 q-Dyson 型常数项等式的研究及应用	周 岳	湖南省自然科学基金——青年基金
2016	11601525	Clifford 分析中的几类边值问题及其相关问题研究	贺福利	国家自然科学基金——青年科学基金项目

续表5-4

年度	项目批准号	项目名称	负责人	项目类别
2016	11601526	非交换连续鞅不等式及其应用	吴 恋	国家自然科学基金——青年科学基金项目
2016	11601527	局部 Ramsey 数和局部边染色	张闫博	国家自然科学基金——青年科学基金项目
2016	11601528	几类特殊材料结构正则化逼近隐身的收敛性及稳定性研究	邓又军	国家自然科学基金——青年科学基金项目
2016	11671402	代数结构的关联图的自同构群及其图论性质研究	刘伟俊	国家自然科学基金——面上项目
2016	11671403	变分方法与拟线性椭圆形方程解的存在性及性态研究	陈海波	国家自然科学基金——面上项目
2016	11671404	排队系统与排队网络性能指标及随机控制问题的研究	刘再明	国家自然科学基金——面上项目
2016	11671405	两类随机发展方程的数值分析	王小捷	国家自然科学基金——面上项目
2016	61602524	保形约束曲面造型方法与应用	刘新儒	国家自然科学基金——青年科学基金项目
2016	61602526	椭圆结合超椭圆曲线密码中若干计算问题研究	胡 志	国家自然科学基金——青年科学基金项目
2016	61628211	基于等距曲面的增材制造可制造性分析及模型优化	刘圣军（王昌凌）	海外及港澳学者合作研究基金项目
2016	71671190	城市矿产开发利用的多态不确定性与非线性特征及集成决策优化理论与算法	万 中	国家自然科学基金——面上项目
2016	16YBA367	高维删失数据中的非参数建模方法及应用研究	王 洪	湖南省哲学社会科学基金系列项目
2016	2016JJ2138	置换群与组合结构	刘伟俊	湖南省自然科学基金——面上基金
2016	2016JJ3137	抛物型随机微分方程的数值方法研究	王小捷	湖南省自然科学基金——青年基金

续表5-4

年度	项目批准号	项目名称	负责人	项目类别
2016	2016JJ3138	高维动态图模型研究	谌自奇	湖南省自然科学基金——青年基金
2016	2016JJ3139	几类脉冲微分系统的解的存在性与多重性问题研究	杨晓霞	湖南省自然科学基金——青年基金
2016	2016YFC0209300	萍乡市大气环保产业园创新创业政策研究及应用	秦宣云	国家重大科学研究计划
2017	11701573	振荡积分算子指数衰减性质及相关问题的研究	石坐顺华	国家自然科学基金——青年科学基金项目
2017	11701574	弱型 BMO 鞅空间和 JN 不等式	彭丽华	国家自然科学基金——青年科学基金项目
2017	11701575	前沿优化方法及其在波束形成技术中的应用	李志保	国家自然科学基金——青年科学基金项目
2017	11701576	非局部 Poisson-Boltzmann 模型的快速算法研究及网页服务器开发	应金勇	国家自然科学基金——青年科学基金项目
2017	11722114	非交换分析	焦　勇	优秀青年科学基金项目
2017	11771452	高维复杂碰撞-分枝-移民模型的研究及其应用	李俊平	国家自然科学基金——面上项目
2017	11771453	数据几何与差商特征驱动的构造性逼近理论与方法研究	韩旭里	国家自然科学基金——面上项目
2017	61773404	基于辅助函数方法的时滞系统的稳定性分析及应用	刘心歌	国家自然科学基金——面上项目
2017	17BTJ019	超高维生存数据的统计推断及应用研究	王　洪	国家社会科学基金一般项目
2017	2017JJ2328	高维复杂碰撞-分枝模型的稳定性研究及其应用	李俊平	湖南省自然科学基金——面上基金
2017	2017JJ2333	多源数据感知融合与理解	罗跃逸	湖南省自然科学基金——面上基金

续表5-4

年度	项目批准号	项目名称	负责人	项目类别
2017	2017JJ3405	Lévy 过程驱动的排队系统性能分析及最优控制研究	吴锦标	湖南省自然科学基金——青年基金
2017	2017JJ3406	超复分析中 Riemann Hilbert 问题及其相关研究	贺福利	湖南省自然科学基金——青年基金
2017	2017JJ3407	弱型 BMO 鞅空间和 John-Nirenberg 不等式	彭丽华	湖南省自然科学基金——青年基金
2017	2017JJ3432	非稳态污染溯源反问题的快速重构算法及其在生态环境损害赔偿中的应用	方晓萍	湖南省自然科学基金——青年基金
2017	2017YFB0903502	45 kW 高功率密度单体电堆结构设计与集成技术	袁修贵	其他
2017	XXZX-SJ2017001	技术需求自然语言检索匹配方法研究	朱　灏 李力勤	其他
2018	11771454	(弱、高阶奇异核)高频振荡边界积分方程的快速多极子与 Chebyshev 谱方法	向淑晃	国家自然科学基金——面上项目
2018	11801572	模空间上的截断 Toeplitz 算子和截断 Hankel 算子	马　攀	国家自然科学基金——青年科学基金项目
2018	11801573	非交换 Lebesgue 空间上的连续多线性 Schur 乘子理论及应用	Clement Coine	国家自然科学基金——青年科学基金项目
2018	11801574	Maxwell 方程组非平凡解的存在性与动力学分析	秦栋栋	国家自然科学基金——青年科学基金项目
2018	11871476	马氏过程边界理论的若干问题	彭　君	国家自然科学基金——面上项目
2018	11871477	基于剖面似然的若干新统计推断方法研究	谌自奇	国家自然科学基金——面上项目
2018	11871478	施加控制的椭圆方程的形状最优化问题的研究	杨东辉	国家自然科学基金——面上项目

续表5-4

年度	项目批准号	项目名称	负责人	项目类别
2018	11871479	极值与代数图论中的特征值问题的研究	冯立华	国家自然科学基金——面上项目
2018	41874086	基于矢量有限元和瀑布式多重网格法的大地电磁带地形三维并行正演研究	潘克家	国家自然科学基金——面上项目
2018	61803386	波动方程的输出跟踪和抗扰问题研究	周华成	国家自然科学基金——青年科学基金项目
2018	61876191	云平台中多云用户联合博弈服务机制与策略探索	杨晓霞	国家自然科学基金——面上项目
2018	18YBA020	大规模信用评分的非参数统计推断研究	周丽峰	湖南省哲学社会科学基金系列项目
2018	2017YFB0903501	10MW 级液流电池储能技术与示范	袁修贵	其他
2018	2018JJ1042	外推瀑布式多网格法及其在地球物理学中的应用	潘克家	湖南省自然科学基金——杰出青年基金
2018	2018JJ2478	Wasserstein 距离下随机扩散过程的遍历性	鲍建海	湖南省自然科学基金——面上基金
2018	2018JJ2479	谱方法在极值与代数图论中的应用	冯立华	湖南省自然科学基金——面上基金
2018	2018JJ3621	Karamata 型鞅空间理论	吴　恋	湖南省自然科学基金——青年基金
2018	2018JJ3622	几类特殊结构的等离子共振及基于共振的隐身现象的研究	邓又军	湖南省自然科学基金——青年基金
2018	2018JJ3623	拉姆齐染色相关定理的证明论	刘　路	湖南省自然科学基金——青年基金
2018	2018JJ3624	稀疏优化方法在波束形成技术中的应用	李志保	湖南省自然科学基金——青年基金
2018	2018JJ3628	带随机系数的常微分方程的数值模拟及其在生物学中的应用	牛原玲	湖南省自然科学基金——青年基金

续表5-4

年度	项目批准号	项目名称	负责人	项目类别
2018	18K008	国家竞争格局对冲突矿产产生流动的影响机制及效应研究	郭尧琦	湖南省社科基金重点项目
2019	11701576	非局部 Poisson-Boltzmann 模型的快速算法研究及网页服务器开发	应金勇	湖南省自然科学基金青年基金
2019	11801451	与特殊函数相关的若干问题研究	贺　兵	国家自然科学基金——青年科学基金项目
2019	11871475	时滞反应扩散系统的分支问题与自由边界问题的理论和应用研究	戴斌祥	国家自然科学基金——面上项目
2019	11901582	带有退化和奇异位势的非线性狄拉克方程和麦克斯韦-狄拉克方程的半经典解	张　胥	湖南省自然科学基金——青年基金
2019	11901583	纵向截面脑结构网络的统计分析	王　璐	湖南省自然科学基金——青年基金
2019	11971483	随机赋范模的紧性理论及其应用	郭铁信	国家自然科学基金——面上项目
2019	11971484	鞅方法在非交换调和分析中的应用	吴　恋	国家自然科学基金——面上项目
2019	11971485	具变分结构的几类数学物理方程驻波解动力学性态研究的非经典方法	唐先华	国家自然科学基金——面上项目
2019	11971486	马氏过程的扰动分析、渐近性和拟平稳性研究	刘源远	国家自然科学基金——面上项目
2019	11971487	地磁探测的若干反问题研究	邓又军	国家自然科学基金——面上项目
2019	11971488	系数不连续的随机微分方程及其数值分析	甘四清	国家自然科学基金——面上项目
2019	51974377	分数阶相场模型的建立及其在材料微结构演化模拟中的应用	郑洲顺	国家自然科学基金——面上项目

续表5-4

年度	项目批准号	项目名称	负责人	项目类别
2019	61972420	基于超奇异同源密码中的计算与实现研究	胡　志	国家自然科学基金——面上项目
2019	11961131003	非交换鞅不等式的若干前沿问题研究	焦　勇	国家自然科学基金——国际（地区）合作与交流项目
2019	2019JJ20027	三维模型数据优化与形状分析	刘圣军	湖南省自然科学基金——杰出青年基金
2019	2019JJ40354	关于 HIV/AIDS 的抗体药物有效性与毒副作用建模及其优化控制研究	周英告	湖南省自然科学基金——面上基金
2019	2019JJ40355	几类拟线性薛定谔方程解的存在性	李周欣	湖南省自然科学基金——面上基金
2019	2019JJ40356	马氏过程边界理论及稳定性研究	彭　君	湖南省自然科学基金——面上基金
2019	2019JJ40357	马氏调制的流体模型的稳定性研究	刘源远	湖南省自然科学基金——面上基金
2019	2019JJ50755	燃烧爆炸过程非局部模型与高效数值模拟	徐宇锋	湖南省自然科学基金——青年基金
2019	2019JJ50786	非局部离子尺寸修改的 Poisson-Boltzmann 模型的快速算法研究及其并行化计算	应金勇	湖南省自然科学基金——青年基金
2019	2019JJ50788	Schrodinger 方程与其耦合系统的驻波解与流形研究	秦栋栋	湖南省自然科学基金——青年基金
2019	2019JJ50827	基于超奇异同源密码的实现研究	胡　志	湖南省自然科学基金——青年基金
2019	19BJY076	大国竞争背景下稀有金属的全球流动监测与我国供应安全研究	郭尧琦	国家人文社科面上基金

5.5 重要科研成果与科研团队

5.5.1 马尔可夫过程

侯振挺对马尔可夫过程进行了长期而深入的研究，在可列马尔可夫过程研究方面取得许多重大进展，其中一些成果目前仍然处于国际领先水平。

(1)侯振挺发展了王梓坤院士提出的“极限过渡法”，首创了“最小非负解理论”。证明了任一Q过程的样本函数都是一列一阶Q过程的极限，从而可把一般Q过程一些问题化为一阶Q过程的相应问题来研究。而一阶Q过程由于其样本函数十分简单，利用最小非负解理论证明了这些过程的特征数字都是某一方程的最小非负解。这些工作为马尔可夫过程的研究提供了一个强有力的工具。

(2)发表在1974年《中国科学》第2期上的论文《Q过程的唯一性准则》，解决了概率论40多年来悬而未决的Q过程的唯一性问题，这是一项国际领先的成果。1976年，剑桥大学教授Reuter在*Probability Theory and Related Fields*上发表文章，称“Q过程的唯一性准则”为“侯氏定理”。侯振挺这一成果，在国内外受到高度的评价，并得到国内外学者的广泛引用：

①该成果获1978年度国际戴维逊奖。戴维逊基金会主席P.惠特尔给中国科学院院长的信(通知得奖)中写道：“……四十多年来数学家们非常关心这个问题，他们多次做了特别的努力以寻求唯一性问题的答案。但是，直到这位天才的年青人发表他的论文以前，所有的努力都失败了。他的杰出论文引起了广泛的注意，这是因为他的答案具有完整性和最终性。我们高度评价侯振挺的工作。”

②1986年，Bernoulli概率统计学会理事长、英国皇家学会会员、剑桥大学教授在*Advance in Applied Probability*发表对Reuter教授的科研评价的文章，写道：“侯振挺的论文标志着Q-过程理论取得了突破性进展。……侯也因这篇杰出的论文获得了1978年度戴维逊奖。”

③1990年，Jacobsen教授在美国*Mathematical Review*上评论侯的专著*Homogeneous Denumerable Markov Processes*时写道：“《Q过程的唯一性准则》使中国概率论研究群体的工作首次在国际上引起广泛的关注”。“在稳定态Q过程理论的研究方面，本书处于当前最先进(state-of-the-art)水平”。

④1994年，T. M. Liggett教授在评论一本专著时写道：“对概率论的两个领域：连续时间马尔可夫链和交互粒子系统，中国概率论学者这些年来作出了重大贡献。关于前者，一项主要成就是侯振挺1974年关于Q过程唯一性的解答。”

⑤概率专家K. B. Athreya指出：“在中国有一帮研究马氏过程构造论的数学家……取得了很大的成功，他们的领导者是侯振挺……”

⑥1991 年，Springer 出版了 Anderson 总结 30 年来马尔可夫链研究的主要成就的专著 *Continuous-Time Markov Chains*，侯振挺的"Q 过程的唯一性准则"成果作为一章收入该书。Yang Xiangqun 的专著 *The Construction Theory of Denumerable Markov Processes*（John Wiley & Sons，1990）、Wang Zikun 和 Yang Xiangqun 的专著 *Birth and Death Processes and Markov Chains*（Springer，1992）都收入了侯振挺的"Q 过程的唯一性准则"和相关定理并给出了证明。

⑦1979 年，苏步青院士在《新中国数学工作的回顾》中两处提到"Q 过程唯一性准则"，并指出，新中国成立 30 年来，陈景润、杨乐、张广厚、侯振挺作出了第一流水平的成果。1988 年出版的《中国大百科全书》将"Q 过程的唯一性准则"收入数学卷中。

（3）侯振挺解决了全稳定态情形的 Q 过程的定性理论，特别是给出了"既不满足柯氏向后方程也不满足柯氏向前方程的 Q 过程存在准则"，在《数学学报》和《数学年刊》上发表论文《齐次可列马尔可夫过程构造论中的定性理论》，全面发展了《Q 过程的唯一性准则》的结果和方法。

（4）侯振挺与陈木法院士合作完成《马尔可夫过程与场论》，在马尔可夫链的研究中首次引入场论工具，成为无穷粒子系统可逆性研究的基石。这篇文章成为我们打开交互作用无穷粒子系统研究突破口的主要武器。

5.5.2 开辟了一个新的研究领域——马尔可夫骨架过程

1997 年，侯振挺等在总结马氏过程和各种混杂随机模型的研究基础上，提出了一类新的随机过程的概念——马氏骨架过程，并加以研究，极大地拓展了马氏过程的研究和应用领域。这是侯振挺教授等开辟的全新研究领域，具有很高的科学价值和广阔的应用前景。

该理论主要有两个结果：一是马氏骨架过程的概率分布的向后方程的计算，囊括了很多的经典结果并可广泛应用在许多领域，在排队论、存储论、可靠性等中已获成功应用；二是一类特殊的马氏骨架过程——Doob 骨架过程的极限理论，如可列马氏过程、半马氏过程、GI/G/N 排队系统及带 Possion 输入的排队网络等。

2000 年出版的专著《马尔可夫骨架过程——混杂系统模型》得到了国内同行的高度评价。该书的英文版专著在 2005 年由科学出版社和 International Press 联合出版，得到了英国皇家学会会员 D. Williams、皇家学会会员 D. Dawson 等国际知名概率论专家的高度评价，认为 MSP 理论是"原创性工作，为许多重要的随机过程的研究提供了系统的基础"，"在很多领域有很大的应用潜力"，"必将对这些领域产生深远的影响"。MSP 对排队论的应用尤为成功，解决了 60 年来悬而未决的 GI/G/N 队长的瞬时性态难题。

5.5.3 排队论

早在大学学习期间，侯振挺就解决了著名学者巴尔姆和辛钦分别于 1943 和 1955 年提出的公开问题。苏步青院士在《新中国数学工作的回顾》一文中将此成果列为排队论 3 项主要成果之一。

近年来，侯振挺又从事排队论研究，得到了系统而深入的成果。一是利用补充变量技巧把任一排队过程化为既是马尔可夫过程又是马尔可夫骨架过程进行研究，从而用马尔可夫骨架过程的向后方程理论给出了任一排队过程的瞬时分布，特别是解决了几十年来悬而未决的 GI/G/N 排队队长的瞬时分布难题，发表在 *Acta Mathematicae Applicatae Sinica* (*English Series*)的相关论文获2003年第一届中国科协期刊优秀学术论文奖；二是用 Doob 骨架过程的极限理论给出了许多排队过程的极限分布；三是利用马尔可夫骨架过程和马尔可夫过程中最近发展起来的各种遍历性理论给出了诸多排队过程的各种遍历性条件。

5.5.4 Scetapum 猜想

英国数理逻辑学家 Scetapum(西塔潘)于20世纪90年代提出一个反推数学领域关于拉姆齐二染色定理证明强度的猜想，被称为“西塔潘猜想”，即：拉姆齐二染色定理能否蕴含弱寇尼定理。

2010年，酷爱数理逻辑的大二学生刘路在自学反推数学的时候，第一次接触到这个问题，并在阅读大量文献时发现，海内外不少学者都在进行反推数学中的拉姆齐二染色定理的证明论强度的研究。2011年5月，刘路在由北京大学、南京大学和浙江师范大学联合举办的逻辑学术会议上作报告，给这一悬而未决的公开问题一个否定式的回答，彻底解决了西塔潘猜想，证明了拉姆齐二染色定理与弱寇尼定理相互独立。

之后，刘路又创造性地将他解决西塔潘猜想的方法推广变成“能够为若干领域带来更进一步的发展”的“一个真正的全新技术”，并应用其解决了 Joe Miller 问题、Kjos Hanssen 问题等计算理论，以及反推数学、算法随机性理论中的一系列问题，被誉为“近年来计算理论及相关领域中最重要的贡献之一”，其论文发表在国际知名数学杂志、美国数学会会刊 *Tran. Amer. Math.* 上。本领域著名专家、芝加哥大学数理逻辑大师 Denis R. Hirschfeld 在其反推数学的新专著 *Slicing The Truth* 中称刘路的结果为“Liu Theorem”。

5.6 科研团队

5.6.1 概率论与数理统计科研团队

主要成员：

侯振挺、刘再明、李俊平、刘源远、许青松、王志忠、彭君、鲍建海、吴锦标、方秋莲、谌志奇、郭尧琦、张炜、唐立、王洪、张宏伟

研究方向：

(1)马氏过程与遍历理论

(2)马氏骨架过程

(3)排队论与分枝过程

(4)随机分析与随机控制

(5)复杂数据分析与统计学习

主要学术成果：

(1)彻底解决了全稳定Q过程唯一性问题(侯氏定理)；利用创新的“禁止概率法”解决了含瞬时态Q过程若干重大问题，例如彻底解决了含瞬时态生灭过程的存在唯一性问题等；在P函数振荡研究方面取得重大进展，解决了P函数的Kendall弱猜想；完整刻画了连续时间马氏链的次指数遍历性。研究了“补丁”马氏过程的较直观的极限构造，可以用更具体的马氏过程来逼近“补丁”马氏过程，这在随机模拟中有重要作用。获国际、国家和省部级科技奖励10余项。其中，1978年和1987年侯振挺教授、邹捷中教授先后两次获得国际Davison奖，2017年侯振挺教授获第十三届华罗庚数学奖。

(2)提出和研究了一类新的随机过程——马氏骨架过程，大大拓展了马氏过程的概念和研究领域，奠定了其理论基础，在金融、保险、排队等领域得到了很好的应用。特别是解决了排队论中GI/G/N队长分布及极限理论等难题。这些成果获湖南省科技进步一等奖和教育部自然科学奖二等奖，得到马志明、陈木法、Williams、Dawson等国内外院士的高度评价。

(3)研究了非线性Markov分枝过程，推广了著名的Harris正则性准则，彻底解决了 $M^X/M/1$ 排队模型的衰减性和拟平稳分布等重要问题，得到了衰减指数的精确值。

(4)建立了路径依赖扩散过程的Harnack不等式、梯度估计、Bismut公式、超压缩性、渐近log-Harnack不等式、渐近梯度估计以及极限定理(强大数定律、中心极限定理、重对数率)。推导出了Levy市场中的最优投资组合策略和汇率最优调控策略，提出了智能调控的思想。给出了随机积分-偏微分方程的随机黏性解的一个概率表示，建立了带跳的倒向重随机微分方程奇异最优控制的随机最大值原理。

(5)对时空数据提出了基于Copula函数，解决了空间分类和时空耦合问题，对半参数变系数部分性质度量误差模型，提出了经验似然推断。作为主要成员完成的“高精度变形监测及其数据处理及方法”获2005年教育部提名的国家自然科学奖一等奖，并在复杂数据分析和化学计量学等方面有丰富的研究成果。

5.6.2 泛函分析及其应用科研团队

主要成员：

焦勇、郭铁信、吴恋、周德俭、龙珑、贺福利、李周欣

研究方向：

(1)非交换分析

(2)随机泛函分析

主要学术成果:

(1)解决了非交换分析领域长时间的公开问题-非交换的 Good Lambda 不等式;发现了非交换微分从属的合适定义,为非交换微分从属理论的进一步发展搭建了一个合适的框架;在 *Adv. Math.*、*Commun. Math. Phys*、*JFA*、*Trans. AMS*、*Ann. Probab.*、*Probab. Theory Related Fields* 和 *J. London Math. Soc.* 等国际主流数学期刊上发表 SCI 论文 40 多篇。关于相关成果,2019 年应邀在第八届世界华人数学家大会上作了 45 分钟的报告。

(2)原创性地提出了随机赋范模等基本框架并奠定了该理论的发展基础,这些工作被西方金融学者称为开创性工作。在国内外专业领域的著名杂志 *J. Funct. Anal.*、*J. Math. Anal. Appl.*、*J. Appr. Theory*、*Nonlinear Anal.* 与 *Sci. China Math.* 等发表论文 40 多篇。2019 年应邀在第八届世界华人数学家大会与中国数学会年会上报告了相关成果。

5.6.3 代数、组合与数理逻辑科研团队

主要成员:

刘伟俊、刘路、冯立华、周岳、胡志、靳伟、贺兵、陈雪生、丁士锋

研究方向:

(1)有限群及其应用

(2)组合、代数图论与谱极值问题

(3)数论与密码学

(4)数理逻辑

主要学术成果:

(1)将李型单群及方-李参数运用到研究 BDD 猜想中,通过计算点稳定子群的轨道长度,发现了区传递点非本原设计的一些重要性质,为研究区传递设计提供了有力的工具;对于自同构群的基柱是李秩较小的区传递 $2\text{-}(v, k, 1)$ 设计,发现了对合的稳定点的数目和稳定区的数目之间的关系,为分类李秩较小的区传递 $2\text{-}(v, k, 1)$ 设计提供了一个强有力的工具。

(2)在图的邻接谱方面,确定了给定匹配数和点色数、直径的一般图的邻接谱半径的上界并刻画了极图,部分回答了 Brualdi 和 Solheid 提出的一个公开问题;在图的无符号 Laplacian 谱方面,解决了图谱理论的鼻祖 D. Cvetkovic 教授等提出的三个关于无符号 Laplacian 谱的猜想;对于凯莱图的谱性质,得到了二面体群上整谱凯莱图的充要条件。通过统一基础的方法证明了 Dyson、Morris、Aomoto 及 Forrester 常数项等式;通过迭代级数的方法解决了 Kadell 教授关于 q-dyson 乘积项的第一层系数猜想,并进行了推广;将 Morris 常数项等式与一类多胞形的体积及一类有限制的和集元素个数下界联系了起来,并给出了这两类问题具体的计算公式。

(3)首次实现了4维GLV方法加速椭圆曲线点乘；点乘快速技术在多计算平台上均处于先进水平。利用截断型超几何级数理论、形式幂级数理论和p-进Γ-函数性质等得到多个组合同余式并解决若干公开问题。运用WZ方法得到一些二项式系数的同余式与整除性质。

(4)彻底解决了西塔潘的猜想，证明了拉姆齐二染色定理与弱寇尼定理相互独立。解决了Joe Miller问题、Kjos Hanssen问题等计算理论，以及反推数学、算法随机性理论中的一系列问题，被誉为“近年来计算理论及相关领域中最重要的贡献之一”。

5.6.4 微分方程与动力系统科研团队

主要成员：

唐先华、陈海波、戴斌祥、何智敏、张齐、周英告、陈和柏、唐美兰、李周欣、杨晓霞、梁瑞喜、秦栋栋、陈思彤

研究方向：

(1)非线性偏微分方程

(2)泛函微分方程

(3)反应扩散方程的分支理论与自由边界问题

(4)微分方程的定性与分支理论

主要学术成果：

(1)将Wright（1955年）和Yorke(1975年)分别获得的关于纯量时滞微分方程著名的3/2-稳定性准则首次成功地推广到高维时滞微分系统，创立了研究高维时滞微分系统解的稳定性非常有效的非Liapunov方法，推进了Yorke理论的发展。以此为主要成果的项目“非线性泛函微分方程理论及应用”在2010年获湖南省自然科学一等奖。

(2)“Nehari流形”方法是过去几十年变分学中一直沿用的方法，但对强不定变分问题无效或非常复杂。提出了一种简单、直接的非“Nehari流形”方法，应用对角线方法，利用能量泛函在Nehari-Pankov集合上的极小化序列构造极小化Cerami序列，有效解决了强不定泛函“Nehari-Pankov型”基态解存在性问题。

(3)完整构建了二阶脉冲微分方程的变分框架，系统解决了运用变分理论研究脉冲微分方程解的存在性的空间选择、能量估计等一些关键理论和技术难题，完整解决了本领域学者在国际权威杂志*Nonlinear Anal.*上提出的关于脉冲Hamilton系统同宿解轨存在性的一个公开问题。

(4)提出了平面多项式微分系统有限奇点、无穷远奇点、幂零奇点的中心焦点判定、极限环分支及系统可积性判定的系统的、独特的理论与方法，给出了奇点量、周期常数的线性代数递推公式与结构定理及分支函数的简明表达式，首次得到了三次系统存在13个极限环的迄今最好的结果。

(5)完整解决了加拿大院士、美国外籍院士、加拿大数学会前理事长 Rousseau 等人提出的一类三次 Lienard 系统的二重极限环分岔曲面可以写为一个函数表达式的猜想及西班牙院士 Llibre 关于一类 Selkov 系统的极限环唯一性的猜想。

5.6.5　科学与工程计算科研团队

主要成员:

向淑晃、韩旭里、甘四清、郑洲顺、袁修贵、侯木舟、潘克家、刘圣军、邓又军、朱世华、王小捷、牛原玲、刘新儒、徐宇锋

研究方向:

(1)数值逼近与高频振荡问题的高效算法

(2)随机微分方程数值分析

(3)偏微分方程中反问题的正则化、成像理论及应用

(4)计算交叉科学研究

主要学术成果:

(1)在正交插值逼近的快速算法、收敛阶分析、高频振荡问题的研究上取得一系列突破,提出的公式在 Trefenthen 院士专著中被列为“多项式十一个关键公式”之一,解决了 Trefethen、Norsett 院士等提出的 Legendre 重心权显示公式、复杂振荡子高震荡积分高效计算公开问题,研究成果得到了 Trefethen、Babuška、Floudas、Quarteroni、Fokas 院士等国际权威专家的广泛引用和高度评价。

(2)在数值逼近与计算几何领域,提出了多节点高阶函数展开式,推广了经典的泰勒展开式和拉格朗日插值式。构造了二阶连续和三阶精度的保形插值式,创新了保形逼近领域长期以来的研究结果。建立了具有几何设计意义的三角样条表示式,创造性地提出了三角 Hermite 插值式,所给理论方法在计算机辅助几何设计中具有重要的应用价值。解决了用 B 样条求解双调和偏微分方程的问题,找到了双调和方程约束的曲面造型方法。

(3)在非全局 Lipschitz 条件下,系统而深刻地研究了随机常微分方程的数值方法,建立了数值方法的强、弱收敛性及稳定性理论。针对一大类随机常微分方程,在一个广泛的 Lyapunov 框架下,构造了一个具有指数可积性的新型显式数值算法并研究了方法的强收敛性。所发展的论文在国际上首次研究了一般的非线性随机常微分方程数值方法指数可积性,系统深入地研究了抛物型随机偏微分方程、双曲型随机偏微分方程数值方法的强、弱收敛性。特别的,针对时空白噪声驱动的半线性随机波方程,构造了全新的加速指数 Euler 谱方法,打破了现有文献中求解此类方程数值算法的收敛阶障碍。对系数超线性增长的跳扩散随机微分方程,建立了单步数值方法强收敛性准则;研究随机延迟微分方程及数值方法的稳定性,为常延迟、变延迟(含有界变延迟和无界变延迟)情形建立了统一的理论框架;对延迟量可无限接近 0 的延迟微分方程,获得了系统是耗散的充分条件,首次给

出了数值吸引集与系统吸引集之间的关系。

(4)在非均匀介质成像、脑成像、地磁反演等方法取得了相关研究成果，解决了非均匀介质的广义极化张量的表示、地磁探测唯一性问题等，解决了等离子共振的基本数学理论描述、弹性波方程球形结构 Neumann-Poincaré 算子谱的精确刻画问题等，解决了“虫洞”材料结构和“飞毯”材料结构基于变换光学原理达到逼近隐形的最优收敛阶问题。发展求解三维大规模离散偏微分方程的外推瀑布式多网格方法，台式机上几十秒内求解上亿自由度的线性系统，成功应用于直流电阻率法、大地电磁测深法等地球物理正演问题及核聚变模拟中的辐射计算加速。同时，在高通量自动流程材料集成计算算法与软件及其在先进存储材料中的应用以及几何造型、智能制造算法及其应用方面取得了重要研究成果。

5.6.6 运筹学与控制论科研团队

主要成员：

万中、刘心歌、杨东辉、张鸿雁、刘诚、刘碧玉、邓松海、李志保

研究方向：

(1)复杂数据挖掘和大规模优化问题的高效算法及收敛性理论

(2)复杂环境下工业工程与管理优化问题的数学建模技术及高效数值计算技术

(3)神经网络、不等式、控制与最优控制理论及应用研究

主要学术成果：

(1)提出了一系列求解大规模无约束优化问题的共轭梯度、谱共轭梯度算法及拟牛顿算法，建立了全局收敛性理论，大量的基准问题测试和在挖掘全长转录组文本信息上的成功应用，证实了算法的高效性；提出了新型非单调线搜索技术，其不仅具有更多的数学美感和更好的理论性质，也对大规模优化问题和非光滑方程组的求解显示了出色的数值计算性能；提出了求解非线性互补问题和互补约束优化问题(MPEC)的一系列部分磨光方法，在较弱的条件下建立了该类方法的全局收敛性理论；提出了交替投影类方法求解一类非齐次 3-阶张量方程组。

(2)首次提出了多态不确定数学规划理论，构建了多态不确定环境下的供应链管理、逆向物流、城市矿产开发利用以及机械传动系统设计优化问题的数学模型，提出了处理该类模型的统一的柔性优化方法；构建了乘性和加性随机需求条件下全球供应链管理优化问题的数学模型，开发了求解该类模型的基于梯度信息的高效算法；在复杂环境下构建 VMI 问题和废物回收管理问题的双层规划模型，并采用部分磨光技术开发了求解该类问题的基于梯度信息的高效算法；最早提出了自适应投影梯度法求解线性与非线性多集分裂可行性问题。

(3)基于凸性分析和新的时滞分割方法，构建了基于新型 Lyapunov 不等式的时滞系统稳定性理论；构建了基于向量的正交分解和正交逼近方法的系列积分不等式和时滞系统稳

定性的充分条件；对具有时变时滞离散系统，建立了基于能量函数和梯度算子的渐近稳定性理论；给出了后向热方程的能观不等式，并据此得到了前向热方程的零能控性。对一类零可控热方程的时间最优控制问题，通过建立最优范数控制和最优时间控制之间的对等性，得到了该类问题的时变 bang-bang 性。

5.7 代表性论文

[1]侯振挺. On a problem of palm in the theory of queueing processes[J]. Science in China(Ser. A), 1963(8): 1105-1109.

[2]侯振挺. 齐次可列马尔可夫过程中的概率-分析法[J]. 科学通报, 1973(3): 115-118.

[3]侯振挺. The criterion for uniqueness of a q process[J]. Science in China(Ser. A), 1974(2): 141-159.

[4]侯振挺. Q过程的唯一性准则[J]. 中国科学, 1974(2): 115-130.

[5]侯振挺. 齐次可列马尔可夫过程的样本函数的构造[J]. 中国科学, 1975(3): 259-266.

[6]侯振挺. 齐次可列马尔可夫过程构造论[J]. 科学通报, 1975(3): 130.

[7]侯振挺, 郭青峰. 齐次可列马尔可夫过程构造论中的定性理论[J]. 数学学报, 1976(4): 239-262.

[8]蔡海涛. 一个 Schottky 定理类型的基本定理[J]. 中南矿冶学院学报, 1978(3): 71-77.

[9]蔡海涛. S~p 概周期函数与 Favard 定理[J]. 中南矿冶学院学报, 1978(3): 78-85.

[10]蔡海涛. 平面弹性理论的周期接触问题[J]. 应用数学学报, 1979, (2): 181-195.

[11]蔡海涛. 关于半无限各向异性弹性介质的第一与第二周期基本问题[J]. 力学学报, 1979(3): 240-247.

[12]蔡海涛. 准解析函数在时变系统定性理论中的应用[J]. 中南矿冶学院学报, 1979(2): 14-19.

[13]蔡海涛. 关于半平面的周期 riemann-hilbert 边值问题[J]. 中南矿冶学院学报, 1979(1): 105-112.

[14]蔡海涛. 各向同性弹性平面理论的周期接触问题[J]. 中南矿冶学院学报, 1979(1): 113-125.

[15]侯振挺, 陈木法. 马尔可夫过程与场论[J]. 科学通报, 1980(20): 913-916.

[16]侯振挺，汪培庄．概率流的分解定理[J]．数学年刊A辑(中文版)，1980(1)：139-148.

[17]蔡海涛．单位圆内全纯函数的正规上升性[J]．数学杂志，1981(1)：78-85.

[18]蔡海涛．平面各向异性弹性介质的周期裂纹问题[J]．数学物理学报，1982(1)：35-44.

[19]侯振挺．更新序列对于圈乘运算的封闭性[J]．中国科学(A辑数学物理学天文学技术科学)，1982(1)：31-39.

[20]蔡海涛．半纯函数的一个基本不等式[J]．湖南数学年刊，1983(2)：28-32.

[21]蔡海涛．动态线性系统的状态变量估计及决定性问题[J]．数学物理学报，1983(2)：219-222.

[22]蔡海涛．一类概周期函数的准解析函数族[J]．湖南数学年刊，1983(1)：45-47.

[23]侯振挺，郭青峰．齐次可列马尔可夫过程构造论中的定性理论(ⅱ)[J]．数学年刊A辑(中文版)，1983(3)：345-348.

[24]蔡海涛．单位圆内全纯函数族的正规性[J]．湖南数学年刊，1984(1)：60-65.

[25]侯振挺．生灭过程由0~+-系统的唯一决定性[J]．经济数学，1984(01)：15-27.

[26]蔡海涛．运动裂纹问题[J]．数学物理学报，1985(4)：409-416.

[27]刘一戎．关于常微分方程区域分析理论中的极限环问题[J]．中南矿冶学院学报，1985(3)：116-125.

[28]蔡海涛．在面斜对称载荷下无限各向异性介质内的周期裂纹[J]．应用数学和力学，1986(2)：139-144.

[29]刘一戎．一类平面三次系统的焦点量公式、中心条件与中心积分[J]．科学通报，1987(2)：85-87.

[30]刘一戎．Formulas of focal values, center conditions and center integrals for the system (e_3~(3))[J]．Science Bulletin，1988(5)：357-359.

[31]刘一戎．一类三次系统的奇点量公式和可积性条件，m(3)≥7[J]．科学通报，1989(17)：1299-1301.

[32]刘一戎，李继彬．论复自治微分系统的奇点量[J]．中国科学(A辑数学物理学天文学技术科学)，1989(3)：245-255.

[33]蔡海涛．On the pertodic fundamental problems of a half plane with anisotropic elasticity[J]．湖南数学年刊，1990(Z1)：46-56.

[34]刘一戎．Formulas of values of singular point and the integrability conditions for a class of cubic system, m(3)≥7[J]．Chinese Science Bulletin，1990(15)：1241-1245.

[35]刘一戎，李继彬．论复自治微分系统的奇点量[J]．数学年刊A辑(中文版)，1990(6)：717-724.

[36]刘一戎，李继彬．Theory of values of singular point in complex autonomous differential systems[J]．Science in China(Ser. A)，1990(1)：10-23.

[37]刘一戎．单一奇点外围的极限环的解析理论[J]．科学通报，1991，(14)：1048-1050.

[38]白敬新，刘一戎．A class of planar n (even number)-poly-nomial system with a weak focus of order n~2-n[J]．Chinese Science Bulletin，1992(19)：1590-1593.

[39]白敬新，刘一戎．一类具有 *n*~2-*n* 阶细焦点的平面 *n*(偶数)次系统[J]．科学通报，1992(12)：1063-1065.

[40]刘一戎．E_n 的奇点量与几类分支问题[J]．中国科学(A辑数学物理学天文学技术科学)，1992(12)：1233-1241.

[41]刘一戎．平面 *n* 次微分自治系统的焦点量与几类极限环分枝[J]．数学年刊A辑(中文版)，1992(5)：589-597.

[42]刘一戎．Focal values and a class of poincar bifurcation of E_n[J]．Chinese Science Bulletin，1992(8)：632-636.

[43]刘一戎．Analytic theory of limit cycles in the periphery of a single critical point[J]．Chinese Science Bulletin，1992(7)：534-537.

[44]刘一戎．E_n 的焦点量与一类 poincaré 分枝[J]．科学通报，1992(2)：113-116.

[45]刘一戎．The values of singular point of e_n and some kinds of problems of bifurcation[J]．Science in China(Ser. A)，1993(5)：550-560.

[46]刘再明，侯振挺．生灭 q-矩阵[J]．数学学报，1994(5)：709-717.

[47]侯振挺，刘再明，周弋．Qnql 过程在排队论中的应用(ⅱ)：输入过程(成批到达情形)[J]．经济数学，1996(2)：1-3.

[48]侯振挺，邹捷中，袁成桂．Qnql 过程在排队论中的应用(ⅰ)：输入过程(独立同分布情形)[J]．经济数学，1996(1)：1-8.

[49]侯振挺，刘再明，邹捷中．马尔可夫骨架过程的有穷维分布(英文)[J]．经济数学，1997(2)：1-8.

[50]侯振挺，刘再明，邹捷中．具有马尔可夫骨架的随机过程(英文)[J]．经济数学，1997(1)：1-13.

[51]侯振挺，刘再明，邹捷中．Qnql 过程：(h，q)-过程及其应用举例[J]．科学通报，1997(9)：1003-1008.

[52]刘一戎，芮嘉诰，邵润华．一类三次系统的奇点判定量[J]．中南工业大学学报，1997(1)：85-86.

[53]侯振挺，刘再明，邹捷中，等．Markov 骨架过程[J]．科学通报，1998(5)：457-467.

[54]唐有荣，刘再明，侯振挺. 半马氏过程的积分型随机泛函[J]. 数学年刊A辑(中文版)，1999(5)：553-558.

[55]刘万荣，刘再明，侯振挺. Markov骨架过程的随机时变换[J]. 系统科学与数学，2000(3)：361-366.

[56]罗开位，侯振挺，李致中. 期权定价理论的产生与发展[J]. 系统工程，2000(6)：1-5.

[57]张汉君，林祥，等. 标准转移函数的多项式一致收敛性[J]. 数学年刊A辑(中文版)，2000(3)：351-356.

[58]刘一戎. 一类高次奇点与无穷远点的中心焦点理论[J]. 中国科学(A辑)，2001(1)：37-48.

[59]LIU Z M, ZHANG F L, XIANG Y. Management risks and safety management of insurance companies[M]//Proceedings of the 2002 International Symposium on Safety Science and Technology. 北京：科学出版社，2002：778-782.

[60]刘一戎. 拟二次系统的广义焦点量与极限环分枝[J]. 数学学报，2002(4)：671-682.

[61]刘一戎，陈海波. 奇点量公式的机器推导与一类三次系统的前10个鞍点量[J]. 应用数学学报，2002(2)：295-302.

[62]刘一戎，赵梅春. 一类五次系统赤道环的稳定性与极限环分枝[J]. 数学年刊A辑(中文版)，2002(1)：75-78.

[63]刘再明，张飞涟，侯振挺. 索赔为一般到达的保险风险模型[J]. 应用数学，2002(1)：35-39.

[64]HOU Z T, YUAN C G, ZOU J Z, et al. Transient distribution of the length of gi/g/n queueing systems[J]. Stochastic Analysis and Applications, 2003, 21(3)：567-592.

[65]LUO J W. Second-order quasilinear oscillation with impulses[J]. Computers & Mathematics with Applications, 2003, 46(2/3)：279-291.

[66]LUO J W, HOU Z T, ZOU J Z. Exponential stability of stochastic delay differential equations with markovian switching[J]. Dynamics of Continuous Discrete and Impulsive Systems-Series B-Applications & Algorithms, 2003：125-129.

[67]LUO J W, ZOU J Z, HOU Z T. Comparison principle and stability criteria for stochastic differential delay equations with markovian switching[J]. Science in China Series a-Mathematics, 2003, 46(1)：129-138.

[68]YUAN C G, ZOU J Z, MAO X R. Stability in distribution of stochastic differential delay equations with markovian switching[J]. Systems & Control Letters, 2003, 50(3)：195-207.

[69]ZHENG Z S, QU X H, LI Y P, et al. Fractal phenomena in powder injection molding process[J]. Transactions of Nonferrous Metals Society of China, 2003, 13(5): 1112-1118.

[70]陈海波, 刘一戎. 一类平面三次多项式系统的赤道极限环分支[J]. 中南工业大学学报(自然科学版), 2003(3): 324-327.

[71]陈海波, 刘一戎. 一类五次系统的赤道极限环问题[J]. 数学年刊A辑(中文版), 2003(2): 219-224.

[72]冯广波, 刘再明, 侯振挺. 服从跳-扩散过程的再装股票期权的定价[J]. 系统工程学报, 2003(1): 91-93.

[73]刘一戎, 王勤龙. 一类特殊三次系统的最高阶奇点量[J]. 长沙大学学报, 2003(2): 21-22.

[74]罗交晚, 邹捷中, 侯振挺. 比较原理与Markov调制的随机时滞系统的稳定性[J]. 中国科学(A辑: 数学), 2003(1): 62-70.

[75]罗交晚, 邹捷中, 侯振挺. Comparison principle and stability criteria for stochastic differential delay equations with markovian switching[J]. Science in China(Ser. A), 2003(01): 129-138.

[76]周英告, 刘一戎. 三阶时滞差分方程的振动性与渐进性[J]. 中南工业大学学报(自然科学版), 2003(02): 218-220.

[77]CHEN H B, LIU Y R. Linear recursion formulas of quantities of singular point and applications[J]. Applied Mathematics and Computation, 2004, 148(1): 163-171.

[78]GAN S Q, ZHENG W M. Stability of multistep runge-kutta methods for systems of functional-differential and functional equations[J]. Applied Mathematics Letters, 2004, 17(5): 585-590.

[79]HOU Z T, LIU Y Y. Explicit criteria for several types of ergodicity of the embedded m/g/1 and gi/m/n queues[J]. Journal of Applied Probability, 2004, 41(3): 778-790.

[80]LIU Y R, XIAO P. Critical point quantities and integrability conditions for a class of quintic systems[J]. Journal of Central South University of Technology, 2004, 11(1): 109-112.

[81]TANG X H. Global attractivity for a delay logistic equation with instantaneous terms[J]. Nonlinear Analysis-Theory Methods & Applications, 2004, 59(1/2): 211-233.

[82]XIAO A G, GAN S Q. Characterizations of symmetric multistep runge-kutta methods[J]. Journal of Computational Mathematics, 2004, 22(6): 791-796.

[83]ZHANG Z Z, HU X Y, ZHANG L. Least-squares solutions of inverse problem for hermitian generalized hamiltonian matrices[J]. Applied Mathematics Letters, 2004, 17(3): 303-308.

[84]ZHENG Z S, QU X H, LI Y P. Fractal dimensions of reduced cobalt powder particle

profiles[J]. Rare Metal Materials and Engineering, 2004, 33(4): 393-396.

[85]CHEN A Y, LI J P, RAMESH N I. Uniqueness and extinction of weighted markov branching processes[J]. Methodology and Computing in Applied Probability, 2005, 7(4): 489-516.

[86]CHEN H B, LIU Y R, ZENG X W. Center conditions and bifurcation of limit cycles at degenerate singular points in a quintic polynomial differential system[J]. Bulletin Des Sciences Mathematiques, 2005, 129(2): 127-138.

[87]DAI B X, ZOU J Z, ZHANG N. Positive periodic solutions of higher-dimensional nonlinear functional difference equations[J]. Journal of Central South University of Technology, 2005(12): 274-277.

[88]GAN S Q, ZHENG W M. Stability of general linear methods for systems of functional-differential and functional equations[J]. Journal of Computational Mathematics, 2005, 23(1): 37-48.

[89]GUO R Z, LI Y C. Unfolding of multiparameter equivariant bifurcation problems with two groups of state variables under left-right equivalent group[J]. Applied Mathematics and Mechanics-English Edition, 2005, 26(4): 530-538.

[90]HAN X L. C-2 quadratic trigonometric polynomial curves with local bias[J]. Journal of Computational and Applied Mathematics, 2005, 180(1): 161-172.

[91]HOU Z T, LIU Y Y, ZHANG H J. Subgeometric rates of convergence for a class of continuous-time markov process[J]. Journal of Applied Probability, 2005, 42(3): 698-712.

[92]HOU Z T, LUO J W, SHI P. Stochastic stability of linear systems with semi-markovian jump parameters[J]. Anziam Journal, 2005(46): 331-340.

[93]HOU Z T, YU Z, SHI P. Study on a class of nonlinear time series models and ergodicity in random environment domain[J]. Mathematical Methods of Operations Research, 2005, 61(2): 299-310.

[94]LI G, LU J W. Shock model in markovian environment[J]. Naval Research Logistics, 2005, 52(3): 253-260.

[95]LI G, LUO J W. Upper and lower bounds for the solutions of markov renewal equations [J]. Mathematical Methods of Operations Research, 2005, 62(2): 243-253.

[96]LIU G X, WANG Y, ZHANG B. Ruin probability in the continuous-time compound binomial model[J]. Insurance Mathematics & Economics, 2005, 36(3): 303-316.

[97]MAO X R, YUAN C G, ZOU J Z. Stochastic differential delay equations of population dynamics[J]. Journal of Mathematical Analysis and Applications, 2005, 304(1): 296-320.

[98]TANG X H. Asymptotic behavior of a differential equation with distributed delays[J].

Journal of Mathematical Analysis and Applications, 2005, 301(2): 313-335.

[99]XU Q S, LIANG Y Z, HOU Z T. A multi-sequential number-theoretic optimization algorithm using clustering methods[J]. Journal of Central South University of Technology, 2005(12): 283-293.

[100] ZHANG M H, XU Q S, DAEYAERT F, et al. Application of boosting to classification problems in chemometrics[J]. Analytica Chimica Acta, 2005, 544(1/2): 167-176.

[101] ZHANG M H, XU Q S, MASSART D L. Boosting partial least squares[J]. Analytical Chemistry, 2005, 77(5): 1423-1431.

[102] ZHANG X M, WU M, SHE J H, et al. Delay-dependent stabilization of linear systems with time-varying state and input delays[J]. Automatica, 2005, 41(8): 1405-1412.

[103]ZHANG Z Z, HAN X L. Solvability conditions for algebra inverse eigenvalue problem over set of anti-hermitian generalized anti-hamiltonian matrices[J]. Journal of Central South University of Technology, 2005(12): 294-297.

[104]ZHOU T J, CHEN A P, ZHOU Y Y. Existence and global exponential stability of periodic solution to bam neural networks with periodic coefficients and continuously distributed delays[J]. Physics Letters A, 2005, 343(5): 336-350.

[105]黄文韬，刘一戎，唐清干. 一类五次多项式系统的奇点量与极限环分支[J]. 数学物理学报，2005(5): 154-162.

[106]CHEN A Y, LI J P, RAMESH N I. General harris regularity criterion for non-linear markov branching processes[J]. Statistics & Probability Letters, 2006, 76(5): 446-452.

[107]DUI D L, LI Y C. The unfolding of equivariant bifurcation problems with two types of state variables in the presence of parameter symmetry[J]. Acta Mathematica Sinica-English Series, 2006, 22(5): 1433-1440.

[108]DAI B, ZHANG N, ZOU J. Permanence for the michaelis-menten type discrete three-species ratio-dependent food chain model with delay[J]. Journal of Mathematical Analysis and Applications, 2006, 324(1): 728-738.

[109] GAN S. Asymptotic stability of rosenbrock methods for systems of functional differential and functional equations[J]. Mathematical and Computer Modelling, 2006, 44(1/2): 144-150.

[110]GAN S. Dissipativity of linear theta-methods for integro-differential equations[J]. Computers & Mathematics with Applications, 2006, 52(3/4): 449-458.

[111]HAN X. Piecewise quartic polynomial curves with a local shape parameter[J]. Journal of Computational and Applied Mathematics, 2006, 195(1/2): 34-45.

[112]HAN X L. Quadratic trigonometric polynomial curves concerning local control[J]. Applied Numerical Mathematics, 2006, 56(1): 105-115.

[113]HE Y, WU M, SHE J H. Delay-dependent exponential stability of delayed neural networks with time-varying delay[J]. Ieee Transactions on Circuits and Systems Ii-Express Briefs, 2006, 53(7): 553-557.

[114]HOU Z, LUO J, SHI P, et al. Stochastic stability of ito differential equations with semi-markovian jump parameters[J]. Ieee Transactions on Automatic Control, 2006, 51(8): 1383-1387.

[115]JIANG J C, DEBNATH L. New oscillation criteria for first order delay differential equations in a critical state[J]. Applied Mathematics Letters, 2006, 19(11): 1237-1243.

[116]LI X Q, ZHANG B, LI H. Computing efficient solutions to fuzzy multiple objective linear programming problems[J]. Fuzzy Sets and Systems, 2006, 157(10): 1328-1332.

[117]LIN X. Oscillation of solutions of neutral difference equations with a nonlinear neutral term[J]. Computers & Mathematics with Applications, 2006, 52(3/4): 439-448.

[118]LIU X G, MARTIN R R, WU M, et al. Delay-dependent robust stabilisation of discrete-time systems with time-varying delay[J]. Iee Proceedings-Control Theory and Applications, 2006, 153(6): 689-702.

[119]LIU Y, LI J. Periodic constants and time-angle difference of isochronous centers for complex analytic systems[J]. International Journal of Bifurcation and Chaos, 2006, 16(12): 3747-3757.

[120]LIU Y Y, HOU Z T. Several types of ergodicity for m/g/1-type markov chains and markov processes[J]. Journal of Applied Probability, 2006, 43(1): 141-158.

[121]LIU Z, ZOU J. Strong convergence results for hemivariational inequalities[J]. Science in China Series a-Mathematics, 2006, 49(7): 893-901.

[122]PENG Y, LIU Z. A derivative-free filter algorithm for nonlinear complementarity problem[J]. Applied Mathematics and Computation, 2006, 182(1): 846-853.

[123]TANG X, GAO D, ZOU X. Global attractivity of positive periodic solution to periodic lotka-volterra competition systems with pure delay[J]. Journal of Differential Equations, 2006, 228(2): 580-610.

[124]TANG X H. Linearized oscillation of odd order nonlinear neutral delay differential equations (i)[J]. Journal of Mathematical Analysis and Applications, 2006, 322(2): 864-872.

[125]TANG X H, LIN X. Necessary and sufficient conditions for oscillation of first order nonlinear neutral differential equations[J]. Journal of Mathematical Analysis and Applications,

2006, 321(2): 553-568.

[126]TANG X H, ZOU X F. On positive periodic solutions of lotka-volterra competition systems with deviating arguments[J]. Proceedings of the American Mathematical Society, 2006, 134(10): 2967-2974.

[127]WU M, HE Y, SHE J H. Delay-dependent stabilization for systems with multiple unknown time-varying delays[J]. International Journal of Control Automation and Systems, 2006, 4(6): 682-688.

[128]XU Q S, DAEYAERT F, LEWI P J, et al. Studies of relationship between biological activities and hiv reverse transcriptase inhibitors by multivariate adaptive regression splines with curds and whey[J]. Chemometrics and Intelligent Laboratory Systems, 2006, 82(1/2): 24-30.

[129]YANG D. Random attractors for the stochastic kuramoto-sivashinsky equation[J]. Stochastic Analysis and Applications, 2006, 24(6): 1285-1303.

[130]ZHANG X M, HAN Q L. Delay-dependent robust h infinity filtering for uncertain discrete-time systems with time-varying delay based on a finite sum inequality[J]. Ieee Transactions on Circuits and Systems Ii-Express Briefs, 2006, 53(12): 1466-1470.

[131]ZHAO H, XIAO P. An accurate vertex normal computation scheme[M]//NISHITA T, PENG Q, SEIDEL H P. Advances in computer graphics. Hangzhou: Computer Graphics International Conference, 2006: 442-451.

[132]ZHOU T J, LIU Y R, CHEN A P. Almost periodic solution for shunting inhibitory cellular neural networks with time-varying delays and variable coefficients[J]. Neural Processing Letters, 2006, 23(3): 243-255.

[133]CHADLI O, LIU Z, YAO J C. Applications of equilibrium problems to a class of noncoercive variational inequalities[J]. Journal of Optimization Theory and Applications, 2007, 132(1): 89-110.

[134]CHEN A, POLLETT P, LI J, et al. A remark on the uniqueness of weighted markov branching processes[J]. Journal of Applied Probability, 2007, 44(1): 279-283.

[135]GAN S. Dissipativity of theta-methods for nonlinear volterra delay-integro-differential equations[J]. Journal of Computational and Applied Mathematics, 2007, 206(2): 898-907.

[136]HOU Z, DONG H, SHI P. Asymptotic stability in distribution of nonlinear stochastic systems with semi-markovian switching[J]. Anziam Journal, 2007(49): 231-241.

[137]HOU Z T, LI X H. Ergodicity of quasi-birth and death processes (i)[J]. Acta Mathematica Sinica-English Series, 2007, 23(2): 201-208.

[138]LIU J, LI D, CHEN X. The lambda-grobner bases under polynomial composition [J]. Journal of Systems Science & Complexity, 2007, 20(4): 610-613.

[139] LIU X G, TANG M L, MARTIN R, et al. Discrete-time bam neural networks with variable delays[J]. Physics Letters A, 2007, 367(4/5): 322-330.

[140] LIU X G, WU M, MARTIN R, et al. Delay-dependent stability analysis for uncertain neutral systems with time-varying delays[J]. Mathematics and Computers in Simulation, 2007, 75(1/2): 15-27.

[141] LIU Y Y, HOU Z T. Explicit convergence rates of the embedded m/g/1 queue[J]. Acta Mathematica Sinica-English Series, 2007, 23(7): 1289-1296.

[142] QIN X Y, GUAN J H, REN B, et al. Optimization methods of cutting depth in mining co-rich crusts[J]. Journal of Central South University of Technology, 2007, 14(4): 595-599.

[143] TANG X H, JIANG Z. Asymptotic behavior of volterra difference equation[J]. Journal of Difference Equations and Applications, 2007, 13(1): 25-40.

[144] TANG X H, JIANG Z. Stability in m-dimensional linear delay difference system[J]. Journal of Difference Equations and Applications, 2007, 13(10): 927-944.

[145] YANG D. Dynamics for the stochastic nonlocal kuramoto-sivashinsky equation[J]. Journal of Mathematical Analysis and Applications, 2007, 330(1): 550-570.

[146] YANG D, DUAN J. An impact of stochastic dynamic boundary conditions on the evolution of the cahn-hilliard system[J]. Stochastic Analysis and Applications, 2007, 25(3): 613-639.

[147] YU S H. The linear minimax estimator of stochastic regression coefficients and parameters under quadratic loss function[J]. Statistics & Probability Letters, 2007, 77(1): 54-62.

[148] ZHANG N, DAI B, CHEN Y. Positive periodic solutions of nonautonomous functional differential systems[J]. Journal of Mathematical Analysis and Applications, 2007, 333(2): 667-678.

[149] ZHANG N, DAI B, QIAN X. Periodic solutions of a discrete time stage-structure model[J]. Nonlinear Analysis-Real World Applications, 2007, 8(1): 27-39.

[150] ZHANG Q, LIU Y. A quintic polynomial differential system with eleven limit cycles at the infinity[J]. Computers & Mathematics with Applications, 2007, 53(10): 1518-1526.

[151] ZHANG Z, XIONG X. The existence of eight positive periodic solutions for a generalized prey-predator system with delay and stocking[J]. Quarterly of Applied Mathematics, 2007, 65(2): 317-337.

[152] ZHAO C X, ZHANG T, LIANG Y Z, et al. Conversion of programmed-temperature retention indices from one set of conditions to another[J]. Journal of Chromatography A, 2007,

1144(2): 245-254.

[153]ZHENG Z, QU X, LEI C. Defects and variation of viscosity in powder injection molding filling process[J]. Acta Metallurgica Sinica, 2007, 43(2): 187-193.

[154]ZHU E, ZOU J, HOU Z. Analysis on adjoint non-recurrent property of nonlinear time series in random environment domain[J]. Mathematical Methods of Operations Research, 2007, 65(2): 353-360.

[155]CHEN A, LI J, RAMESH N I. Probabilistic approach in weighted markov branching processes[J]. Statistics & Probability Letters, 2008, 78(6): 771-779.

[156] DENG Y, LIU Z. Two derivative-free algorithms for nonlinear equations[J]. Optimization Methods & Software, 2008, 23(3): 395-410.

[157]DO C, LIU Y. General center conditions and bifurcation of limit cycles for a quasi-symmetric seventh degree system[J]. Computers & Mathematics with Applications, 2008, 56(11): 2957-2969.

[158] GUO S, TANG X, HUANG L. Bifurcation analysis in a discrete-time single-directional network with delays[J]. Neurocomputing, 2008, 71(7-9): 1422-1435.

[159]GUO S, TANG X, HUANG L. Stability and bifurcation in a discrete system of two neurons with delays[J]. Nonlinear Analysis-Real World Applications, 2008, 9(4): 1323-1335.

[160] HAN X. Convexity-preserving piecewise rational quartic interpolation[J]. Siam Journal on Numerical Analysis, 2008, 46(2): 920-929.

[161] HE W, WANG Z, JIANG H. Model optimizing and feature selecting for support vector regression in time series forecasting[J]. Neurocomputing, 2008, 72(1-3): 600-611.

[162]HU X, WANG Z, LIU F. Zero finite-order serial correlation test in a semi-parametric varying-coefficient partially linear errors-in-variables model[J]. Statistics & Probability Letters, 2008, 78(12): 1560-1569.

[163]HUANG Z Q, HE Y H, GAI H T, et al. Finite element analysis of thermal residual stresses at cemented carbide rock drill buttons with cobalt-gradient structure[J]. Transactions of Nonferrous Metals Society of China, 2008, 18(3): 660-664.

[164]LI J, CHEN A. Decay property of stopped markovian bulk-arriving queues[J]. Advances in Applied Probability, 2008, 40(1): 95-121.

[165]LI J, CHEN A. Existence, uniqueness and ergodicity of markov branching processes with immigration and instantaneous resurrection[J]. Science in China Series a-Mathematics, 2008, 51(7): 1266-1286.

[166]LIU X G, MARTIN R R, WU M, et al. Global exponential stability of bidirectional

associative memory neural networks with time delays[J]. Ieee Transactions on Neural Networks, 2008, 19(3): 397-407.

[167]LIU X G, TANG M L, MARTIN R R. Periodic solutions for a kind of lienard equation[J]. Journal of Computational and Applied Mathematics, 2008, 219(1): 263-275.

[168]LIU Y, ZHANG H, ZHAO Y. Computable strongly ergodic rates of convergence for continuous-time markov chains[J]. Anziam Journal, 2008, 49(4): 463-478.

[169]SHENG L Y, XIAO Y Y, SHENG Z. A universal algorithm for transforming chaotic sequences into uniform pseudo-random sequences[J]. Acta Physica Sinica, 2008, 57(7): 4007-4013.

[170]TANG X H, JIANG Z. Periodic solutions of first-order nonlinear functional differential equations[J]. Nonlinear Analysis-Theory Methods & Applications, 2008, 68(4): 845-861.

[171]WANG Q, DAI B. Existence of positive periodic solutions for neutral population model with delays[J]. International Journal of Biomathematics, 2008, 1(1): 107-120.

[172]WANG Q, DAI B. Three periodic solutions of nonlinear neutral functional differential equations[J]. Nonlinear Analysis-Real World Applications, 2008, 9(3): 977-984.

[173]WANG Q, DAI B. Existence of positive periodic solutions for a neutral population model with delays and impulse[J]. Nonlinear Analysis-Theory Methods & Applications, 2008, 69(11): 3919-3930.

[174]XIAO L, TANG X H. Existence of periodic solutions to second-order hamiltonian systems with potential indefinite in sign[J]. Nonlinear Analysis-Theory Methods & Applications, 2008, 69(11): 3999-4011.

[175]XING X, ZHANG W, JIANG Y. On the time to ruin and the deficit at ruin in a risk model with double-sided jumps[J]. Statistics & Probability Letters, 2008, 78(16): 2692-2699.

[176]YANG D, HOU Z. Large deviations for the stochastic derivative ginzburg-landau equation with multiplicative noise[J]. Physica D-Nonlinear Phenomena, 2008, 237(1): 82-91.

[177]YANG X. Global attractivity in delayed differential equations with applications to "food-limited" population model[J]. Journal of Mathematical Analysis and Applications, 2008, 344(2): 1036-1047.

[178]ZHANG N, DAI B, QIAN X. Periodic solutions for a class of higher-dimension functional differential equations with impulses[J]. Nonlinear Analysis-Theory Methods & Applications, 2008, 68(3): 629-638.

[179]ZHANG Q, XIANG R. Global asymptotic stability of fuzzy cellular neural networks with time-varying delays[J]. Physics Letters A, 2008, 372(22): 3971-3977.

[180]ZHANG X M, HAN Q L. Robust h(infinity) filtering for a class of uncertain linear systems with time-varying delay[J]. Automatica, 2008, 44(1): 157-166.

[181]ZHANG X M, HAN Q L. A new finite sum inequality approach to delay-dependent h (infinity) control of discrete-time systems with time-varying delay[J]. International Journal of Robust and Nonlinear Control, 2008, 18(6): 630-647.

[182]ZHANG Z, HOU Z, WANG L. Multiplicity of positive periodic solutions to a generalized delayed predator-prey system with stocking[J]. Nonlinear Analysis-Theory Methods & Applications, 2008, 68(9): 2608-2622.

[183]ZHENG Z, OU X. Numerical simulation of variation of viscosity in powder injection molding filling process[J]. Journal of Computational and Theoretical Nanoscience, 2008, 5(8): 1612-1617.

[184]ZHOU Y, TANG X. On existence of periodic solutions of a kind of rayleigh equation with a deviating argument[J]. Nonlinear Analysis-Theory Methods & Applications, 2008, 69 (8): 2355-2361.

[185]BAO J, HOU Z, YUAN C. Stability in distribution of neutral stochastic differential delay equations with markovian switching[J]. Statistics & Probability Letters, 2009, 79(15): 1663-1673.

[186]BAO J, TRUMAN A, YUAN C. Stability in distribution of mild solutions to stochastic partial differential delay equations with jumps [J]. Proceedings of the Royal Society a-Mathematical Physical and Engineering Sciences, 2009, 465(2107): 2111-2134.

[187]CHEN A, LI J. General collision branching processes with two parameters[J]. Science in China Series a-Mathematics, 2009, 52(7): 1546-1568.

[188]DAI B, SU H, HU D. Periodic solution of a delayed ratio-dependent predator-prey model with monotonic functional response and impulse[J]. Nonlinear Analysis-Theory Methods & Applications, 2009, 70(1): 126-134.

[189]DENG Y, LIU Z. Iteration methods on sideways parabolic equations[J]. Inverse Problems, 2009, 25(9).

[190]GAN S. Dissipativity of theta-methods for nonlinear delay differential equations of neutral type[J]. Applied Numerical Mathematics, 2009, 59(6): 1354-1365.

[191]HAN X. A degree by degree recursive construction of hermite spline interpolants[J]. Journal of Computational and Applied Mathematics, 2009, 225(1): 113-123.

[192]HOU M, HAN X, GAN Y. Constructive approximation to real function by wavelet

neural networks[J]. Neural Computing & Applications, 2009, 18(8): 883-889.

[193]HOU Z, KONG X. Exact solution of the degree distribution for an evolving network [J]. Acta Mathematica Scientia, 2009, 29(3): 723-730.

[194]HOU Z, TONG J, ZHANG Z. Convergence of jump-diffusion non-linear differential equation with phase semi-markovian switching[J]. Applied Mathematical Modelling, 2009, 33(9): 3650-3660.

[195]HU X, WANG Z, LIU F. Testing serial correlation in semiparametric varying-coefficient partially linear models[J]. Communications in Statistics-Theory and Methods, 2009, 38(13): 2145-2163.

[196]HU X, WANG Z, ZHAO Z. Empirical likelihood for semiparametric varying-coefficient partially linear errors-in-variables models[J]. Statistics & Probability Letters, 2009, 79(8): 1044-1052.

[197]JIAO Y, CHEN W, LIU P D. Interpolation on weak martingale hardy space[J]. Acta Mathematica Sinica-English Series, 2009, 25(8): 1297-1304.

[198]JIAO Y, PENG L, LIU P. Atomic decompositions of lorentz martingale spaces and applications[J]. Journal of Function Spaces and Applications, 2009, 7(2): 153-166.

[199]JIAO Y, PENG L, LIU P. Weak type inequalities on lorentz martingale spaces[J]. Statistics & Probability Letters, 2009, 79(14): 1581-1584.

[200]JIN W, LIU W. Two results on bci-subset of finite groups[J]. Ars Combinatoria, 2009, 93: 169-173.

[201]KANG B, BOYD C, DAWSON E. A novel nonrepudiable threshold multi-proxy multi-signature scheme with shared verification[J]. Computers & Electrical Engineering, 2009, 35(1): 9-17.

[202]KANG B, BOYD C, DAWSON E. Identity-based strong designated verifier signature schemes: Attacks and new construction[J]. Computers & Electrical Engineering, 2009, 35(1): 49-53.

[203]KANG B, BOYD C, DAWSON E. A novel identity-based strong designated verifier signature scheme[J]. Journal of Systems and Software, 2009, 82(2): 270-273.

[204]LI H, LIANG Y, XU Q. Support vector machines and its applications in chemistry [J]. Chemometrics and Intelligent Laboratory Systems, 2009, 95(2): 188-198.

[205]LI H, LIANG Y, XU Q, et al. Key wavelengths screening using competitive adaptive reweighted sampling method for multivariate calibration[J]. Analytica Chimica Acta, 2009, 648(1): 77-84.

[206]LI J. Decay parameter and related properties of 2-type branching processes[J].

Science in China Series a-Mathematics, 2009, 52(5): 875-894.

[207] LI X, YUAN Z. Existence of periodic solutions and closed invariant curves in a class of discrete-time cellular neural networks[J]. Physica D-Nonlinear Phenomena, 2009, 238(16): 1658-1667.

[208] LIN X. Ruin theory for classical risk process that is perturbed by diffusion with risky investments[J]. Applied Stochastic Models in Business and Industry, 2009, 25(1): 33-44.

[209] LIU S, WANG C C L. Duplex fitting of zero-level and offset surfaces[J]. Computer-Aided Design, 2009, 41(4): 268-281.

[210] LIU Z, LI M, AMEER S. Methods for estimating optimal dickson and waters modification dividend barrier[J]. Economic Modelling, 2009, 26(5): 886-892.

[211] LIU Z, PENG J. P-moment stability of stochastic nonlinear delay systems with impulsive jump and markovian switching[J]. Stochastic Analysis and Applications, 2009, 27(5): 911-923.

[212] LV C, YUAN Z. Stability analysis of delay differential equation models of hiv-1 therapy for fighting a virus with another virus[J]. Journal of Mathematical Analysis and Applications, 2009, 352(2): 672-683.

[213] PAN K J, WANG W J, TAN Y J, et al. Geophysical linear inversion based on hybrid differential evolution algorithm[J]. Chinese Journal of Geophysics-Chinese Edition, 2009, 52(12): 3083-3090.

[214] PENG F, HAN X. Parametric splines on a hyperbolic paraboloid[J]. Journal of Computational and Applied Mathematics, 2009, 229(1): 183-191.

[215] QIAN Y, LIN X. Ruin probabilities under an optimal investment and proportional reinsurance policy in a jump diffusion risk process[J]. Anziam Journal, 2009, 51(1): 34-48.

[216] TANG M L, LIU X G. Periodic solutions for a kind of duffing type p-laplacian equation[J]. Nonlinear Analysis-Theory Methods & Applications, 2009, 71(5-6): 1870-1875.

[217] TANG X H, LIN X. Homoclinic solutions for a class of second-order hamiltonian systems[J]. Journal of Mathematical Analysis and Applications, 2009, 354(2): 539-549.

[218] TANG X H, XIAO L. Homoclinic solutions for nonautonomous second-order hamiltonian systems with a coercive potential[J]. Journal of Mathematical Analysis and Applications, 2009, 351(2): 586-594.

[219] TANG X H, XIAO L. Homoclinic solutions for ordinary p-laplacian systems with a coercive potential[J]. Nonlinear Analysis-Theory Methods & Applications, 2009, 71(3-4): 1124-1132.

[220]TANG X H, XIAO L. Homoclinic solutions for a class of second-order hamiltonian systems[J]. Nonlinear Analysis-Theory Methods & Applications, 2009, 71(3-4): 1140-1152.

[221]TANG X H, ZOU X. The existence and global exponential stability of a periodic solution of a class of delay differential equations[J]. Nonlinearity, 2009, 22(10): 2423-2442.

[222]TONG J Y, HOU Z T, SHI D H. Markov chain-based analysis of a modified cooper-frieze model[J]. Applied Mathematics and Mechanics-English Edition, 2009, 30(6): 795-802.

[223]WAN Z, TEO K L, KONG L, et al. A class of mix design problems: Formulation, solution methods and applications[J]. Anziam Journal, 2009, 50(4): 455-474.

[224]WANG Q, DAI B, CHEN Y. Multiple periodic solutions of an impulsive predator-prey model with holling-type iv functional response[J]. Mathematical and Computer Modelling, 2009, 49(9-10): 1829-1836.

[225]WANG Y, MA Z, SHEN J, et al. Periodic oscillation in delayed gene networks with sum regulatory logic and small perturbations[J]. Mathematical Biosciences, 2009, 220(1): 34-44.

[226]WU S, GAN S. Errors of linear multistep methods for singularly perturbed volterra delay-integro-differential equations[J]. Mathematics and Computers in Simulation, 2009, 79(10): 3148-3159.

[227]XING X, ZHANG W, WANG Y. The stationary distributions of two classes of reflected ornstein-uhlenbeck processes[J]. Journal of Applied Probability, 2009, 46(3): 709-720.

[228]XU Y, LIU Z, LI J. Identification of nonlinearity in k-approximate periodic parabolic equations[J]. Nonlinear Analysis-Theory Methods & Applications, 2009, 71(1-2): 691-696.

[229]YUAN L, YUAN Z, HE Y. Convergence of non-autonomous discrete-time hopfield model with delays[J]. Neurocomputing, 2009, 72(16-18): 3802-3808.

[230]ZHANG H, GAN S, HU L. The split-step backward euler method for linear stochastic delay differential equations[J]. Journal of Computational and Applied Mathematics, 2009, 225(2): 558-568.

[231]ZHANG L, DAI B, WANG G, et al. The quantization of river network morphology based on the tokunaga network[J]. Science in China Series D-Earth Sciences, 2009, 52(11): 1724-1731.

[232]ZHANG Q, GUI W, LIU Y. Bifurcation of limit cycles at the equator for a class of polynomial differential system[J]. Nonlinear Analysis-Real World Applications, 2009, 10(2): 1042-1047.

[233]ZHANG Q, LUO W. Global exponential stability of fuzzy bam neural networks with time-varying delays[J]. Chaos Solitons & Fractals, 2009, 42(4): 2239-2245.

[234]ZHANG X M, HAN Q L. A less conservative method for designing h-infinity filters for linear time-delay systems[J]. International Journal of Robust and Nonlinear Control, 2009, 19(12): 1376-1396.

[235]ZHANG X M, HAN Q L. A delay decomposition approach to delay-dependent stability for linear systems with time-varying delays[J]. International Journal of Robust and Nonlinear Control, 2009, 19(17): 1922-1930.

[236]ZHANG X M, LI M, WU M, et al. Further results on stability and stabilisation of linear systems with state and input delays[J]. International Journal of Systems Science, 2009, 40(1): 1-10.

[237]ZHANG Z M, LIANG Y Z, XU Q S. Multi-core computing: A novel accelerating method for chemometrics calculation[J]. Chemometrics and Intelligent Laboratory Systems, 2009, 96(1): 94-97.

[238]ZHAO Q G, KONG X X, HOU Z T. The degree distribution of simple generalized collaboration networks[J]. Acta Physica Sinica, 2009, 58(10): 6682-6685.

[239]ZHOU T, LIU Y, LI X, et al. A new criterion to global exponential periodicity for discrete-time bam neural network with infinite delays[J]. Chaos Solitons & Fractals, 2009, 39(1): 332-341.

[240]ZOU J, ZHANG Z, ZHANG J. Optimal dividend payouts under jump-diffusion risk processes[J]. Stochastic Models, 2009, 25(2): 332-347.

[241]BAO J, HOU Z, YUAN C. Stability in distribution of mild solutions to stochastic partial differential equations[J]. Proceedings of the American Mathematical Society, 2010, 138(6): 2169-2180.

[242]GAO D S, LIANG Y Z, XU Q S, et al. A new strategy of outlier detection for qsar/qspr[J]. Journal of Computational Chemistry, 2010, 31(3): 592-602.

[243]GAO D S, XU Q S, LIANG Y Z, et al. Prediction of aqueous solubility of druglike organic compounds using partial least squares, back-propagation network and support vector machine[J]. Journal of Chemometrics, 2010, 24(9-10): 584-595.

[244]CHEN A, LI J, HOU Z, et al. Decay properties and quasi-stationary distributions for stopped markovian bulk-arrival and bulk-service queues[J]. Queueing Systems, 2010, 66(3): 275-311.

[245]CHEN A, POLLETT P, LI J, et al. Markovian bulk-arrival and bulk-service queues with state-dependent control[J]. Queueing Systems, 2010, 64(3): 267-304.

[246] CHEN A, POLLETT P, LI J, et al. Uniqueness, extinction and explosivity of generalised markov branching processes with pairwise interaction [J]. Methodology and Computing in Applied Probability, 2010, 12(3): 511-531.

[247] DAI H, LI Y. A weak limit theorem for generalized multifractional brownian motion [J]. Statistics & Probability Letters, 2010, 80(5-6): 348-356.

[248] DONG H, LIU Z. A class of Sparre Andersen risk process [J]. Frontiers of Mathematics in China, 2010, 5(3): 517-530.

[249] GAO S, LIU Z. The perturbed compound poisson risk model with constant interest and a threshold dividend strategy [J]. Journal of Computational and Applied Mathematics, 2010, 233(9): 2181-2188.

[250] DONG L, LIU W. Simple 3-designs of psl(2, q) with block size 7 [J]. Ars Combinatoria, 2010(95): 289-296.

[251] HAUPT B, SCHWARTZ M R, XU Q, et al. Columnar cell lesions: A consensus study among pathology trainees [J]. Human Pathology, 2010, 41(6): 895-901.

[252] HOU M, HAN X. Constructive approximation to multivariate function by decay rbf neural network [J]. Ieee Transactions on Neural Networks, 2010, 21(9): 1517-1523.

[253] HOU Z, BAO J, YUAN C. Exponential stability of energy solutions to stochastic partial differential equations with variable delays and jumps [J]. Journal of Mathematical Analysis and Applications, 2010, 366(1): 44-54.

[254] HOU Z, KANG N, KONG X, et al. On the nonequivalence of lorenz system and chen system [J]. International Journal of Bifurcation and Chaos, 2010, 20(2): 557-560.

[255] JIANG H, WANG Z. Gmrvv(m)-svr model for financial time series forecasting [J]. Expert Systems with Applications, 2010, 37(12): 7813-7818.

[256] JIAO Y, MA T, LIU P. Embeddings of lorentz spaces of vector-valued martingales [J]. Functional Analysis and Its Applications, 2010, 44(3): 237-240.

[257] JIN W, LIU W. A classification of nonabelian simple 3-bci-groups [J]. European Journal of Combinatorics, 2010, 31(5): 1257-1264.

[258] LI H D, LIANG Y Z, XU Q S, et al. Model population analysis for variable selection [J]. Journal of Chemometrics, 2010, 24(7-8): 418-423.

[259] LI W, HUANG C, GAN S. Delay-dependent stability analysis of trapezium rule for second order delay differential equations with three parameters [J]. Journal of the Franklin Institute-Engineering and Applied Mathematics, 2010, 347(8): 1437-1451.

[260] LIU Y. Augmented truncation approximations of discrete-time markov chains [J]. Operations Research Letters, 2010, 38(3): 218-222.

[261] LIU Y, ZHANG H, ZHAO Y. Subgeometric ergodicity for continuous-time markov chains[J]. Journal of Mathematical Analysis and Applications, 2010, 368(1): 178-189.

[262] LIU Z, PENG J. Delay-independent stability of stochastic reaction-diffusion neural networks with dirichlet boundary conditions[J]. Neural Computing & Applications, 2010, 19(1): 151-158.

[263] LUO Z, DAI B, WANG Q. Existence of positive periodic solutions for a nonautonomous neutral delay n-species competitive model with impulses[J]. Nonlinear Analysis-Real World Applications, 2010, 11(5): 3955-3967.

[264] MENG Q, TANG X H. Solutions of a second-order hamiltonian system with periodic boundary conditions[J]. Communications on Pure and Applied Analysis, 2010, 9(4): 1053-1067.

[265] PAN K, TAN Y, HU H. An interpolation matched interface and boundary method for elliptic interface problems[J]. Journal of Computational and Applied Mathematics, 2010, 234(1): 73-94.

[266] Shan Y, ZHU X R, XU Q S, et al. Determining the contents of fat and protein in milk powder by using near infrared spectroscopy combined with wavelet transform and radical basis function neural networks[J]. Journal of Infrared and Millimeter Waves, 2010, 29(2): 128-131.

[267] SHAO Y, DAI B. The dynamics of an impulsive delay predator-prey model with stage structure and beddington-type functional response [J]. Nonlinear Analysis-Real World Applications, 2010, 11(5): 3567-3576.

[268] TANG X H, LIN X, XIAO L. Homoclinic solutions for a class of second order discrete hamiltonian systems[J]. Journal of Difference Equations and Applications, 2010, 16(11): 1257-1273.

[269] TANG X H, MENG Q. Solutions of a second-order hamiltonian system with periodic boundary conditions[J]. Nonlinear Analysis-Real World Applications, 2010, 11(5): 3722-3733.

[270] WANG C P, CHEN X S. On extended algebraic immunity[J]. Designs Codes and Cryptography, 2010, 57(3): 271-281.

[271] WANG L, WANG X. Convergence of the semi-implicit euler method for stochastic age-dependent population equations with poisson jumps[J]. Applied Mathematical Modelling, 2010, 34(8): 2034-2043.

[272] WANG Q, LIU Y, CHEN H. Hopf bifurcation for a class of three-dimensional nonlinear dynamic systems[J]. Bulletin Des Sciences Mathematiques, 2010, 134(7): 786

-798.

[273]WANG X, GAN S. Compensated stochastic theta methods for stochastic differential equations with jumps[J]. Applied Numerical Mathematics, 2010, 60(9): 877-887.

[274]XIAO Q, LIU Z, BALAKRSHNAN N, et al. Estimation of the birnbaum-saunders regression model with current status data[J]. Computational Statistics & Data Analysis, 2010, 54(2): 326-332.

[275]XU M, YUAN Z, WANG W, et al. Omega limit sets of solutions for a class of neutral functional differential equations[J]. Nonlinear Analysis-Real World Applications, 2010, 11(4): 2345-2349.

[276]XU Y, LIU Z. Exact controllability to trajectories for a semilinear heat equation with a superlinear nonlinearity[J]. Acta Applicandae Mathematicae, 2010, 110(1): 57-71.

[277]YANG D, DUAN J. Large deviations for the stochastic quasigeostrophic equation with multiplicative noise[J]. Journal of Mathematical Physics, 2010, 51(5).

[278]YANG H, CJAO C, WANG X, et al. Chromatographic fingerprint investigation for quality evaluation and control of shengui hair-growth tincture[J]. Planta Medica, 2010, 76(4): 372-377.

[279]YANG Z, ZHU E, XU Y, et al. Razumikhin-type theorems on exponential stability of stochastic functional differential equations with infinite delay [J]. Acta Applicandae Mathematicae, 2010, 111(2): 219-231.

[280]ZHANG Q, TANG X H. New existence of periodic solutions for second order non-autonomous hamiltonian systems[J]. Journal of Mathematical Analysis and Applications, 2010, 369(1): 357-367.

[281]ZHANG X, ZHAO Q. Degree distribution of a new model for evolving networks[J]. Pramana-Journal of Physics, 2010, 74(3): 469-474.

[282]ZHANG Z, HOU Z. Existence of four positive periodic solutions for a ratio-dependent predator-prey system with multiple exploited (or harvesting) terms[J]. Nonlinear Analysis-Real World Applications, 2010, 11(3): 1560-1571.

[283]ZHANG Z Y, LIU Z H, MIAO X J, et al. Stability analysis of heat flow with boundary time-varying delay effect[J]. Nonlinear Analysis-Theory Methods & Applications, 2010, 73(6): 1878-1889.

[284]ZHU E W, ZHANG H J, YANG G, et al. Ergodicity of a class of nonlinear time series models in random environment domain[J]. Acta Mathematicae Applicatae Sinica-English Series, 2010, 26(1): 159-168.

[285]BAO J, Truman A, YUAN C. Almost sure asymptotic stability of stochastic partial

differential equations with jumps[J]. Siam Journal on Control and Optimization, 2011, 49(2): 771-787.

[286]GAO D, LIANG Y, XU Q, et al. Toward better qsar/qspr modeling: simultaneous outlier detection and variable selection using distribution of model features[J]. Journal of Computer-Aided Molecular Design, 2011, 25(1): 67-80.

[287]GAO D S, HU Q N, XU Q S, et al. In silico classification of human maximum recommended daily dose based on modified random forest and substructure fingerprint[J]. Analytica Chimica Acta, 2011, 692(1-2): 50-56.

[288]GAO D S, LIANG Y Z, XU Q S, et al. Feature importance sampling-based adaptive random forest as a useful tool to screen underlying lead compounds[J]. Journal of Chemometrics, 2011, 25(4): 201-207.

[289]GAO D S, ZENG M M, YI L Z, et al. A novel kernel fisher discriminant analysis: Constructing informative kernel by decision tree ensemble for metabolomics data analysis[J]. Analytica Chimica Acta, 2011, 706(1): 97-104.

[290] CHEN J, LIU W. Nonexistence of block-transitive 6-designs[J]. Frontiers of Mathematics in China, 2011, 6(5): 835-845.

[291]CHEN P, TANG X. Existence of homoclinic orbits for 2nth-order nonlinear difference equations containing both many advances and retardations[J]. Journal of Mathematical Analysis and Applications, 2011, 381(2): 485-505.

[292]DENG Y, LIU Z. New fast iteration for determining surface temperature and heat flux of general sideways parabolic equation[J]. Nonlinear Analysis-Real World Applications, 2011, 12(1): 156-166.

[293] FENG D, LI K. Exact traveling wave solutions for a generalized hirota-satsuma coupled kdv equation by fan sub-equation method[J]. Physics Letters A, 2011, 375(23): 2201-2210.

[294]FU G H, GAO D S, XU Q S, et al. Combination of kernel pca and linear support vector machine for modeling a nonlinear relationship between bioactivity and molecular descriptors[J]. Journal of Chemometrics, 2011, 25(2): 92-99.

[295]FU G H, XU Q S, LI H D, et al. Elastic net grouping variable selection combined with partial least squares regression (en-plsr) for the analysis of strongly multi-collinear spectroscopic data[J]. Applied Spectroscopy, 2011, 65(4): 402-408.

[296] GAN S, SCHURZ H, ZHANG H. Mean square convergence of stochastic theta-methods for nonlinear neutral stochastic differential delay equations[J]. International Journal of Numerical Analysis and Modeling, 2011, 8(2): 201-213.

[297] HAN X. A class of general quartic spline curves with shape parameters [J]. Computer Aided Geometric Design, 2011, 28(3): 151-163.

[298] HAN X F, MA Z M, SUN W. H(h) over-cap-transforms of positivity preserving semigroups and associated markov processes[J]. Acta Mathematica Sinica-English Series, 2011, 27(2): 369-376.

[299] HE X, ZHANG Q M, TANG X. On inequalities of lyapunov for linear hamiltonian systems on time scales[J]. Journal of Mathematical Analysis and Applications, 2011, 381(2): 695-705.

[300] HOU M, HAN X. The multidimensional function approximation based on constructive wavelet rbf neural network[J]. Applied Soft Computing, 2011, 11(2): 2173-2177.

[301] HOU Z, WANG B. Markov skeleton process approach to a class of partial differential-integral equation systems arising in operations research[J]. International Journal of Innovative Computing Information and Control, 2011, 7(12): 6799-6814.

[302] JIAO Y. L(p, q)-norm estimates associated with burkholder's inequalities [J]. Science China-Mathematics, 2011, 54(12): 2713-2721.

[303] LI F, LIU Y, LI H. Center conditions and bifurcation of limit cycles at three-order nilpotent critical point in a septic lyapunov system [J]. Mathematics and Computers in Simulation, 2011, 81(12): 2595-2607.

[304] LI H D, LIANG Y Z, XU Q S, et al. Recipe for uncovering predictive genes using support vector machines based on model population analysis [J]. Ieee-Acm Transactions on Computational Biology and Bioinformatics, 2011, 8(6): 1633-1641.

[305] LI J, LIU Z. Markov branching processes with immigration-migration and resurrection [J]. Science China-Mathematics, 2011, 54(5): 1043-1062.

[306] LI M, LIU Z, DONG H. Estimates for the optimal control policy in the presence of regulations and heavy tails[J]. Economic Modelling, 2011, 28(1-2): 482-488.

[307] LI Y, DAI H. Approximations of fractional brownian motion[J]. Bernoulli, 2011, 17(4): 1195-1216.

[308] LIANG R, LIU Z. Nagumo type existence results of sturm-liouville bvp for impulsive differential equations[J]. Nonlinear Analysis-Theory Methods & Applications, 2011, 74(17): 6676-6685.

[309] LIAO M, TANG X, XU C. Stability and instability analysis for a ratio-dependent predator-prey system with diffusion effect [J]. Nonlinear Analysis-Real World Applications, 2011, 12(3): 1616-1626.

[310] LIN X, TANG X H. Existence of infinitely many homoclinic orbits in discrete

hamiltonian systems[J]. Journal of Mathematical Analysis and Applications, 2011, 373(1): 59-72.

[311]LIN X, YANG P. Optimal investment and reinsurance in a jump diffusion risk model [J]. Anziam Journal, 2011, 52(3): 250-262.

[312]LIU S, WANG C C L. Fast intersection-free offset surface generation from freeform models with triangular meshes[J]. Ieee Transactions on Automation Science and Engineering, 2011, 8(2): 347-360.

[313]LIU X, WANG Z, HU X, et al. Testing serial correlation in partially linear single-index errors-in-variables models[J]. Communications in Statistics-Theory and Methods, 2011, 40(14): 2554-2573.

[314]LIU Y. Additive functionals for discrete-time markov chains with applications to birth-death processes[J]. Journal of Applied Probability, 2011, 48(4): 925-937.

[315]LIU Y, ZHAO Y Q. Asymptotics of the invariant measure of a generalized markov branching process[J]. Stochastic Models, 2011, 27(2): 251-271.

[316]LONG L, ZHANG S. On the supremum and infimum of bounded quantum observables [J]. Journal of Mathematical Physics, 2011, 52(12).

[317]PENG Z, LIU Z. Evolution hemivariational inequality problems with doubly nonlinear operators[J]. Journal of Global Optimization, 2011, 51(3): 413-427.

[318]TANG X H, LIN X. Existence of infinitely many homoclinic orbits in hamiltonian systems[J]. Proceedings of the Royal Society of Edinburgh Section a-Mathematics, 2011, 141: 1103-1119.

[319]TANG X H, LIN X. Existence and multiplicity of homoclinic solutions for second-order discrete hamiltonian systems with subquadratic potential [J]. Journal of Difference Equations and Applications, 2011, 17(11): 1617-1634.

[320]TANG X H, LIN X. Infinitely many homoclinic orbits for hamiltonian systems with indefinite sign subquadratic potentials[J]. Nonlinear Analysis-Theory Methods & Applications, 2011, 74(17): 6314-6325.

[321]TANG X H, ZHANG X. Periodic solutions for second-order discrete hamiltonian systems[J]. Journal of Difference Equations and Applications, 2011, 17(10): 1413-1430.

[322]TONG J, ZHANG Z, DAI R. Weighted scale-free networks induced by group preferential mechanism[J]. Physica a-Statistical Mechanics and Its Applications, 2011, 390(10): 1826-1833.

[323]WAN Z, HU C, YANG Z. A spectral prp conjugate gradient methods for nonconvex optimization problem based on modified line search[J]. Discrete and Continuous Dynamical

Systems-Series B, 2011, 16(4): 1157-1169.

[324]WANG B C, LIU Y Y. Local asymptotics of a markov modulated random walk with heavy-tailed increments[J]. Acta Mathematica Sinica-English Series, 2011, 27(9): 1843-1854.

[325]WANG Q, LI H D, XU Q S, et al. Noise incorporated subwindow permutation analysis for informative gene selection using support vector machines[J]. Analyst, 2011, 136(7): 1456-1463.

[326]WU J, LIU Z, PENG Y. A discrete-time geo/g/1 retrial queue with preemptive resume and collisions[J]. Applied Mathematical Modelling, 2011, 35(2): 837-847.

[327]WU Y, HUANG W, DAI H. Isochronicity at infinity into a class of rational differential system[J]. Qualitative Theory of Dynamical Systems, 2011, 10(1): 123-138.

[328]XU C, TANG X, LIAO M. Stability and bifurcation analysis of a six-neuron bam neural network model with discrete delays[J]. Neurocomputing, 2011, 74(5): 689-707.

[329]XU C, TANG X, LIAO M, et al. Bifurcation analysis in a delayed lokta-volterra predator-prey model with two delays[J]. Nonlinear Dynamics, 2011, 66(1-2): 169-183.

[330]XU L, XU Q S, YANG M, et al. On estimating model complexity and prediction errors in multivariate calibration: Generalized resampling by random sample weighting (rsw)[J]. Journal of Chemometrics, 2011, 25(2): 51-58.

[331]YU S, ZHENG Z S, ZHANG F Q, et al. Mathematical model for precursor gas residence time in isothermal cvd process of c/c composites[J]. Transactions of Nonferrous Metals Society of China, 2011, 21(8): 1833-1839.

[332]ZHANG L, TANG X H. Subharmonic solutions for some nonautonomous hamiltonian systems with p(t)-laplacian[J]. Bulletin of the Belgian Mathematical Society-Simon Stevin, 2011, 18(3): 385-400.

[333]ZHANG Q, LIU Y, CHEN H. On the equivalence of singular point quantities and the integrability of a fine critical singular point[J]. Nonlinear Analysis-Real World Applications, 2011, 12(5): 2794-2801.

[334]ZHANG S, WAN Z, LIU G. Global optimization design method for maximizing the capacity of v-belt drive[J]. Science China-Technological Sciences, 2011, 54(1): 140-147.

[335]ZHANG Z Y, LIU Z H, MIAO X J, et al. Global existence and uniform stabilization of a generalized dissipative klein-gordon equation type with boundary damping[J]. Journal of Mathematical Physics, 2011, 52(2).

[336]ZHANG Z Y, LIU Z H, MIAO X J, et al. Qualitative analysis and traveling wave solutions for the perturbed nonlinear schrodinger's equation with kerr law nonlinearity[J]. Physics

Letters A, 2011, 375(10): 1275-1280.

[337]ZHANG Z Z, ZOU J Z, LIU Y Y. The maximum surplus distribution before ruin in an erlang(n) risk process perturbed by diffusion[J]. Acta Mathematica Sinica-English Series, 2011, 27(9): 1869-1880.

[338]ZHOU G L, HOU Z T. Stochastic generalized porous media equations with levy jump [J]. Acta Mathematica Sinica-English Series, 2011, 27(9): 1671-1696.

[339]ZHOU Y. On kadell's two conjectures for the q-dyson product[J]. Electronic Journal of Combinatorics, 2011, 18(2).

[340]GAO D S, ZHAO J C, YANG Y N, et al. In silico toxicity prediction by support vector machine and smiles representation-based string kernel[J]. Sar and Qsar in Environmental Research, 2012, 23(1-2): 141-153.

[341]GAO D S, LIU S, XU Q S, et al. Large-scale prediction of drug-target interactions using protein sequences and drug topological structures[J]. Analytica Chimica Acta, 2012 (752): 1-10.

[342]GAO D S, XU Q S, ZHANG L X, et al. Tree-based ensemble methods and their applications in analytical chemistry[J]. Trac-Trends in Analytical Chemistry, 2012(40): 158-167.

[343]GAO D S, YANG Y N, ZHAO J C, et al. Computer-aided prediction of toxicity with substructure pattern and random forest[J]. Journal of Chemometrics, 2012, 26(1): 7-15.

[344]CHEN J, LIU W J. 3-designs from psl(2, q) with q equivalent to 1 (mod 4)[J]. Utilitas Mathematica, 2012(88): 211-222.

[345]DING G, LIU C. A chain theorem for 3(+)-connected graphs[J]. Siam Journal on Discrete Mathematics, 2012, 26(1): 102-113.

[346]DONG H, LIU Z. A matrix operator approach to a risk model with two classes of claims[J]. Frontiers of Mathematics in China, 2012, 7(3): 437-448.

[347]FENG R, ZHANG S, ZHU C, et al. Optimal dividend payment problems in piecewise-deterministic compound poisson risk models[C]//Proceedings of 2012 IEEE 51st annual conference on decision and control. Maui: IEEE, 2012: 7309-7314.

[348]GAO S, LIU Z, DONG H. A repairable discrete-time retrial queue with recurrent customers, bernoulli feedback and general retrial times[J]. Operational Research, 2012, 12(3): 367-383.

[349]HE X, TANG X H. Lyapunov-type inequalities for even order differential equations [J]. Communications on Pure and Applied Analysis, 2012, 11(2): 465-473.

[350]HE Y, GOU B Z. The existence of optimal solution for a shape optimization problem

on starlike domain[J]. Journal of Optimization Theory and Applications, 2012, 152(1): 21-30.

[351]HOU M, HAN X. Multivariate numerical approximation using constructive l-2(r) rbf neural network[J]. Neural Computing & Applications, 2012, 21(1): 25-34.

[352]HU L, GAN S, WANG X. Asymptotic stability of balanced methods for stochastic jump-diffusion differential equations[J]. Journal of Computational and Applied Mathematics, 2012(238): 126-143.

[353]HUANG C, GAN S, WANG D. Delay-dependent stability analysis of numerical methods for stochastic delay differential equations[J]. Journal of Computational and Applied Mathematics, 2012, 236(14): 3514-3527.

[354]HUANG J H, GAO D S, YAN J, et al. Using core hydrophobicity to identify phosphorylation sites of human g protein-coupled receptors[J]. Biochimie, 2012, 94(8): 1697-1704.

[355]HUANG X, XU Q S, LIANG Y Z. Pls regression based on sure independence screening for multivariate calibration[J]. Analytical Methods, 2012, 4(9): 2815-2821.

[356]KONG X X, HOU Z T, SHI D H, et al. Markov chain-based degree distributions of evolving networks[J]. Acta Mathematica Sinica-English Series, 2012, 28(10): 1981-1994.

[357]LI F, LIU Y R, JIN Y L. Bifurcations of limit circles and center conditions for a class of non-analytic cubic z (2) polynomial differential systems[J]. Acta Mathematica Sinica-English Series, 2012, 28(11): 2275-2288.

[358]LI H D, LIANG Y Z, XU Q S, et al. Model-population analysis and its applications in chemical and biological modeling[J]. Trac-Trends in Analytical Chemistry, 2012(38): 154-162.

[359]LI H D, XU Q S, ZHANG W, et al. Variable complementary network: A novel approach for identifying biomarkers and their mutual associations[J]. Metabolomics, 2012, 8(6): 1218-1226.

[360]LI J, CHEN A, PAKES A G. Asymptotic properties of the markov branching process with immigration[J]. Journal of Theoretical Probability, 2012, 25(1): 122-143.

[361]LI J, LIU H, SUN H, et al. Reconstructing acoustic obstacles by planar and cylindrical waves[J]. Journal of Mathematical Physics, 2012, 53(10).

[362]LI J, WANG J. Decay parameter and related properties of n-type branching processes [J]. Science China-Mathematics, 2012, 55(12): 2535-2556.

[363]LI M, LIU Z. Regulated absolute ruin problem with interest structure and linear dividend barrier[J]. Economic Modelling, 2012, 29(5): 1786-1792.

[364]LIN X, ZHANG C, SIU T K. Stochastic differential portfolio games for an insurer in a jump-diffusion risk process[J]. Mathematical Methods of Operations Research, 2012, 75(1): 83-100.

[365]LIU J, PAN K. Asymptotic behavior of global classical solutions to goursat problem of quasilinear hyperbolic systems[J]. Journal of Mathematical Analysis and Applications, 2012, 392(2): 200-208.

[366]LIU Q, TAN H, GUO X. Denumerable continuous-time markov decision processes with multiconstraints on average costs[J]. International Journal of Systems Science, 2012, 43(3): 576-585.

[367]LIU S, WANG C C L. Quasi-interpolation for surface reconstruction from scattered data with radial basis function[J]. Computer Aided Geometric Design, 2012, 29(7): 435-447.

[368]LIU T, WU L, LIU Y. Center conditions for three classes of poincare systems in the complex domain[J]. International Journal of Bifurcation and Chaos, 2012, 22(12).

[369]LIU W, TANG J, WU Y. Some new 3-designs from psl(2, q) with q 1 (mod4)[J]. Science China-Mathematics, 2012, 55(9): 1901-1911.

[370]LIU X H, WANG Z Z, HU X M. Estimation in partially linear single-index models with missing covariates[J]. Communications in Statistics-Theory and Methods, 2012, 41(18): 3428-3447.

[371]LIU Y. Perturbation bounds for the stationary distributions of markov chains[J]. Siam Journal on Matrix Analysis and Applications, 2012, 33(4): 1057-1074.

[372]LONG L, ZHANG S. On the supremum and infimum of bounded quantum observables (vol 52, 122101, 2011)[J]. Journal of Mathematical Physics, 2012, 53(1).

[373]NING C, HE Y, WU M, et al. Pth moment exponential stability of neutral stochastic differential equations driven by levy noise[J]. Journal of the Franklin Institute-Engineering and Applied Mathematics, 2012, 349(9): 2925-2933.

[374]NING C, HE Y, WU M, et al. Input-to-state stability of nonlinear systems based on an indefinite lyapunov function[J]. Systems & Control Letters, 2012, 61(12): 1254-1259.

[375]NIU Y, ZHANG C. Almost sure and moment exponential stability of predictor-corrector methods for stochastic differential equations [J]. Journal of Systems Science & Complexity, 2012, 25(4): 736-743.

[376]PAN K J, TANG J T, HU H L, et al. Extrapolation cascadic multigrid method for 2.5d direct current resistivity modeling[J]. Chinese Journal of Geophysics-Chinese Edition, 2012, 55(8): 2769-2778.

[377]SHAO X, WU K, LIAO B. L(p)-norm multikernel learning approach for stock

market price forecasting[J]. Computational Intelligence and Neuroscience, 2012.

[378]TAN L, HOU Z T, LIU X R. Degree distribution of a scale-free random graph model [J]. Acta Mathematica Sinica-English Series, 2012, 28(3): 587-598.

[379]TANG X H, HE X. Lower bounds for generalized eigenvalues of the quasilinear systems[J]. Journal of Mathematical Analysis and Applications, 2012, 385(1): 72-85.

[380]TANG X H, ZHANG M. Lyapunov inequalities and stability for linear hamiltonian systems[J]. Journal of Differential Equations, 2012, 252(1): 358-381.

[381]TAO L, LIU Z, WANG Z. M/m/1 retrial queue with collisions and working vacation interruption under n-policy[J]. Rairo-Operations Research, 2012, 46(4): 355-371.

[382]WAN Z, ZHANG S J, TEO K L. Two-step based sampling method for maximizing the capacity of v-belt driving in polymorphic uncertain environment[J]. Proceedings of the Institution of Mechanical Engineers Part C-Journal of Mechanical Engineering Science, 2012, 226(C1): 177-191.

[383]WANG X, GAN S, WANG D. A family of fully implicit milstein methods for stiff stochastic differential equations with multiplicative noise[J]. BIT Numerical Mathematics, 2012, 52(3): 741-772.

[384]YAN J, GAO D S, GUO F Q, et al. Comparison of quantitative structure-retention relationship models on four stationary phases with different polarity for a diverse set of flavor compounds[J]. Journal of Chromatography A, 2012(1223): 118-125.

[385] YANG D. Kolmogorov equation associated to a stochastic kuramoto-sivashinsky equation[J]. Journal of Functional Analysis, 2012, 263(4): 869-895.

[386]YOU S J, GOU B L, NING X Q. Equations of langmuir turbulence and zakharov equations: Smoothness and approximation[J]. Applied Mathematics and Mechanics-English Edition, 2012, 33(8): 1079-1092.

[387]YUAN Y, CHEN H, DU C, et al. The limit cycles of a general kolmogorov system [J]. Journal of Mathematical Analysis and Applications, 2012, 392(2): 225-237.

[388]YUAN Z, MA Z, TANG X. Global stability of a delayed hiv infection model with nonlinear incidence rate[J]. Nonlinear Dynamics, 2012, 68(1-2): 207-214.

[389]ZHANG Q, TANG X H. On the existence of infinitely many periodic solutions for second-order ordinary p-laplacian system[J]. Bulletin of the Belgian Mathematical Society-Simon Stevin, 2012, 19(1): 121-136.

[390] ZHANG Q, TANG X H. Existence of homoclinic solutions for a class of asymptotically quadratic non-autonomous hamiltonian systems[J]. Mathematische Nachrichten, 2012, 285(5-6): 778-789.

[391]ZHANG Q M, TANG X H. Lyapunov inequalities and stability for discrete linear hamiltonian systems[J]. Journal of Difference Equations and Applications, 2012, 18(9): 1467-1484.

[392]ZHANG S. Impulse stochastic control for the optimization of the dividend payments of the compound poisson risk model perturbed by diffusion [J]. Stochastic Analysis and Applications, 2012, 30(4): 642-661.

[393]ZHANG S, WAN Z. Polymorphic uncertain nonlinear programming model and algorithm for maximizing the fatigue life of v-belt drive[J]. Journal of Industrial and Management Optimization, 2012, 8(2): 493-505.

[394]ZHANG X, HOU Z. The first-passage times of phase semi-markov processes[J]. Statistics & Probability Letters, 2012, 82(1): 40-48.

[395]ZHANG X, TANG X. Subharmonic solutions for a class of non-quadratic second order hamiltonian systems[J]. Nonlinear Analysis-Real World Applications, 2012, 13(1): 113-130.

[396]ZHAO C, LIANG Y, WANG X, et al. Modeling of programmed-temperature retention indices of a diverse set of natural compounds by subspace orthogonal projection[J]. Current Analytical Chemistry, 2012, 8(1): 168-179.

[397]ZHU X, JIN X, LIU S, et al. Analytical solutions for sketch-based convolution surface modeling on the gpu[J]. Visual Computer, 2012, 28(11): 1115-1125.

[398]BAO J, YUAN C. Long-term behavior of stochastic interest rate models with jumps and memory[J]. Insurance Mathematics & Economics, 2013, 53(1): 266-272.

[399]GAO D S, LIANG Y Z, DENG Z, et al. Genome-scale screening of drug-target associations relevant to k-i using a chemogenomics approach[J]. Plos One, 2013, 8(4).

[400]GAO D S, XU Q S, HU Q N, et al. Chemopy: Freely available python package for computational biology and chemoinformatics[J]. Bioinformatics, 2013, 29(8): 1092-1094.

[401]GAO D S, XU Q S, LIANG Y Z. Propy: A tool to generate various modes of chou's pseaac[J]. Bioinformatics, 2013, 29(7): 960-962.

[402]CHEN H, HE Z. Infinitely many homoclinic solutions for second-order discrete hamiltonian systems[J]. Journal of Difference Equations and Applications, 2013, 19(12): 1940-1951.

[403]CHEN P, TANG X H. Fast homoclinic solutions for a class of damped vibration problems with subquadratic potentials[J]. Mathematische Nachrichten, 2013, 286(1): 4-16.

[404]CHEN P, TANG X H. Existence of homoclinic solutions for some second-order discrete hamiltonian systems[J]. Journal of Difference Equations and Applications, 2013, 19(4): 633-648.

[405] CHENG H, HUANG J B, GUO Y Q, et al. LONG memory of price-volume correlation in metal futures market based on fractal features[J]. Transactions of Nonferrous Metals Society of China, 2013, 23(10): 3145-3152.

[406] DENDIEVEL S, LATOUCHE G, LIU Y. Poisson's equation for discrete-time quasi-birth-and-death processes[J]. Performance Evaluation, 2013, 70(9): 564-577.

[407] DENG S, WAN Z, CHEN X. An improved spectral conjugate gradient algorithm for nonconvex unconstrained optimization problems [J]. Journal of Optimization Theory and Applications, 2013, 157(3): 820-842.

[408] DING G, LIU C. Excluding a small minor[J]. Discrete Applied Mathematics, 2013, 161(3): 355-368.

[409] GAN S, SHANG Z, SUN G. A class of symplectic partitioned runge-kutta methods [J]. Applied Mathematics Letters, 2013, 26(9): 968-973.

[410] GUO T. On some basic theorems of continuous module homomorphisms between random normed modules[J]. Journal of Function Spaces and Applications, 2013.

[411] HE Y, SHENG W. Local estimates for elliptic equations arising in conformal geometry [J]. International Mathematics Research Notices, 2013, (2): 258-290.

[412] HUANG J H, XIE H L, YAN J, et al. Interpretation of type 2 diabetes mellitus relevant gc-ms metabolomics fingerprints by using random forests[J]. Analytical Methods, 2013, 5(18): 4883-4889.

[413] HUANG J H, XIE H L, YAN J, et al. Using random forest to classify t-cell epitopes based on amino acid properties and molecular features[J]. Analytica Chimica Acta, 2013, 804: 70-75.

[414] HUANG J H, YAN J, WU Q H, et al. Selective of informative metabolites using random forests based on model population analysis[J]. Talanta, 2013, 117: 549-555.

[415] HUANG S, WAN Z, DENG S. A modified projected conjugate gradient algorithm for unconstrained optimization problems[J]. Anziam Journal, 2013, 54(3): 143-152.

[416] HUANG X, GAO D S, XU Q S, et al. A novel tree kernel partial least squares for modeling the structure-activity relationship[J]. Journal of Chemometrics, 2013, 27(3-4): 43-49.

[417] JIN W, LIU W J. On isomorphisms of small order bi-cayley graphs[J]. Utilitas Mathematica, 2013, 92: 317-327.

[418] KANG H, XIANG S, HE G. Computation of integrals with oscillatory and singular integrands using chebyshev expansions[J]. Journal of Computational and Applied Mathematics, 2013, 242: 141-156.

[419] LI J, CHEN A. The decay parameter and invariant measures for markovian bulk-arrival queues with control at idle time[J]. Methodology and Computing in Applied Probability, 2013, 15(2): 467-484.

[420] LI Q, GAN S, WANG X. Compensated stochastic theta methods for stochastic differential delay equations with jumps[J]. International Journal of Computer Mathematics, 2013, 90(5): 1057-1071.

[421] LIN X, TANG X H. Existence of infinitely many solutions for p-laplacian equations in r-n[J]. Nonlinear Analysis-Theory Methods & Applications, 2013, 92: 72-81.

[422] LIU J, ZHENG Z. Iim-based adi finite difference scheme for nonlinear convection-diffusion equations with interfaces[J]. Applied Mathematical Modelling, 2013, 37(3): 1196-1207.

[423] LIU S, BRUNNETT G, WANG J. Multi-level hermite variational interpolation and quasi-interpolation[J]. Visual Computer, 2013, 29(6-8): 627-637.

[424] LIU X, LIU Z. Existence results for a class of second order evolution inclusions and its corresponding first order evolution inclusions[J]. Israel Journal of Mathematics, 2013, 194(2): 723-743.

[425] LIU X, ZUO Y, WANG Z. Exactly computing bivariate projection depth contours and median[J]. Computational Statistics & Data Analysis, 2013(60): 1-11.

[426] LIU Y, ZHAO Y Q. Asymptotic behavior of the loss probability for an m/g/1/n queue with vacations[J]. Applied Mathematical Modelling, 2013, 37(4): 1768-1780.

[427] MA Y, LIU W Q, LI J H. Equilibrium balking behavior in the geo/geo/1 queueing system with multiple vacations[J]. Applied Mathematical Modelling, 2013, 37(6): 3861-3878.

[428] PAN K J, WANG W J, TANG J T, et al. Mathematical model and fast finite element modeling of high resolution array lateral logging[J]. Chinese Journal of Geophysics-Chinese Edition, 2013, 56(9): 3197-3211.

[429] PENG J, LI Wenbo V. Diffusions with holding and jumping boundary[J]. Science China-Mathematics, 2013, 56(1): 161-176.

[430] PENG Z, LIU Z, LIU X. Boundary hemivariational inequality problems with doubly nonlinear operators[J]. Mathematische Annalen, 2013, 356(4): 1339-1358.

[431] SHAO X, WU K, LIAO B. Single directional smo algorithm for least squares support vector machines[J]. Computational Intelligence and Neuroscience, 2013.

[432] TAN L, JIN W, HOU Z. Weak convergence of functional stochastic differential equations with variable delays[J]. Statistics & Probability Letters, 2013, 83(11): 2592-2599.

[433]TANG J, LIU W, WANG J. Groups psl(n, q) and 3-(v, k, 1) designs[J]. Ars Combinatoria, 2013(110): 217-226.

[434]TANG X H. Infinitely many solutions for semilinear schrodinger equations with sign-changing potential and nonlinearity[J]. Journal of Mathematical Analysis and Applications, 2013, 401(1): 407-415.

[435]TANG X H, LIN X. Infinitely many homoclinic orbits for discrete hamiltonian systems with subquadratic potential[J]. Journal of Difference Equations and Applications, 2013, 19(5): 796-813.

[436]TAO L, WANG Z, LIU Z. The gi/m/1 queue with bernoulli-schedule-controlled vacation and vacation interruption[J]. Applied Mathematical Modelling, 2013, 37(6): 3724-3735.

[437]WANG G, WANG Z, LIU X. Empirical likelihood for censored partial linear model based on imputed value[J]. Communications in Statistics-Theory and Methods, 2013, 42(4): 644-659.

[438]WANG J, LI J. Uniqueness, recurrence and decay properties of collision branching processes with immigration[J]. Statistics & Probability Letters, 2013, 83(7): 1603-1612.

[439]WANG X, GAN S. Weak convergence analysis of the linear implicit euler method for semilinear stochastic partial differential equations with additive noise[J]. Journal of Mathematical Analysis and Applications, 2013, 398(1): 151-169.

[440]WANG X, GAN S. A runge-kutta type scheme for nonlinear stochastic partial differential equations with multiplicative trace class noise[J]. Numerical Algorithms, 2013, 62(2): 193-223.

[441]WANG X, GAN S. The tamed milstein method for commutative stochastic differential equations with non-globally lipschitz continuous coefficients[J]. Journal of Difference Equations and Applications, 2013, 19(3): 466-490.

[442]WU J, LIAN Z. A single-server retrial g-queue with priority and unreliable server under bernoulli vacation schedule[J]. Computers & Industrial Engineering, 2013, 64(1): 84-93.

[443]WU J, LIAN Z. Analysis of the m-1, m-2/g/1 g-queueing system with retrial customers[J]. Nonlinear Analysis-Real World Applications, 2013, 14(1): 365-382.

[444]WU J, WANG J, LIU Z. A discrete-time geo/g/1 retrial queue with preferred and impatient customers[J]. Applied Mathematical Modelling, 2013, 37(4): 2552-2561.

[445]XIAO L. Comparison results for functional differential equations with impulses[J]. Mathematica Slovaca, 2013, 63(1): 111-122.

[446]XIN G, ZHOU Y. Residue reduced form of a rational function as an iterated laurent series[J]. Electronic Journal of Combinatorics, 2013, 20(1).

[447]XU C, LIAO M. Bifurcation behaviours in a delayed three-species food-chain model with holling type-ii functional response[J]. Applicable Analysis, 2013, 92(12): 2480-2498.

[448]XU Y, AGRAWAL O P. Numerical solutions and analysis of diffusion for new generalized fractional burgers equation[J]. Fractional Calculus and Applied Analysis, 2013, 16(3): 709-736.

[449]XU Y, AGRAWAL O P. Numerical solutions and analysis of diffusion for new generalized fractional advection-diffusion equations[J]. Central European Journal of Physics, 2013, 11(10): 1178-1193.

[450]XU Y, HE Z. Synchronization of variable-order fractional financial system via active control method[J]. Central European Journal of Physics, 2013, 11(6): 824-835.

[451]YAN J, HUANG J H, HE M, et al. Prediction of retention indices for frequently reported compounds of plant essential oils using multiple linear regression, partial least squares, and support vector machine[J]. Journal of Separation Science, 2013, 36(15): 2464-2471.

[452]YANG S P, WU J B, LIU Z M. An m- x /g/1 retrial g-queue with single vacation subject to the server breakdown and repair[J]. Acta Mathematicae Applicatae Sinica-English Series, 2013, 29(3): 579-596.

[453]YANG X, CHEN H. Existence of periodic solutions for sublinear second order dynamical system with (q, p)-laplacian[J]. Mathematica Slovaca, 2013, 63(4): 799-816.

[454]YANG X, XU D, ZHANG H. Crank-nicolson/quasi-wavelets method for solving fourth order partial integro-differential equation with a weakly singular kernel[J]. Journal of Computational Physics, 2013(234): 317-329.

[455]YI T, CHEN Y, WU J. Unimodal dynamical systems: Comparison principles, spreading speeds and travelling waves[J]. Journal of Differential Equations, 2013, 254(8): 3538-3572.

[456]YI T, ZOU X. On dirichlet problem for a class of delayed reaction-diffusion equations with spatial non-locality[J]. Journal of Dynamics and Differential Equations, 2013, 25(4): 959-979.

[457]YUN Y H, LI H D, Wood L R E, et al. An efficient method of wavelength interval selection based on random frog for multivariate spectral calibration[J]. Spectrochimica Acta Part a-Molecular and Biomolecular Spectroscopy, 2013(111): 31-36.

[458]YUN Y H, LIANG Y Z, XIE G-X, et al. A perspective demonstration on the importance of variable selection in inverse calibration for complex analytical systems[J]. Analyst,

2013, 138(21): 6412-6421.

[459] ZHANG J, TANG X, ZHANG W. Ground state solutions for nonperiodic dirac equation with superquadratic nonlinearity[J]. Journal of Mathematical Physics, 2013, 54(10).

[460] ZHANG L, TANG X H. Periodic solutions for some nonautonomous p(t)-laplacian hamiltonian systems[J]. Applications of Mathematics, 2013, 58(1): 39-61.

[461] ZHANG Q M, JIANG J, TANG X. Stability for planar linear discrete hamiltonian systems with perturbations[J]. Applicable Analysis, 2013, 92(8): 1704-1716.

[462] ZHANG W, TANG X, ZHANG J. Infinitely many solutions for fourth-order elliptic equations with general potentials[J]. Journal of Mathematical Analysis and Applications, 2013, 407(2): 359-368.

[463] ZHANG X, TANG X. Non-constant periodic solutions for second order hamiltonian system involving the p-laplacian[J]. Advanced Nonlinear Studies, 2013, 13(4): 945-964.

[464] ZHENG Z, WANG S, LI Q, et al. Three-dimensional numerical simulation of multi-phase flow of powder injection moulding filling process for intricate parts[J]. Rare Metal Materials and Engineering, 2013, 42(8): 1585-1589.

[465] ZHOU Y, WU J, WU M. Optimal isolation strategies of emerging infectious diseases with limited resources[J]. Mathematical Biosciences and Engineering, 2013, 10(5-6): 1691-1701.

[466] GAO D S, ZHANG L X, TAN G S, et al. Computational prediction of drug-target interactions using chemical, biological, and network features[J]. Molecular Informatics, 2014, 33(10): 669-681.

[467] CHEN A, LI J, CHEN Y, et al. Asymptotic behaviour of extinction probability of interacting branching collision processes[J]. Journal of Applied Probability, 2014, 51(1): 219-234.

[468] CHEN H, HE Z. New existence and multiplicity of homoclinic solutions for second order non-autonomous systems[J]. Electronic Journal of Qualitative Theory of Differential Equations, 2014(22): 1-18.

[469] CHEN P, TANG X. Existence of solutions for a class of second-order p-laplacian systems with impulsive effects[J]. Applications of Mathematics, 2014, 59(5): 543-570.

[470] CHEN Y, TANG X H. Ground state solutions for p-superlinear p-laplacian equations [J]. Journal of the Australian Mathematical Society, 2014, 97(1): 48-62.

[471] CHEN Z, TANG M L, GAO W, et al. New robust variable selection methods for linear regression models[J]. Scandinavian Journal of Statistics, 2014, 41(3): 725-741.

[472] DONG N P, LIANG Y Z, XU Q S, et al. Prediction of peptide fragment ion mass

spectra by data mining techniques[J]. Analytical Chemistry, 2014, 86(15): 7446-7454.

[473]DU C, LIU Y, HUANG W. Limit cycles bifurcations for a class of kolmogorov model in symmetrical vector field[J]. International Journal of Bifurcation and Chaos, 2014, 24(3).

[474] GAN S, XIAO A, WANG D. Stability of analytical and numerical solutions of nonlinear stochastic delay differential equations[J]. Journal of Computational and Applied Mathematics, 2014(268): 5-22.

[475]GAO S, LIU Z, DU Q. Discrete-time gi(x)/geo/1/n queue with working vacations and vacation interruption[J]. Asia-Pacific Journal of Operational Research, 2014, 31(1).

[476]GENG S, ZHANG L. Large-time behavior of solutions for the system of compressible adiabatic flow through porous media with nonlinear damping[J]. Communications on Pure and Applied Analysis, 2014, 13(6): 2211-2228.

[477]GUO T, ZHAO S, ZENG X. The relations among the three kinds of conditional risk measures[J]. Science China-Mathematics, 2014, 57(8): 1753-1764.

[478]HU H, CHEN C, PAN K. Asymptotic expansions of finite element solutions to robin problems in h (3) and their application in extrapolation cascadic multigrid method[J]. Science China-Mathematics, 2014, 57(4): 687-698.

[479]HUANG C, YANG Z, YI T, et al. On the basins of attraction for a class of delay differential equations with non-monotone bistable nonlinearities[J]. Journal of Differential Equations, 2014, 256(7): 2101-2114.

[480] HUANG W N, TANG X H. Semiclassical solutions for the nonlinear schrodinger-maxwell equations[J]. Journal of Mathematical Analysis and Applications, 2014, 415(2): 791-802.

[481]HUANG X, XU Q S, GAO D S, et al. Kernel k-nearest neighbor classifier based on decision tree ensemble for sar modeling analysis[J]. Analytical Methods, 2014, 6(17): 6621-6627.

[482]JIANG S, LIU Y, YAO S. Poisson's equation for discrete-time single-birth processes[J]. Statistics & Probability Letters, 2014(85): 78-83.

[483] LI B, HE Z. Bifurcations and chaos in a two-dimensional discrete hindmarsh-rose model[J]. Nonlinear Dynamics, 2014, 76(1): 697-715.

[484]LI J, LIU H. Optimal shape for a nozzle design problem using an arbitrary lagrangian-eulerian finite element method[J]. Journal of Inverse and Ill-Posed Problems, 2014, 22(1): 9-30.

[485]LIAO M, XU C, TANG X. Dynamical behaviors for a competition and cooperation model of enterprises with two delays[J]. Nonlinear Dynamics, 2014, 75(1-2): 257-266.

[486]LIN X, TANG X H. Semiclassical solutions of perturbed p-laplacian equations with critical nonlinearity[J]. Journal of Mathematical Analysis and Applications, 2014, 413(1): 438-449.

[487]LIU J, ZHENG Z. A dimension by dimension splitting immersed interface method for heat conduction equation with interfaces[J]. Journal of Computational and Applied Mathematics, 2014(261): 221-231.

[488]LIU X, LIU Z. On the 'bang-bang' principle for a class of fractional semilinear evolution inclusions[J]. Proceedings of the Royal Society of Edinburgh Section a-Mathematics, 2014, 144(2): 333-349.

[489]LIU X, LIU Z. Relaxation control for a class of evolution hemivariational inequalities [J]. Israel Journal of Mathematics, 2014, 202(1): 35-58.

[490]LIU X, LIU Z, BIN M. Approximate controllability of impulsive fractional neutral evolution equations with riemann-liouville fractional derivatives[J]. Journal of Computational Analysis and Applications, 2014, 17(3): 468-485.

[491]LIU Y R, LI J B. Z(2)-equivariant cubic system which yields 13 limit cycles[J]. Acta Mathematicae Applicatae Sinica-English Series, 2014, 30(3): 781-800.

[492] LIU Z, SONG Y. The m-x/m/1 queue with working breakdown[J]. Rairo-Operations Research, 2014, 48(3): 399-413.

[493] MA J, XIANG S. High-order fast integration for earth-return impedance between underground and overhead conductors in matlab[J]. Compel-the International Journal for Computation and Mathematics in Electrical and Electronic Engineering, 2014, 33(5): 1809-1818.

[494]PAN K, LIU J. A parameter identification problem for spontaneous potential logging in heterogeneous formation[J]. Journal of Inverse and Ill-Posed Problems, 2014, 22(3): 357-373.

[495] PAN K, TANG J. 2. 5-d and 3-d dc resistivity modelling using an extrapolation cascadic multigrid method[J]. Geophysical Journal International, 2014, 197(3): 1459-1470.

[496] PENG J. A note on the first passage time of diffusions with holding and jumping boundary[J]. Statistics & Probability Letters, 2014, 93: 58-64.

[497]SANGGHALEH A, PAN E, GREEN R, et al. Backcalculation of pavement layer elastic modulus and thickness with measurement errors[J]. International Journal of Pavement Engineering, 2014, 15(6): 521-531.

[498]SHEN Y, LI Z, WANG Y. Sign-changing critical points for noncoercive functionals [J]. Topological Methods in Nonlinear Analysis, 2014, 43(2): 373-384.

[499]SUN X, GAN S. An efficient semi-analytical simulation for the heston model[J]. Computational Economics, 2014, 43(4): 433-445.

[500]TAN Q, LIU W, CHEN J. On block-transitive 6-(v, k, gimel)-designs with k at most 10000[J]. Algebra Colloquium, 2014, 21(2): 231-234.

[501]TANG X H. New super-quadratic conditions on ground state solutions for superlinear schrodinger equation[J]. Advanced Nonlinear Studies, 2014, 14(2): 361-373.

[502]TANG X H. New conditions on nonlinearity for a periodic schrodinger equation having zero as spectrum[J]. Journal of Mathematical Analysis and Applications, 2014, 413(1): 392-410.

[503]TANG X H. New conditions on nonlinearity for a periodic schrodinger equation having zero as spectrum (vol 413, pg 392, 2014) [J]. Journal of Mathematical Analysis and Applications, 2014, 415(1): 496-496.

[504]WAN Z, CHEN Y, HUANG S, et al. A modified nonmonotone bfgs algorithm for solving smooth nonlinear equations[J]. Optimization Letters, 2014, 8(6): 1845-1860.

[505]WAN Z, TEO K L, SHEN X, et al. New bfgs method for unconstrained optimization problem based on modified armijo line search[J]. Optimization, 2014, 63(2): 285-304.

[506]WAN Z, ZHANG S, TEO K L. Polymorphic uncertain nonlinear programming approach for maximizing the capacity of v-belt driving[J]. Optimization and Engineering, 2014, 15(1): 267-292.

[507]WANG Q, FANG Y, LI H, et al. Anti-periodic solutions for high-order hopfield neural networks with impulses[J]. Neurocomputing, 2014(138): 339-346.

[508]WANG T. Global dynamics of a non-local delayed differential equation in the half plane[J]. Communications on Pure and Applied Analysis, 2014, 13(6): 2475-2492.

[509]WANG X, GAN S, TANG J. Higher order strong approximations of semilinear stochastic wave equation with additive space-time white noise[J]. Siam Journal on Scientific Computing, 2014, 36(6): A2611-A2632.

[510]XI L, HOU M, LEE M H, et al. A new constructive neural network method for noise processing and its application on stock market prediction[J]. Applied Soft Computing, 2014(15): 57-66.

[511]XU Q, HESTHAVEN J S. Discontinuous galerkin method for fractional convection-diffusion equations[J]. Siam Journal on Numerical Analysis, 2014, 52(1): 405-423.

[512]XU Q, HESTHAVEN J S. Stable multi-domain spectral penalty methods for fractional partial differential equations[J]. Journal of Computational Physics, 2014(257): 241-258.

[513]XU Y, AGRAWAL O P. Models and numerical solutions of generalized oscillator

equations[J]. Journal of Vibration and Acoustics-Transactions of the Asme, 2014, 136(5).

[514]XU Y, LUO W, ZHONG K, et al. Mean square input-to-state stability of a general class of stochastic recurrent neural networks with markovian switching[J]. Neural Computing & Applications, 2014, 25(7-8): 1657-1663.

[515]YANG X, ZHANG H, XU D. Orthogonal spline collocation method for the two-dimensional fractional sub-diffusion equation[J]. Journal of Computational Physics, 2014, 256: 824-837.

[516]YU G, QU H, TANG L, et al. On the connective eccentricity index of trees and unicyclic graphs with given diameter[J]. Journal of Mathematical Analysis and Applications, 2014, 420(2): 1776-1786.

[517]YUN Y H, GAO D S, TAN M L, et al. A simple idea on applying large regression coefficient to improve the genetic algorithm-pls for variable selection in multivariate calibration [J]. Chemometrics and Intelligent Laboratory Systems, 2014(130): 76-83.

[518]YUN Y H, WANG W T, TAN M L, et al. A strategy that iteratively retains informative variables for selecting optimal variable subset in multivariate calibration[J]. Analytica Chimica Acta, 2014(807): 36-43.

[519]ZHANG H, SHI D, HOU Z. Explicit solution for queue length distribution of m/t-sph/1 queue[J]. Asia-Pacific Journal of Operational Research, 2014, 31(1).

[520]ZHANG H, YANG X, HAN X. Discrete-time orthogonal spline collocation method with application to two-dimensional fractional cable equation[J]. Computers & Mathematics with Applications, 2014, 68(12): 1710-1722.

[521]ZHANG J, TANG X, ZHANG W. Ground-state solutions for superquadratic hamiltonian elliptic systems with gradient terms[J]. Nonlinear Analysis-Theory Methods & Applications, 2014(95): 1-10.

[522]ZHANG J, TANG X, ZHANG W. Semiclassical solutions for a class of schrodinger system with magnetic potentials[J]. Journal of Mathematical Analysis and Applications, 2014, 414(1): 357-371.

[523]ZHANG J, TANG X, ZHANG W. Infinitely many solutions of quasilinear schrodinger equation with sign-changing potential[J]. Journal of Mathematical Analysis and Applications, 2014, 420(2): 1762-1775.

[524]ZHANG J H, LIU Z M, LIU W R. Qspr study for prediction of boiling points of 2475 organic compounds using stochastic gradient boosting[J]. Journal of Chemometrics, 2014, 28 (3): 161-167.

[525]ZHANG X, TANG X. Some united existence results of periodic solutions for non-

quadratic second order hamiltonian systems[J]. Communications on Pure and Applied Analysis, 2014, 13(1): 75-95.

[526]ZHAO X, XU Q. Efficient numerical schemes for fractional sub-diffusion equation with the spatially variable coefficient[J]. Applied Mathematical Modelling, 2014, 38(15-16): 3848-3859.

[527]ZHOU W, LIAN Z, WU J. When should service firms provide free experience service? [J]. European Journal of Operational Research, 2014, 234(3): 830-838.

[528]ZHOU Y, YANG K, ZHOU K, et al. Optimal vaccination policies for an sir model with limited resources[J]. Acta Biotheoretica, 2014, 62(2): 171-181.

[529] BAO J, WANG F Y, YUAN C. Hypercontractivity for functional stochastic differential equations[J]. Stochastic Processes and Their Applications, 2015, 125(9): 3636-3656.

[530]BAO J, WANG F Y, YUAN C. Hypercontractivity for functional stochastic partial differential equations[J]. Electronic Journal of Probability, 2015(20): 1-15.

[531]GAO D S, XIAO N, XU Q S, et al. Rcpi: R/bioconductor package to generate various descriptors of proteins, compounds and their interactions[J]. Bioinformatics, 2015, 31(2): 279-281.

[532] CHEN F, XU Q, HESTHAVEN J S. A multi-domain spectral method for time-fractional differential equations[J]. Journal of Computational Physics, 2015(293): 157-172.

[533]CHEN Y, WAN Z. A locally smoothing method for mathematical programs with complementarity constraints[J]. Anziam Journal, 2015, 56(3): 299-315.

[534] CHEN Z, LENG C. Local linear estimation of covariance matrices via cholesky decomposition[J]. Statistica Sinica, 2015, 25(3): 1249-1263.

[535]DENG B C, YUN Y H, LIANG Y Z, et al. A new strategy to prevent over-fitting in partial least squares models based on model population analysis[J]. Analytica Chimica Acta, 2015(880): 32-41.

[536] DENG S, WAN Z. A three-term conjugate gradient algorithm for large-scale unconstrained optimization problems[J]. Applied Numerical Mathematics, 2015(92): 70-81.

[537]DENG S, WAN Z. An improved three-term conjugate gradient algorithm for solving unconstrained optimization problems[J]. Optimization, 2015, 64(12): 2679-2691.

[538]DU C, HUANG W, ZHANG Q. Center problem and the bifurcation of limit cycles for a cubic polynomial system[J]. Applied Mathematical Modelling, 2015, 39(17): 5200-5215.

[539]DU C, LIU Y, ZHANG Q. Limit cycles in a class of quartic kolmogorov model with three positive equilibrium points[J]. International Journal of Bifurcation and Chaos, 2015, 25

(6).

[540]FI J C, LI C H, LIU W J. On isomorphisms of vertex-transitive cubic graphs[J]. Journal of the Australian Mathematical Society, 2015, 99(3): 341-349.

[541] GENG S, ZHANG L. L-p-convergence rates to nonlinear diffusion waves for quasilinear equations with nonlinear damping[J]. Zeitschrift Fur Angewandte Mathematik Und Physik, 2015, 66(1): 31-50.

[542] GENG S, ZHANG L. Boundary effects and large-time behaviour for quasilinear equations with nonlinear damping[J]. Proceedings of the Royal Society of Edinburgh Section a-Mathematics, 2015, 145(5): 959-978.

[543]GOU B Z, YANG D H. Optimal actuator location for time and norm optimal control of null controllable heat equation[J]. Mathematics of Control Signals and Systems, 2015, 27(1): 23-48.

[544]HAN X. Convexity-preserving approximation by univariate cubic splines[J]. Journal of Computational and Applied Mathematics, 2015, 287: 196-206.

[545] HAO Z, JIAO Y. Fractional integral on martingale hardy spaces with variable exponents[J]. Fractional Calculus and Applied Analysis, 2015, 18(5): 1128-1145.

[546]HE D, PAN K. An order optimal regularization method for the cauchy problem of a laplace equation in an annulus domain[J]. Applied Mathematical Modelling, 2015, 39(10-11): 3063-3074.

[547]HE G, XIANG S. An improved algorithm for the evaluation of cauchy principal value integrals of oscillatory functions and its application[J]. Journal of Computational and Applied Mathematics, 2015(280): 1-13.

[548]HE Z. Impulsive state feedback control of a predator-prey system with group defense [J]. Nonlinear Dynamics, 2015, 79(4): 2699-2714.

[549]HU Z, WANG L. Injectivity of compressing maps on the set of primitive sequences modulo square-free odd integers [J]. Cryptography and Communications-Discrete-Structures Boolean Functions and Sequences, 2015, 7(4): 347-361.

[550] HUANG S, WAN Z, CHEN X. A new nonmonotone line search technique for unconstrained optimization[J]. Numerical Algorithms, 2015, 68(4): 671-689.

[551]JIAO Y, WU L, PENG L. Weak orlicz-hardy martingale spaces[J]. International Journal of Mathematics, 2015, 26(8).

[552]JIAO Y, XIE G, ZHOU D. Dual spaces and john-nirenberg inequalities of martingale hardy-lorentz-karamata spaces[J]. Quarterly Journal of Mathematics, 2015, 66(2): 605-623.

[553]LI B, HE Z. 1: 2 and 1: 4 resonances in a two-dimensional discrete hindmarsh-rose

model[J]. Nonlinear Dynamics, 2015, 79(1): 705-720.

[554]LIAO F, TANG X H, ZHANG J. Existence of solutions for periodic elliptic system with general superlinear nonlinearity[J]. Zeitschrift Fur Angewandte Mathematik Und Physik, 2015, 66(3): 689-701.

[555]LIN H, FENG L. The distance spectral radius of graphs with given independence number[J]. Ars Combinatoria, 2015(121): 113-123.

[556]LIU H, CHEN H. Ground-state solution for a class of biharmonic equations including critical exponent[J]. Zeitschrift Fur Angewandte Mathematik Und Physik, 2015, 66(6): 3333-3343.

[557]LIU Y. Perturbation analysis for continuous-time markov chains[J]. Science China-Mathematics, 2015, 58(12): 2633-2642.

[558]LIU Y, LI F. Double bifurcation of nilpotent focus[J]. International Journal of Bifurcation and Chaos, 2015, 25(3).

[559]LIU Z, HU Z, WU W. Elliptic curve with optimal mixed montgomery-edwards model for low-end devices[J]. Science China-Information Sciences, 2015, 58(11).

[560]MA Y, LIU Z. Pricing analysis in geo/geo/1 queueing system[J]. Mathematical Problems in Engineering, 2015.

[561]NIU Y, BURRAGE K, ZHANG C. Multi-scale approach for simulating time-delay biochemical reaction systems[J]. Iet Systems Biology, 2015, 9(1): 31-38.

[562]NIU Y, WANG Y, ZHOU D. The phenotypic equilibrium of cancer cells: From average-level stability to path-wise convergence[J]. Journal of Theoretical Biology, 2015, 386: 7-17.

[563]PENG J, LIU Z, ZHONG M. Convergence dynamics of stochastic reaction-diffusion neural networks with impulses and memory[J]. Neural Computing & Applications, 2015, 26(3): 651-657.

[564]PENG L, JIAO Y. The minimal operator and the john-nirenberg theorem for weighted grand lebesgue spaces[J]. Studia Mathematica, 2015, 229(3): 189-202.

[565]PENG L, LI J. A generalization of phi-moment martingale inequalities[J]. Statistics & Probability Letters, 2015(102): 61-68.

[566]RANDRIANANTOANINA N, WU L. Noncommutative fractional integrals[J]. Studia Mathematica, 2015, 229(2): 113-139.

[567]RANDRIANANTOANINA N, WU L. Martingale inequalities in noncommutative symmetric spaces[J]. Journal of Functional Analysis, 2015, 269(7): 2222-2253.

[568]REN Y, GUO T. Burkholder-gundy-davis inequality on lorentz martingale spaces[J].

Mathematical Inequalities & Applications, 2015, 18(1): 91-95.

[569]SONG Y, LIU Z M, DAI H S. Exact tail asymptotics for a discrete-time preemptive priority queue[J]. Acta Mathematicae Applicatae Sinica-English Series, 2015, 31(1): 43-58.

[570]SUN X, GAN S, VANMAELE M. Analytical approximation for distorted expectations [J]. Statistics & Probability Letters, 2015(107): 246-252.

[571]SUN X, HAESEN D, VANMAELE M. Comment: "On approximating deep in-the-money asian options under exponential levy processes"[J]. Journal of Futures Markets, 2015, 35 (12): 1220-1221.

[572] TANG X. Non-nehari manifold method for asymptotically periodic schrodinger equations[J]. Science China-Mathematics, 2015, 58(4): 715-728.

[573]TANG X. Ground state solutions of nehari-pankov type for a superlinear hamiltonian elliptic system on r-n [J]. Canadian Mathematical Bulletin - Bulletin Canadien De Mathematiques, 2015, 58(3): 651-663.

[574] TANG X H. Non-nehari-manifold method for asymptotically linear schrodinger equation[J]. Journal of the Australian Mathematical Society, 2015, 98(1): 104-116.

[575]WAN Z, YUAN M, WANG C. A partially smoothing jacobian method for nonlinear complementarity problems with p - 0 function [J]. Journal of Computational and Applied Mathematics, 2015(286): 158-171.

[576]WANG G, WANG Z, TIAN Y. The empirical likelihood inference of a regression parameter in censored partial linear models based on a piecewise polynomial[J]. Communications in Statistics-Theory and Methods, 2015, 44(12): 2431-2451.

[577]WANG H, XU Q, ZHOU L. Large unbalanced credit scoring using lasso-logistic regression ensemble[J]. Plos One, 2015, 10(2).

[578]WU L, HAO Z, JIAO Y. John-nirenberg inequalities with variable exponents on probability spaces[J]. Tokyo Journal of Mathematics, 2015, 38(2): 353-367.

[579]WU Y, HUANG W, SUO Y. Weak center and bifurcation of critical periods in a cubic z(2)-equivariant hamiltonian vector field[J]. International Journal of Bifurcation and Chaos, 2015, 25(11).

[580]XIAO N, GAO D S, ZHU M F, et al. Protr/protrweb: R package and web server for generating various numerical representation schemes of protein sequences[J]. Bioinformatics, 2015, 31(11): 1857-1859.

[581]XIAO N, XU Q S. Multi-step adaptive elastic-net: Reducing false positives in high-dimensional variable selection[J]. Journal of Statistical Computation and Simulation, 2015, 85 (18): 3755-3765.

[582]XIAO Q, DAI B. Heteroclinic bifurcation for a general predator-prey model with allee effect and state feedback impulsive control strategy [J]. Mathematical Biosciences and Engineering, 2015, 12(5): 1065-1081.

[583]XIAO Q, DAI B, WANG L. Analysis of a competition fishery model with interval-valued parameters: Extinction, coexistence, bionomic equilibria and optimal harvesting policy [J]. Nonlinear Dynamics, 2015, 80(3): 1631-1642.

[584]XIAO Q, DAI B, XU B, et al. Homoclinic bifurcation for a general state-dependent kolmogorov type predator-prey model with harvesting [J]. Nonlinear Analysis-Real World Applications, 2015, 26: 263-273.

[585]XU Q, HESTHAVEN J S, CHEN F. A parareal method for time-fractional differential equations[J]. Journal of Computational Physics, 2015(293): 173-183.

[586]YAN Z, YAN G, MIYAMOTO I. Fixed point theorems and explicit estimates for convergence rates of continuous time markov chains [J]. Fixed Point Theory and Applications, 2015.

[587]YANG D. Optimal control problems for lipschitz dissipative systems with boundary-noise and boundary-control[J]. Journal of Optimization Theory and Applications, 2015, 165(1): 14-29.

[588]YANG K, WANG E, ZHOU Y, et al. Optimal vaccination policy and cost analysis for epidemic control in resource-limited settings[J]. Kybernetes, 2015, 44(3): 475-486.

[589]YI T, ZOU X. Asymptotic behavior, spreading speeds, and traveling waves of nonmonotone dynamical systems[J]. Siam Journal on Mathematical Analysis, 2015, 47(4): 3005-3034.

[590]YU G, FENG L, ILIC A, et al. The signless laplacian spectral radius of bounded degree graphs on surfaces[J]. Applicable Analysis and Discrete Mathematics, 2015, 9(2): 332-346.

[591]ZHANG J, TANG X, ZHANG W. Ground states for nonlinear maxwell-dirac system with magnetic field[J]. Journal of Mathematical Analysis and Applications, 2015, 421(2): 1573-1586.

[592]ZHANG J, TANG X, ZHANG W. On semiclassical ground state solutions for hamiltonian elliptic systems[J]. Applicable Analysis, 2015, 94(7): 1380-1396.

[593]ZHANG J, TANG X, ZHANG W. Existence and multiplicity of stationary solutions for a class of maxwell-dirac system[J]. Nonlinear Analysis-Theory Methods & Applications, 2015(127): 298-311.

[594]ZHANG L, LI J. The m/m/c queue with mass exodus and mass arrtvals when empty

[J]. Journal of Applied Probability, 2015, 52(4): 990-1002.

[595]ZHANG W, TANG X, ZHANG J. Ground states for a class of asymptotically linear fourth-order elliptic equations[J]. Applicable Analysis, 2015, 94(10): 2168-2174.

[596]ZHOU L, XU Q, WANG H. Rotation survival forest for right censored data[J]. Peerj, 2015(3).

[597]ZHU Y, HAN X, LIU S. Curve construction based on four alpha beta-bernstein-like basis functions[J]. Journal of Computational and Applied Mathematics, 2015(273): 160-181.

[598]AL-DARABSAH I, TANG X, YUAN Y. A prey-predator model with migrations and delays[J]. Discrete and Continuous Dynamical Systems-Series B, 2016, 21(3): 737-761.

[599] ANTON R, COHEN D, LARSSON S, et al. Full discretization of semilinear stochastic wave equations driven by multiplicative noise[J]. Siam Journal on Numerical Analysis, 2016, 54(2): 1093-1119.

[600]BAO J, SHAO J, YUAN C. Approximation of invariant measures for regime-switching diffusions[J]. Potential Analysis, 2016, 44(4): 707-727.

[601]CHEN S, TANG X. Ground state sign-changing solutions for a class of schrodinger-poisson type problems in r-3[J]. Zeitschrift Fur Angewandte Mathematik Und Physik, 2016, 67(4).

[602]CHEN W, JIA L B, JIAO Y. Holder's inequalities involving the infinite product and their applications in martingale spaces[J]. Analysis Mathematica, 2016, 42(2): 121-141.

[603]CHEN X, LIU Y, WAN Z. Optimal decision making for online and offline retailers under bops mode[J]. Anziam Journal, 2016, 58(2): 187-208.

[604]CHEN Y, HUANG S, WAN Z. A strong convergent smoothing regularization method for mathematical programs with complementarity constraints[J]. Pacific Journal of Optimization, 2016, 12(3): 497-519.

[605] CHEN Z, LENG C. Dynamic covariance models [J]. Journal of the American Statistical Association, 2016, 111(515): 1196-1208.

[606]CHENG B. Least energy sign-changing solutions for a class of nonlocal kirchhoff-type problems[J]. Springerplus, 2016(5).

[607]DONG J, YAO Z J, WEN M, et al. Biotriangle: A web-accessible platform for generating various molecular representations for chemicals, proteins, dnas/rnas and their interactions[J]. Journal of Cheminformatics, 2016(8).

[608]DU C, LIU Y, HUANG W. Behavior of limit cycle bifurcations for a class of quartic kolmogorov models in a symmetrical vector field[J]. Applied Mathematical Modelling, 2016, 40(5-6): 4094-4108.

[609]DU C, LIU Y, HUANG W. A class of three-dimensional quadratic systems with ten limit cycles[J]. International Journal of Bifurcation and Chaos, 2016, 26(9).

[610]DU C, LIU Y, QI Z. Limit cycle bifurcation of infinity and degenerate singular point in three-dimensional vector field[J]. International Journal of Bifurcation and Chaos, 2016, 26(9).

[611]DUAN B, ZHENG Z, GAO W. Spectral approximation methods and error estimates for caputo fractional derivative with applications to initial – value problems[J]. Journal of Computational Physics, 2016(319): 108–128.

[612]FENG L, GAO J, LIU W, et al. The spectral radius of edge chromatic critical graphs[J]. Linear Algebra and Its Applications, 2016(492): 78–88.

[613]GOU B Z, XU Y, YANG D H. Optimal actuator location of minimum norm controls for heat equation with general controlled domain[J]. Journal of Differential Equations, 2016, 261(6): 3588–3614.

[614]GOU B Z, YANG D H, ZHANG L. On optimal location of diffusion and related optimal control for null controllable heat equation[J]. Journal of Mathematical Analysis and Applications, 2016, 433(2): 1333–1349.

[615]HAN R, DAI B. Spatiotemporal dynamics and hopf bifurcation in a delayed diffusive intraguild predation model with holling ii functional response[J]. International Journal of Bifurcation and Chaos, 2016, 26(12).

[616]HE F, KU M, DANG P, et al. Riemann-hilbert problems for poly-hardy space on the unit ball[J]. Complex Variables and Elliptic Equations, 2016, 61(6): 772–790.

[617]HE F, KU M, KAHLERU, et al. Riemann-hilbert problems for null-solutions to iterated generalized cauchy-riemann equations in axially symmetric domains[J]. Computers & Mathematics with Applications, 2016, 71(10): 1990–2000.

[618]HE G, XIANG S, XU Z. A chebyshev collocation method for a class of fredholm integral equations with highly oscillatory kernels[J]. Journal of Computational and Applied Mathematics, 2016(300): 354–368.

[619]HE Y, LI Q R, WANG X J. Multiple solutions of the l-p-minkowski problem[J]. Calculus of Variations and Partial Differential Equations, 2016, 55(5).

[620]HE Y B, TANG X H. Numerical simulations of a family of the coupled viscous burgers, equation using the lattice boltzmann method[J]. Journal of Statistical Mechanics–Theory and Experiment, 2016.

[621]HU Z, ZHANG G, XU M. Some techniques for faster scalar multiplication on gls curves[J]. Information Processing Letters, 2016, 116(1): 41–46.

[622] JIAO Y, SUKOCHEV F, XIE G, et al. Phi-moment inequalities for independent and freely independent random variables[J]. Journal of Functional Analysis, 2016, 270(12): 4558-4596.

[623] JIAO Y, SUKOCHEV F, ZANIN D. Johnson-schechtman and khintchine inequalities in noncommutative probability theory[J]. Journal of the London Mathematical Society-Second Series, 2016, 94: 113-140.

[624] JIAO Y, ZHOU D, HAO Z, et al. Martingale hardy spaces with variable exponents [J]. Banach Journal of Mathematical Analysis, 2016, 10(4): 750-770.

[625] JIN W, LIU W J, WANG C Q. Finite 2-geodesic transitive abelian cayley graphs [J]. Graphs and Combinatorics, 2016, 32(2): 713-720.

[626] KLIBANOV M V, NGUYEN L H, PAN K. Nanostructures imaging via numerical solution of a 3-d inverse scattering problem without the phase information[J]. Applied Numerical Mathematics, 2016(110): 190-203.

[627] LAI X, ZOU X. A reaction diffusion system modeling virus dynamics and ctls response with chemotaxis[J]. Discrete and Continuous Dynamical Systems-Series B, 2016, 21 (8): 2567-2585.

[628] LI F, YU P, LIU Y. Analytic integrability of two lopsided systems[J]. International Journal of Bifurcation and Chaos, 2016, 26(2).

[629] LI J, ZHANG L. Decay property of stopped markovian bulk-arriving queues with c-servers[J]. Stochastic Models, 2016, 32(4): 674-686.

[630] LI S, ZHU Y. Periodic orbits of radially symmetric keplerian-like systems with a singularity[J]. Journal of Function Spaces, 2016.

[631] LIAN Z, GU X, WU J. A re-examination of experience service offering and regular service pricing under profit maximization[J]. European Journal of Operational Research, 2016, 254(3): 907-915.

[632] LIU X, DAI B. A note on "a delayed eco-epidemiological system with infected prey and predator subject to the weak allee effect" [J]. Mathematical Biosciences, 2016(281): 55-61.

[633] LIU X G, WANG F X, SHU Y J. A novel summation inequality for stability analysis of discrete-time neural networks[J]. Journal of Computational and Applied Mathematics, 2016 (304): 160-171.

[634] LIU Z, Chu Y, WU J. Heavy-traffic asymptotics of a priority polling system with threshold service policy[J]. Computers & Operations Research, 2016(65): 19-28.

[635] LIU Z, YU S. The m/m/c queueing system in a random environment[J]. Journal of

Mathematical Analysis and Applications, 2016, 436(1): 556-567.

[636] NIU Y, BURRAGE K, CHEN L. Modelling biochemical reaction systems by stochastic differential equations with reflection[J]. Journal of Theoretical Biology, 2016(396): 90-104.

[637] PAN K J, TANG J T, DU H K, et al. Trust region inversion algorithm of high-resolution array lateral logging in axisymmetric formation[J]. Chinese Journal of Geophysics-Chinese Edition, 2016, 59(8): 3110-3120.

[638] QIN D, TANG X. Time-harmonic maxwell equations with asymptotically linear polarization[J]. Zeitschrift Fur Angewandte Mathematik Und Physik, 2016, 67(3).

[639] SHEN L, GAO D, XU Q, et al. A novel local manifold-ranking based k-nn for modeling the regression between bioactivity and molecular descriptors[J]. Chemometrics and Intelligent Laboratory Systems, 2016(151): 71-77.

[640] SHI H, CHEN H. Multiplicity results for a class of boundary value problems with impulsive effects[J]. Mathematische Nachrichten, 2016, 289(5-6): 718-726.

[641] SHU Y, LIU X, LIU Y. Stability and passivity analysis for uncertain discrete-time neural networks with time-varying delay[J]. Neurocomputing, 2016(173): 1706-1714.

[642] SONG Y, LIU Z, ZHAO Y Q. Exact tail asymptotics: Revisit of a retrial queue with two input streams and two orbits[J]. Annals of Operations Research, 2016, 247(1): 97-120.

[643] TANG X, QIN D. Ground state solutions for semilinear time-harmonic maxwell equations[J]. Journal of Mathematical Physics, 2016, 57(4).

[644] TANG X H. Infinitely many homoclinic solutions for a second-order hamiltonian system[J]. Mathematische Nachrichten, 2016, 289(1): 116-127.

[645] TANG X H, CHENG B. Ground state sign-changing solutions for kirchhoff type problems in bounded domains[J]. Journal of Differential Equations, 2016, 261(4): 2384-2402.

[646] WAN J, ZHANG R, GUI X, et al. Reactive pricing: An adaptive pricing policy for cloud providers to maximize profit[J]. Ieee Transactions on Network and Service Management, 2016, 13(4): 941-953.

[647] WAN Z, LIU W, WANG C. A modified spectral conjugate gradient projection method for solving nonlinear monotone symmetric equations[J]. Pacific Journal of Optimization, 2016, 12(3): 603-622.

[648] WANG F, FANG X, CHEN X, et al. Impact of inventory inaccuracies on products with inventory-dependent demand[J]. International Journal of Production Economics, 2016(177): 118-130.

[649] WANG X. Weak error estimates of the exponential euler scheme for semi-linear spdes without malliavin calculus[J]. Discrete and Continuous Dynamical Systems, 2016, 36(1): 481-497.

[650] WU L. Multipliers for noncommutative walsh-fourier series[J]. Proceedings of the American Mathematical Society, 2016, 144(3): 1073-1085.

[651] WU Y, ZOU X. Asymptotic profiles of steady states for a diffusive sis epidemic model with mass action infection mechanism[J]. Journal of Differential Equations, 2016, 261(8): 4424-4447.

[652] XIANG S. On interpolation approximation: Convergence rates for polynomial interpolation for functions of limited regularity[J]. Siam Journal on Numerical Analysis, 2016, 54(4): 2081-2113.

[653] XU J, XU Q, YI L, et al. Correlation-assisted nearest shrunken centroid classifier with applications for high dimensional spectral data[J]. Journal of Chemometrics, 2016, 30(1): 37-45.

[654] XU L, CHEN H. Nontrivial solutions for kirchhoff-type problems with a parameter [J]. Journal of Mathematical Analysis and Applications, 2016, 433(1): 455-472.

[655] XU Q S, XU J, GAO D S, et al. Boosting in block variable subspaces: An approach of additive modeling for structure-activity relationship [J]. Chemometrics and Intelligent Laboratory Systems, 2016(152): 134-139.

[656] XU Z, XIANG S. On the evaluation of highly oscillatory finite hankel transform using special functions[J]. Numerical Algorithms, 2016, 72(1): 37-56.

[657] YANG D. M-dissipativity for kolmogorov operator of a fractional burgers equation with space-time white noise[J]. Potential Analysis, 2016, 44(2): 215-227.

[658] YANG D, ZHONG J. Observability inequality of backward stochastic heat equations for measurable sets and its applications[J]. Siam Journal on Control and Optimization, 2016, 54(3): 1157-1175.

[659] YANG X, LIU W, LIU H, et al. Incidence graphs constructed from t-designs[J]. Applicable Analysis and Discrete Mathematics, 2016, 10(2): 457-478.

[660] YAO Z J, DONG J, CHE Y J, et al. Targetnet: A web service for predicting potential drug-target interaction profiling via multi-target sar models[J]. Journal of Computer-Aided Molecular Design, 2016, 30(5): 413-424.

[661] ZHANG J, ZHANG W, XIE X. Existence and concentration of semiclassical solutions for hamiltonian elliptic system[J]. Communications on Pure and Applied Analysis, 2016, 15(2): 599-622.

[662]ZHANG L, TANG X, CHEN Y. Infinitely many solutions for quasilinear schrodinger equations under broken symmetry situation[J]. Topological Methods in Nonlinear Analysis, 2016, 48(2): 539-554.

[663]ZHANG L, TANG X H, CHEN Y. Infinitely many solutions for a class of indefinite biharmonic equation under symmetry breaking situations[J]. Complex Variables and Elliptic Equations, 2016, 61(9): 1334-1352.

[664]ZHANG R, WAN J. Temperature-aware adaptive cooling and server control for green data centers[J]. Journal of Control Automation and Electrical Systems, 2016, 27(3): 300-309.

[665]ZHANG X, HUANG S, WAN Z. Optimal pricing and ordering in global supply chain management with constraints under random demand[J]. Applied Mathematical Modelling, 2016, 40(23-24): 10105-10130.

[666]BAO J, SONG Q, YIN G, et al. Ergodicity and strong limit results for two-time-scale functional stochastic differential equations[J]. Stochastic Analysis and Applications, 2017, 35(6): 1030-1046.

[667]CHEN G, LIU Z, WU J. Optimal threshold control of a retrial queueing system with finite buffer[J]. Journal of Industrial and Management Optimization, 2017, 13(3): 1537-1552.

[668]CHEN J, TANG X, GAO Z, et al. Ground state sign-changing solutions for a class of generalized quasilinear schrodinger equations with a kirchhoff-type perturbation[J]. Journal of Fixed Point Theory and Applications, 2017, 19(4): 3127-3149.

[669]CHENG B, TANG X. Ground state sign-changing solutions for asymptotically 3-linear kirchhoff-type problems[J]. Complex Variables and Elliptic Equations, 2017, 62(8): 1093-1116.

[670]DENG Y, LIU H, UHLMANN G. Full and partial cloaking in electromagnetic scattering[J]. Archive for Rational Mechanics and Analysis, 2017, 223(1): 265-299.

[671]DENG Y, LIU H, UHLMANN G. On regularized full-and partial-cloaks in acoustic scattering[J]. Communications in Partial Differential Equations, 2017, 42(6): 821-851.

[672]DU C, LIU Y. Isochronicity for a-equivariant cubic system[J]. Nonlinear Dynamics, 2017, 87(2): 1235-1252.

[673]FENG L, ZHANG P, LIU H, et al. Spectral conditions for some graphical properties[J]. Linear Algebra and Its Applications, 2017(524): 182-198.

[674]FENG L, ZHU X, LIU W. Wiener index, harary index and graph properties[J]. Discrete Applied Mathematics, 2017(223): 72-83.

[675] GAO H, LI Z, ZHANG H. A fast continuous method for the extreme eigenvalue problem[J]. Journal of Industrial and Management Optimization, 2017, 13(3): 1587-1599.

[676] GAO Z, TANG X, CHEN S. Ground state solutions for a class of nonlinear fractional schrodinger-poisson systems with super-quadratic nonlinearity[J]. Chaos Solitons & Fractals, 2017(105): 189-194.

[677] GUO T, ZHANG E, WU M, et al. On random convex analysis[J]. Journal of Nonlinear and Convex Analysis, 2017, 18(11): 1967-1996.

[678] HAN R, DAI B. Hopf bifurcation in a reaction-diffusive two-species model with nonlocal delay effect and general functional response[J]. Chaos Solitons & Fractals, 2017(96): 90-109.

[679] HAN R, DAI B. Cross-diffusion induced turing instability and amplitude equation for a toxic-phytoplankton-zooplankton model with nonmonotonic functional response[J]. International Journal of Bifurcation and Chaos, 2017, 27(6).

[680] HAN X, GUO X. Optimal parameter values for approximating conic sections by the quartic bezier curves[J]. Journal of Computational and Applied Mathematics, 2017(322): 86-95.

[681] HOU M, LIU T, YANG Y, et al. A new hybrid constructive neural network method for impacting and its application on tungsten price prediction[J]. Applied Intelligence, 2017, 47(1): 28-43.

[682] HUANG S, WAN Z. A new nonmonotone spectral residual method for nonsmooth nonlinear equations[J]. Journal of Computational and Applied Mathematics, 2017(313): 82-101.

[683] JIAO Y, SUKOCHEV F, ZANIN D, et al. Johnson-schechtman inequalities for noncommutative martingales[J]. Journal of Functional Analysis, 2017, 272(3): 976-1016.

[684] JIAO Y, WU L, YANG A, et al. The predual and john-nirenberg inequalities on generalized bmo martingale spaces[J]. Transactions of the American Mathematical Society, 2017, 369(1): 537-553.

[685] JIAO Y, ZHOU D, WEISZ F, et al. Fractional integral on martingale hardy spaces with variable exponents[J]. Fractional Calculus and Applied Analysis, 2017, 20(4): 1051-1052.

[686] JIN W, LIU W J, XU S J. Two-geodesic transitive graphs of valency six[J]. Discrete Mathematics, 2017, 340(2): 192-200.

[687] LI J, MENG W. Regularity criterion for 2-type markov branching processes with immigration[J]. Statistics & Probability Letters, 2017(121): 109-118.

[688]LI M, LIU Z, ZHANG Y, et al. Distribution analysis of train interval journey time employing the censored model with shifting character[J]. Journal of Applied Statistics, 2017, 44(4): 715-733.

[689]LI S H, XIANG S, XIAN J. A fast hybrid galerkin method for high-frequency acoustic scattering[J]. Applicable Analysis, 2017, 96(10): 1698-1712.

[690]LI Y, WAN Z, LIU J. Bi-level programming approach to optimal strategy for vendor-managed inventory problems under random demand[J]. Anziam Journal, 2017, 59(2): 247-270.

[691]LI Z, ZHANG W. Stability in distribution of stochastic volterra-levin equations[J]. Statistics & Probability Letters, 2017(122): 20-27.

[692]LI Z, ZHANG Y. Solutions for a class of quasilinear schrodinger equations with critical sobolev exponents[J]. Journal of Mathematical Physics, 2017, 58(2).

[693]LIU H, SOUSA T. Decompositions of graphs into fans and single edges[J]. Journal of Graph Theory, 2017, 85(2): 400-411.

[694]LIU K, ZHOU D, JIAO Y. Hardy-lorentz spaces for b-valued martingales[J]. Journal of Mathematical Analysis and Applications, 2017, 450(2): 1401-1420.

[695]LIU K, ZHOU D, PENG L. A weak type john-nirenberg theorem for martingales[J]. Statistics & Probability Letters, 2017(122): 190-197.

[696]LIU T, DU C, HUANG W. Double bifurcation for a cubic kolmogorov model[J]. Nonlinear Dynamics, 2017, 90(1): 325-338.

[697]LIU W, GUO Q, ZHANG Y, et al. Further results on the largest matching root of unicyclic graphs[J]. Discrete Applied Mathematics, 2017(221): 82-88.

[698]LIU X, DAI B. Dynamics of a predator-prey model with double allee effects and impulse[J]. Nonlinear Dynamics, 2017, 88(1): 685-701.

[699]LIU X, LIU X, TANG M, et al. Improved exponential stability criterion for neural networks with time varying delay[J]. Neurocomputing, 2017(234): 154-163.

[700]LIU X G, WANG F X, TANG M L. Auxiliary function-based summation inequalities and their applications to discrete-time systems[J]. Automatica, 2017(78): 211-215.

[701]LIU Z, GROSSSCHADI J, HU Z, et al. Elliptic curve cryptography with efficiently computable endomorphisms and its hardware implementations for the internet of things[J]. Ieee Transactions on Computers, 2017, 66(5): 773-785.

[702]LIU Z, HUANG X, HU Z, et al. On emerging family of elliptic curves to secure internet of things: Ecc comes of age[J]. Ieee Transactions on Dependable and Secure Computing, 2017, 14(3): 237-248.

[703]LIU Z, WENG J, HU Z, et al. Efficient elliptic curve cryptography for embedded devices[J]. Acm Transactions on Embedded Computing Systems, 2017, 16(2).

[704]LUO H, LI S, TANG X. Nontrivial solution for the fractional p-laplacian equations via perturbation methods[J]. Advances in Mathematical Physics, 2017.

[705]MA J, XIANG S. A collocation boundary value method for linear volterra integral equations[J]. Journal of Scientific Computing, 2017, 71(1): 1-20.

[706]MA Y, LIU Z, ZHANG Z G. Equilibrium in vacation queueing system with complementary services[J]. Quality Technology and Quantitative Management, 2017, 14(1): 114-127.

[707]MENG W W, LI J P. Decay properties of n-type markov branching processes with disasters[J]. Journal of Theoretical Probability, 2017, 30(4): 1605-1623.

[708]PAN K, HE D, CHEN C. An extrapolation cascadic multigrid method for elliptic problems on reentrant domains[J]. Advances in Applied Mathematics and Mechanics, 2017, 9(6): 1347-1363.

[709]PAN K, HE D, HU H. An extrapolation cascadic multigrid method combined with a fourth-order compact scheme for 3d poisson equation[J]. Journal of Scientific Computing, 2017, 70(3): 1180-1203.

[710]PAN K, HE D, HU H, et al. A new extrapolation cascadic multigrid method for three dimensional elliptic boundary value problems[J]. Journal of Computational Physics, 2017(344): 499-515.

[711]QIN D, HE Y, TANG X. Ground and bound states for non-linear schrodinger systems with indefinite linear terms[J]. Complex Variables and Elliptic Equations, 2017, 62(12): 1758-1781.

[712]RANDRIANANTOANINA N, WU L. Noncommutative burkholder/rosenthal inequalities associated with convex functions[J]. Annales De L Institut Henri Poincare-Probabilites Et Statistiques, 2017, 53(4): 1575-1605.

[713]SHAO L, CHEN H. Existence and concentration result for a quasilinear schrodinger equation with critical growth[J]. Zeitschrift Fur Angewandte Mathematik Und Physik, 2017, 68(6).

[714]SHI H, CHEN H. Existence and multiplicity of solutions for a class of generalized quasilinear schrodinger equations[J]. Journal of Mathematical Analysis and Applications, 2017, 452(1): 578-594.

[715]SHI Z, YAN D. Sharp l-p-boundedness of oscillatory integral operators with polynomial phases[J]. Mathematische Zeitschrift, 2017, 286(3-4): 1277-1302.

[716] SHU Y, LIU X G, LIU Y, et al. Improved results on guaranteed generalized performance state estimation for delayed static neural networks[J]. Circuits Systems and Signal Processing, 2017, 36(8): 3114-3142.

[717] SHU Y, LIU X G, QIU S, et al. Dissipativity analysis for generalized neural networks with markovian jump parameters and time-varying delay[J]. Nonlinear Dynamics, 2017, 89(3): 2125-2140.

[718] TANG X. New super-quadratic conditions for asymptotically periodic schrodinger equations[J]. Canadian Mathematical Bulletin-Bulletin Canadien De Mathematiques, 2017, 60(2): 422-435.

[719] TANG X, CHEN S. Ground state solutions of nehari-pohozaev type for schrodinger-poisson problems with general potentials[J]. Discrete and Continuous Dynamical Systems, 2017, 37(9): 4973-5002.

[720] TANG X H, CHEN S. Ground state solutions of nehari-pohozaev type for kirchhoff-type problems with general potentials [J]. Calculus of Variations and Partial Differential Equations, 2017, 56(4).

[721] WANG H, ZHOU L. Random survival forest with space extensions for censored data [J]. Artificial Intelligence in Medicine, 2017(79): 52-61.

[722] WANG N N, HUANG C, DONG J, et al. Predicting human intestinal absorption with modified random forest approach: A comprehensive evaluation of molecular representation, unbalanced data, and applicability domain issues[J]. Rsc Advances, 2017, 7(31): 19007-19018.

[723] WANG T, YI T. Uniqueness of positive solutions of the choquard type equations[J]. Applicable Analysis, 2017, 96(3): 409-417.

[724] WANG X. Strong convergence rates of the linear implicit euler method for the finite element discretization of spdes with additive noise[J]. IMA Journal of Numerical Analysis, 2017, 37(2): 965-984.

[725] WANG X, QI R, JIANG F. Sharp mean-square regularity results for spdes with fractional noise and optimal convergence rates for the numerical approximations [J]. BIT Numerical Mathematics, 2017, 57(2): 557-585.

[726] WANG Y, LIU Z, LI Y, et al. On the concept of subcriticality and criticality and a ratio theorem for a branching process in a random environment[J]. Statistics & Probability Letters, 2017(127): 97-103.

[727] WU J, LIU Z. Maximum principle for mean-field zero-sum stochastic differential game with partial information and its application to finance[J]. European Journal of Control, 2017

(37): 8-15.

[728]YU S, LIU Z, WU J. Strategic behavior in the partially observable markovian queues with partial breakdowns[J]. Operations Research Letters, 2017, 45(5): 471-474.

[729]ZHANG J, TANG X, ZHANG W. On semiclassical ground states for hamiltonian elliptic system with critical growth[J]. Topological Methods in Nonlinear Analysis, 2017, 49(1): 245-272.

[730]ZHANG J, ZHANG W, TANG X. Ground state solutions for hamiltonian elliptic system with inverse with inverse square potential [J]. Discrete and Continuous Dynamical Systems, 2017, 37(8): 4565-4583.

[731]ZHANG L, TANG X H, CHEN Y. Infinitely many solutions for a class of perturbed elliptic equations with nonlocal operators[J]. Communications on Pure and Applied Analysis, 2017, 16(3): 823-842.

[732]ZHAO N, XU Q, WANG H. Marginal screening for partial least squares regression [J]. Ieee Access, 2017, 5: 14047-14055.

[733]ZHOU D, WU L, JIAO Y. Martingale weak orlicz-karamata-hardy spaces associated with concave functions[J]. Journal of Mathematical Analysis and Applications, 2017, 456(1): 543-562.

[734]ZHOU Y, CHEN Z C, TANG J, et al. An innovative approach to nc programming for accurate five-axis flank milling of spiral bevel or hypoid gears[J]. Computer-Aided Design, 2017(84): 15-24.

[735]ZHOU Y, LU J, FU H. Leading coefficients of morris type constant term identities [J]. Advances in Applied Mathematics, 2017(87): 24-42.

[736]ZHU M, REN P, LI J. Exponential stability of solutions for retarded stochastic differential equations without dissipativity[J]. Discrete and Continuous Dynamical Systems-Series B, 2017, 22(7): 2923-2938.

[737]ZHU X, FENG L, LIU M, et al. Some topological indices and graph properties[J]. Transactions on Combinatorics, 2017, 6(4): 51-65.

[738]CHE G, CHEN H. Ground state solutions for a class of semilinear elliptic systems with sum of periodic and vanishing potentials[J]. Topological Methods in Nonlinear Analysis, 2018, 51(1): 215-242.

[739]CHEN D D, ZHENG Z S, WANG J Z, et al. Modeling sintering behavior of metal fibers with different fiber angles[J]. Rare Metals, 2018, 37(10): 886-893.

[740]CHEN J, TANG X, CHENG B. Existence and nonexistence of positive solutions for a class of generalized quasilinear schrodinger equations involving a kirchhoff-type perturbation with

critical sobolev exponent[J]. Journal of Mathematical Physics, 2018, 59(2).

[741]CHEN N, WANG Y, YANG D H. Time-varying bang-bang property of time optimal controls for heat equation and its application[J]. Systems & Control Letters, 2018(112): 18-23.

[742]CHEN S, TANG X. Improved results for klein-gordon-maxwell systems with general nonlinearity[J]. Discrete and Continuous Dynamical Systems, 2018, 38(5): 2333-2348.

[743]CHEN S, TANG X. Ground state solutions for generalized quasilinear schrodinger equations with variable potentials and berestycki-lions nonlinearities[J]. Journal of Mathematical Physics, 2018, 59(8).

[744]CHEN X, CHEN X, WANG H. Robust feature screening for ultra-high dimensional right censored data via distance correlation[J]. Computational Statistics & Data Analysis, 2018(119): 118-138.

[745]CHEN Z, TANG M L, GAO W. A profile likelihood approach for longitudinal data analysis[J]. Biometrics, 2018, 74(1): 220-228.

[746]CHEN Z Q, PENG J. Markov processes with darning and their approximations[J]. Stochastic Processes and Their Applications, 2018, 128(9): 3030-3053.

[747]DUAN B, JIN B, LAZAROV R, et al. Space-time petrov-galerkin fem for fractional diffusion problems[J]. Computational Methods in Applied Mathematics, 2018, 18(1): 1-20.

[748]FANG X, DENG Y. Uniqueness on recovery of piecewise constant conductivity and inner core with one measurement[J]. Inverse Problems and Imaging, 2018, 12(3): 733-743.

[749]GAO H, ZHANG H, LI Z, et al. Optimality analysis on partial-minimization recovery [J]. Journal of Global Optimization, 2018, 70(1): 159-170.

[750]GAO Z, TANG X, CHEN S. Existence of ground state solutions for a class of nonlinear fractional schrodinger-poisson systems with super-quadratic nonlinearity[J]. Complex Variables and Elliptic Equations, 2018, 63(6): 802-814.

[751]GAO Z, TANG X, CHEN S. On existence and concentration behavior of positive ground state solutions for a class of fractional schrodinger-choquard equations[J]. Zeitschrift Fur Angewandte Mathematik Und Physik, 2018, 69(5).

[752]HAO Z, POPA M. A combinatorial result on asymptotic independence relations for random matrices with non-commutative entries[J]. Journal of Operator Theory, 2018, 80(1): 47-76.

[753]HE B. On extensions of van hamme's conjectures[J]. Proceedings of the Royal Society of Edinburgh Section a-Mathematics, 2018, 148(5): 1017-1027.

[754]HE B B, ZHOU H C, CHEN Y, et al. Asymptotical stability of fractional order

systems with time delay via an integral inequality[J]. Iet Control Theory and Applications, 2018, 12(12): 1748-1754.

[755]HE B B, ZHOU H C, KOU C H, et al. New integral inequalities and asymptotic stability of fractional-order systems with unbounded time delay[J]. Nonlinear Dynamics, 2018, 94(2): 1523-1534.

[756]HE D, PAN K. An unconditionally stable linearized difference scheme for the fractional ginzburg-landau equation[J]. Numerical Algorithms, 2018, 79(3): 899-925.

[757]HOU M, YANG Y, LIU T, et al. Forecasting time series with optimal neural networks using multi-objective optimization algorithm based on aicc[J]. Frontiers of Computer Science, 2018, 12(6): 1261-1263.

[758]HU J, GAN S. High order method for black-scholes pde[J]. Computers & Mathematics with Applications, 2018, 75(7): 2259-2270.

[759]HU W, DUAN Y. Global dynamics of a nonlocal delayed reaction-diffusion equation on a half plane[J]. Zeitschrift Fur Angewandte Mathematik Und Physik, 2018, 69(2).

[760]HU W, DUAN Y, ZHOU Y. Dirichlet problem of a delay differential equation with spatial non-locality on a half plane[J]. Nonlinear Analysis-Real World Applications, 2018(39): 300-320.

[761]HUANG X, LUO Y P, XU Q S, et al. Incorporating variable importance into kernel pls for modeling the structure-activity relationship[J]. Journal of Mathematical Chemistry, 2018, 56(3): 713-727.

[762]HUTZENTHALER M, JENTZEN A, WANG X. Exponential integrability properties of numerical approximation processes for nonlinear stochastic differential equations[J]. Mathematics of Computation, 2018, 87(311): 1353-1413.

[763]JIAO Y, OSCKOWSKI A, WU L. Inequalities for noncommutative differentially subordinate martingales[J]. Advances in Mathematics, 2018(337): 216-259.

[764]JIAO Y, ZHOU D, WU L, et al. Noncommutative dyadic martingales and walsh-fourier series[J]. Journal of the London Mathematical Society-Second Series, 2018(97): 550-574.

[765]KHOUTIR S, CHEN H. Positive ground state solutions for a class of schrodinger-poisson systems in r-4 involving critical sobolev exponent[J]. Asymptotic Analysis, 2018, 109(1-2): 91-109.

[766]KU M, HE F, WANG Y. Riemann-hilbert problems for hardy space of meta-analytic functions on the unit disc[J]. Complex Analysis and Operator Theory, 2018, 12(2): 457-474.

[767]LEI H, LI S, LIU H, et al. Rainbow vertex connection of digraphs[J]. Journal of

Combinatorial Optimization, 2018, 35(1): 86-107.

[768]LI F, LIU Y, LIU Y, et al. Bi-center problem and bifurcation of limit cycles from nilpotent singular points in z(2)-equivariant cubic vector fields[J]. Journal of Differential Equations, 2018, 265(10): 4965-4992.

[769]LI F, YU P, LIU Y, et al. Centers and isochronous centers of a class of quasi-analytic switching systems[J]. Science China-Mathematics, 2018, 61(7): 1201-1218.

[770]LI J, CHEN A. Generalized markov interacting branching processes[J]. Science China-Mathematics, 2018, 61(3): 545-562.

[771]LI Y, DAI B. Existence and multiplicity of nontrivial solutions for liouville-weyl fractional nonlinear schrodinger equation[J]. Revista De La Real Academia De Ciencias Exactas Fisicas Y Naturales Serie a-Matematicas, 2018, 112(4): 957-967.

[772]LI Y, ZHANG H, LI Z, et al. Proximal gradient method with automatic selection of the parameter by automatic differentiation[J]. Optimization Methods & Software, 2018, 33(4-6): 708-717.

[773]LI Z, DAI B. Global dynamics of delayed intraguild predation model with intraspecific competition[J]. International Journal of Biomathematics, 2018, 11(8).

[774]LI Z, YIU M F C, DAI Y H. On sparse beamformer design with reverberation[J]. Applied Mathematical Modelling, 2018(58): 98-110.

[775]LIN W J, HE Y, WU M, et al. Reachable set estimation for markovian jump neural networks with time-varying delay[J]. Neural Networks, 2018(108): 527-532.

[776]LIU L, ZHU S, WU B, et al. On designing state estimators for discrete-time recurrent neural networks with interval-like time-varying delays[J]. Neurocomputing, 2018(286): 67-74.

[777]LIU S, XIAO J, HU L, et al. Implicit surfaces from polygon soup with compactly supported radial basis functions[J]. Visual Computer, 2018, 34(6-8): 779-791.

[778]LIU W, LIU M, FENG L. Spectral conditions for graphs to be beta-deficient involving minimum degree[J]. Linear & Multilinear Algebra, 2018, 66(4): 792-802.

[779]LIU X, MA S, ZHANG X. Infinitely many bound state solutions of choquard equations with potentials[J]. Zeitschrift Fur Angewandte Mathematik Und Physik, 2018, 69(5).

[780]LIU Y, LI W. Error bounds for augmented truncation approximations of markov chains via the perturbation method[J]. Advances in Applied Probability, 2018, 50(2): 645-669.

[781]LIU Y, LI W, MASUYAMA H. Error bounds for augmented truncation

approximations of continuous-time markov chains[J]. Operations Research Letters, 2018, 46(4): 409-413.

[782] LIU Y, PARK J H, GOU B Z, et al. Further results on stabilization of chaotic systems based on fuzzy memory sampled-data control[J]. Ieee Transactions on Fuzzy Systems, 2018, 26(2): 1040-1045.

[783] LIU Y, WANG P, ZHAO Y Q. The variance constant for continuous-time level dependent quasi-birth-and-death processes[J]. Stochastic Models, 2018, 34(1): 25-44.

[784] LUO H, LI S, HE W. Non-nehari manifold method for fractional p-laplacian equation with a sign-changing nonlinearity[J]. Journal of Function Spaces, 2018.

[785] LUO H, TANG X. Ground state and multiple solutions for the fractional schrodinger-poisson system with critical sobolev exponent[J]. Nonlinear Analysis-Real World Applications, 2018(42): 24-52.

[786] LUO H, TANG X, GAO Z. Ground state sign-changing solutions for fractional kirchhoff equations in bounded domains[J]. Journal of Mathematical Physics, 2018, 59(3).

[787] LUO H, TANG X, GAO Z. Sign-changing solutions for non-local elliptic equations with asymptotically linear term[J]. Communications on Pure and Applied Analysis, 2018, 17(3): 1147-1159.

[788] MA P, YAN F, ZHENG D. Zero, finite rank, and compact big truncated hankel operators on model spaces[J]. Proceedings of the American Mathematical Society, 2018, 146(12): 5235-5242.

[789] QIU S B, LIU X G, WANG F X, et al. Robust stability analysis for uncertain recurrent neural networks with leakage delay based on delay-partitioning approach[J]. Neural Computing & Applications, 2018, 30(1): 211-222.

[790] SHEN L, XU Q, GAO D, et al. The hybrid of semisupervised manifold learning and spectrum kernel for classification[J]. Journal of Chemometrics, 2018, 32(2).

[791] SHI Z. Self-similar solutions of stationary navier-stokes equations[J]. Journal of Differential Equations, 2018, 264(3): 1550-1580.

[792] SHU Y J, LIU X G, WANG F X, et al. Exponential input-to-state stability of stochastic neural networks with mixed delays[J]. International Journal of Machine Learning and Cybernetics, 2018, 9(5): 807-819.

[793] TANG H, XING M, LIU Q, et al. On the periodic orbits of four-particle time-dependent fpu chains[J]. Advances in Mathematical Physics, 2018.

[794] TANG L, ZHOU S, ZHU X. Further results on wiener, harary indices and graph properties[J]. Ars Combinatoria, 2018(141): 111-123.

[795] TIAN Z, FAN C M, DENG Y, et al. New explicit iteration algorithms for solving coupled continuous markovian jump lyapunov matrix equations [J]. Journal of the Franklin Institute-Engineering and Applied Mathematics, 2018, 355(17): 8346-8372.

[796] WAN Z, GUO J, LIU J, et al. A modified spectral conjugate gradient projection method for signal recovery[J]. Signal Image and Video Processing, 2018, 12(8): 1455-1462.

[797] WAN Z, WU H, DAI L. A polymorphic uncertain equilibrium model and its deterministic equivalent formulation for decentralized supply chain management [J]. Applied Mathematical Modelling, 2018(58): 281-299.

[798] WANG D, HUANG L. Robust synchronization of discontinuous cohen-grossberg neural networks: Pinning control approach[J]. Journal of the Franklin Institute-Engineering and Applied Mathematics, 2018, 355(13): 5866-5892.

[799] WANG D, HUANG L, TANG L, et al. Generalized pinning synchronization of delayed cohen-grossberg neural networks with discontinuous activations [J]. Neural Networks, 2018(104): 80-92.

[800] WANG F X, LIU X G, TANG M L, et al. Improved integral inequalities for stability analysis of delayed neural networks[J]. Neurocomputing, 2018(273): 178-189.

[801] WANG H, CHEN X, LI G. Survival forests with r-squared splitting rules [J]. Journal of Computational Biology, 2018, 25(4): 388-395.

[802] WANG H, WANG J, ZHOU L. A survival ensemble of extreme learning machine [J]. Applied Intelligence, 2018, 48(7): 1846-1858.

[803] WANG H, ZHOU L. Survelm: An r package for high dimensional survival analysis with extreme learning machine[J]. Knowledge-Based Systems, 2018(160): 28-33.

[804] WANG L, HU Z. On graph algorithms for degeneracy test and recursive description of stream ciphers[J]. Fundamenta Informaticae, 2018, 160(3): 343-359.

[805] WANG L L, LIN Y W, WANG X F, et al. A selective review and comparison for interval variable selection in spectroscopic modeling[J]. Chemometrics and Intelligent Laboratory Systems, 2018(172): 229-240.

[806] WANG P, XU X, HUANG S, et al. A linguistic large group decision making method based on the cloud model[J]. Ieee Transactions on Fuzzy Systems, 2018, 26(6): 3314-3326.

[807] WEN P H, YANG J J, HUANG T, et al. Infinite element in meshless approaches [J]. European Journal of Mechanics a-Solids, 2018(72): 175-185.

[808] WU L, ZHOU D, JIAO Y. Modular inequalities in martingale orlicz-karamata spaces [J]. Mathematische Nachrichten, 2018, 291(8-9): 1450-1462.

[809] WU Y, ZOU X. Dynamics and profiles of a diffusive host-pathogen system with

distinct dispersal rates[J]. Journal of Differential Equations, 2018, 264(8): 4989-5024.

[810] XIE W, CHEN H. Existence and multiplicity of solutions for p(x)-laplacian equations in r-n[J]. Mathematische Nachrichten, 2018, 291(16): 2476-2488.

[811] XU L, CHEN H. Ground solutions for critical quasilinear elliptic equations via pohoaev manifold method[J]. Applicable Analysis, 2018, 97(10): 1651-1666.

[812] XU L, CHEN H. Ground state solutions for quasilinear schrodinger equations via pohozaev manifold in orlicz space[J]. Journal of Differential Equations, 2018, 265(9): 4417-4441.

[813] XU Q S, XU Y D, LI L, et al. Uniform experimental design in chemometrics[J]. Journal of Chemometrics, 2018, 32(11).

[814] YANG B, HOU Z, WU J. Analysis of the equilibrium strategies in the geo/geo/1 queue with multiple working vacations[J]. Quality Technology and Quantitative Management, 2018, 15(6): 663-685.

[815] YANG X, LIU W, FENG L. Isomorphisms of generalized cayley graphs[J]. Ars Mathematica Contemporanea, 2018, 15(2): 407-424.

[816] YANG Y, HOU M, LUO J, et al. Neural network method for lossless two-conductor transmission line equations based on the ielm algorithm[J]. Aip Advances, 2018, 8(6).

[817] YAO R, CHEN H, LI Y. Symmetry and monotonicity of positive solutions of elliptic equations with mixed boundary conditions in a super-spherical cone[J]. Calculus of Variations and Partial Differential Equations, 2018, 57(6).

[818] YING J, XIE D. A hybrid solver of size modified poisson-boltzmann equation by domain decomposition, finite element, and finite difference[J]. Applied Mathematical Modelling, 2018(58): 166-180.

[819] YING J, XIE D. An accelerated nonlocal poisson-boltzmann equation solver for electrostatics of biomolecule[J]. International Journal for Numerical Methods in Biomedical Engineering, 2018, 34(11).

[820] ZHANG H, ZHU X, GUO Y, et al. A separate reduced-form volatility forecasting model for nonferrous metal market: Evidence from copper and aluminum[J]. Journal of Forecasting, 2018, 37(7): 754-766.

[821] ZHANG J, ZHANG W, TANG X. Semiclassical limits of ground states for hamiltonian elliptic system with gradient term[J]. Nonlinear Analysis-Real World Applications, 2018(40): 377-402.

[822] ZHANG J, ZHANG W, ZHAO F. Existence and exponential decay of ground-state solutions for a nonlinear dirac equation[J]. Zeitschrift Fur Angewandte Mathematik Und Physik,

2018, 69(5).

[823]ZHANG M, XU M, HU Z, et al. On parameterized families of elliptic curves with low embedding degrees[J]. Journal of Electronics & Information Technology, 2018, 40(1): 35-41.

[824]ZHANG X. On the concentration of semiclassical states for nonlinear dirac equations [J]. Discrete and Continuous Dynamical Systems, 2018, 38(11): 5389-5413.

[825]ZHANG X, HUANG S, WAN Z. Stochastic programming approach to global supply chain management under random additive demand[J]. Operational Research, 2018, 18(2): 389-420.

[826]ZHANG Y, ZHANG D Z. Relationship between serum zinc level and metabolic syndrome: A meta-analysis of observational studies [J]. Journal of the American College of Nutrition, 2018, 37(8): 708-715.

[827]ZHOU D, LI W, JIAO Y. An equivalent characterization of weak bmo martingale spaces[J]. Probability and Mathematical Statistics-Poland, 2018, 38(2): 287-298.

[828]ZHOU H C, GOU B Z. Boundary feedback stabilization for an unstable time fractional reaction diffusion equation[J]. Siam Journal on Control and Optimization, 2018, 56(1): 75-101.

[829]ZHOU H C, WEISS G. Output feedback exponential stabilization for one-dimensional unstable wave equations with boundary control matched disturbance[J]. Siam Journal on Control and Optimization, 2018, 56(6): 4098-4129.

[830]ZHOU T, HOU M, LIU C. Forecasting stock index with multi-objective optimization model based on optimized neural network architecture avoiding overfitting[J]. Computer Science and Information Systems, 2018, 15(1): 211-236.

[831]BAKHET A, JIAO Y, HE F. On the wright hypergeometric matrix functions and their fractional calculus[J]. Integral Transforms and Special Functions, 2019, 30(2): 138-156.

[832]BAO C, Ji C, POULSEN H F, et al. Missing information and data fidelity in digital microstructure acquisition[J]. Acta Materialia, 2019(173): 262-269.

[833]GAI W, HE D, PAN K. A linearized energy-conservative finite element method for the nonlinear schrodinger equation with wave operator[J]. Applied Numerical Mathematics, 2019(140): 183-198.

[834]CHE G, CHEN C, SHI H. Ground state of semilinear elliptic systems with sum of periodic and hardy potentials[J]. Complex Variables and Elliptic Equations, 2019.

[835]CHEN G, LIU Z, ZHANG J. The effect of d-policy on the strategic customer behavior in m/g/1 queues[J]. Operations Research Letters, 2019, 47(3): 157-161.

[836]CHEN J H. Infinite-time exact observability of volterra systems in hilbert spaces[J]. Systems & Control Letters, 2019(126): 28-32.

[837]CHEN S, SHI J, TANG X. Ground state solutions of nehari-pohozaev type for the planar schrodinger-poisson system with general nonlinearity [J]. Discrete and Continuous Dynamical Systems, 2019, 39(10): 5867-5889.

[838]CHEN S, TANG X. Ground state solutions of schrodinger-poisson systems with variable potential and convolution nonlinearity [J]. Journal of Mathematical Analysis and Applications, 2019, 473(1): 87-111.

[839]CHEN S, TANG X. Existence of ground state solutions for the planar axially symmetric schrodinger-poisson system[J]. Discrete and Continuous Dynamical Systems-Series B, 2019, 24(9): 4685-4702.

[840]CHEN S, ZHANG B, TANG X. Existence and concentration of semiclassical ground state solutions for the generalized chern-simons-schrodinger system in h-1 (r-2)[J]. Nonlinear Analysis-Theory Methods & Applications, 2019, 185: 68-96.

[841]CHEN X, WANG Z, DENG S, et al. Risk measure optimization: Perceived risk and overconfidence of structured product investors [J]. Journal of Industrial and Management Optimization, 2019, 15(3): 1473-1492.

[842]CHEN Y, TANG X. Nehari-type ground state solutions for schrodinger equations with hardy potential and critical nonlinearities[J]. Complex Variables and Elliptic Equations, 2019.

[843]CHEN Z, GAN S, WANG X. Mean-square approximations of levy noise driven sdes with super-linearly growing diffusion and jump coefficients [J]. Discrete and Continuous Dynamical Systems-Series B, 2019, 24(8): 4513-4545.

[844]CHEN Z, TANG X, ZHANG N, et al. Standing waves for schrodinger-poisson system with general nonlinearity[J]. Discrete and Continuous Dynamical Systems, 2019, 39(10): 6103-6129.

[845]CHEN Z, ZHOU Y. New test statistics for hypothesis testing of parameters in conditional moment restriction models[J]. Communications in Statistics-Theory and Methods, 2019, 48(10): 2521-2528.

[846]CHENG B, LI G, TANG X. Nehari-type ground state solutions for kirchhoff type problems in r-n[J]. Applicable Analysis, 2019, 98(7): 1255-1266.

[847]CHENG T, FENG L, HUANG H. Integral cayley graphs over dicyclic group[J]. Linear Algebra and Its Applications, 2019(566): 121-137.

[848]COINE C, LE M C, SKRIPKA A, et al. Higher order s-2-differentiability and application to koplienko trace formula[J]. Journal of Functional Analysis, 2019, 276(10):

3170-3204.

[849]DENG R, LIU S. Relative depth order estimation using multi-scale densely connected convolutional networks[J]. Ieee Access, 2019(7): 38630-38643.

[850]DENG S, LV L, WAN Z. A new dai-liao type of conjugate gradient algorithm for unconstrained optimization problems[J]. Pacific Journal of Optimization, 2019, 15(2): 237-248.

[851]DENG Y, LI J, LIU H. On identifying magnetized anomalies using geomagnetic monitoring[J]. Archive for Rational Mechanics and Analysis, 2019, 231(1): 153-187.

[852]DENG Y, LIU H, LIU X. Recovery of an embedded obstacle and the surrounding medium for maxwell's system[J]. Journal of Differential Equations, 2019, 267(4): 2192-2209.

[853]DENG Y, LIU H, Uhlmann G. On an inverse boundary problem arising in brain imaging[J]. Journal of Differential Equations, 2019, 267(4): 2471-2502.

[854]DUAN B, ZHENG Z. An exponentially convergent scheme in time for time fractional diffusion equations with non-smooth initial data[J]. Journal of Scientific Computing, 2019, 80(2): 717-742.

[855]DUAN L, WEI H, HUANG L. Finite-time synchronization of delayed fuzzy cellular neural networks with discontinuous activations[J]. Fuzzy Sets and Systems, 2019(361): 56-70.

[856]GU G, TANG X, ZHANG Y. Ground states for asymptotically periodic fractional kirchhoff equation with critical sobolev exponent[J]. Communications on Pure and Applied Analysis, 2019, 18(6): 3181-3200.

[857]GUO W, ZHOU H C. Adaptive error feedback regulation problem for an euler-bernoulli beam equation with general unmatched boundary harmonic disturbance[J]. Siam Journal on Control and Optimization, 2019, 57(3): 1890-1928.

[858]HAN R, DAI B. Spatiotemporal pattern formation and selection induced by nonlinear cross-diffusion in a toxic-phytoplankton-zooplankton model with allee effect[J]. Nonlinear Analysis-Real World Applications, 2019, 45: 822-853.

[859]HAN X. Direction-consistent tangent vectors for generating interpolation curves[J]. Journal of Computational and Applied Mathematics, 2019(346): 237-246.

[860]HE D, PAN K. Maximum norm error analysis of an unconditionally stable semi-implicit scheme for multi-dimensional allen-cahn equations[J]. Numerical Methods for Partial Differential Equations, 2019, 35(3): 955-975.

[861]HE F, Bakhet A, HIDAN M, et al. Two variables shivley's matrix polynomials[J].

Symmetry-Basel, 2019, 11(2).

[862]HOU W, YANG Y, WANG Z, et al. A novel robust method for solving cmb receptor model based on enhanced sampling monte carlo simulation[J]. Processes, 2019, 7(3).

[863]JIAO Y, ZUO Y, ZHOU D, et al. Variable hardy-lorentz spaces hp(.)q(rn)[J]. Mathematische Nachrichten, 2019, 292(2): 309-349.

[864]LI J, YING J, XIE D. On the analysis and application of an ion size-modified poisson-boltzmann equation[J]. Nonlinear Analysis-Real World Applications, 2019(47): 188-203.

[865]LI S, TANG X, LUO H. Applications of schauder's fixed point theorem to singular radially symmetric systems[J]. Journal of Fixed Point Theory and Applications, 2019, 21(2).

[866]LI T, WAN Z. New adaptive barzilai-borwein step size and its application in solving large-scale optimization problems[J]. Anziam Journal, 2019, 61(1): 76-98.

[867]LI W, LIU Y, ZHAO Y Q. Exact tail asymptotics for fluid models driven by an m/m/c queue[J]. Queueing Systems, 2019, 91(3-4): 319-346.

[868]LIN X, HE Y, TANG X. Existence and asymptotic behavior of ground state solutions for asymptotically linear schrodinger equation with inverse square potential[J]. Communications on Pure and Applied Analysis, 2019, 18(3): 1547-1565.

[869]LIU J, LI D, LIU W. Some criteria for grobner bases and their applications[J]. Journal of Symbolic Computation, 2019(92): 15-21.

[870]LIU T, LI F, LIU Y, et al. Bifurcation of limit cycles and center problem for p: Q homogeneous weight systems[J]. Nonlinear Analysis-Real World Applications, 2019(46): 257-273.

[871]LIU Z, LIU Y, LIU G. Exponential change of measure for general piecewise deterministic markov processes[J]. Science China-Mathematics, 2019, 62(4): 719-734.

[872]MA P, ZHENG D. Finite rank truncated toeplitz operators via hankel operators[J]. Proceedings of the American Mathematical Society, 2019, 147(6): 2573-2582.

[873]PENG J, CHEN S, TANG X. Semiclassical solutions for linearly coupled schrodinger equations without compactness[J]. Complex Variables and Elliptic Equations, 2019, 64(4): 548-556.

[874]QI R, WANG X. Optimal error estimates of galerkin finite element methods for stochastic allen-cahn equation with additive noise[J]. Journal of Scientific Computing, 2019, 80(2): 1171-1194.

[875]RABIE A, LI J. E-bayesian estimation based on burr-x generalized type-ii hybrid censored data[J]. Symmetry-Basel, 2019, 11(5).

[876] RANDRIANANTOANINA N, WU L, XU Q. Noncommutative davis type decompositions and applications[J]. Journal of the London Mathematical Society-Second Series, 2019, 99(1): 97-126.

[877] SHI Z, WU D, YAN D. On the multilinear fractional integral operators with correlation kernels[J]. Journal of Fourier Analysis and Applications, 2019, 25(2): 538-587.

[878] SU Y, LI J, LI Y. Optimality of admission control in a repairable queue[J]. Operations Research Letters, 2019, 47(3): 202-207.

[879] WANG F, LIU X, TANG M, et al. Further results on stability and synchronization of fractional-order hopfield neural networks[J]. Neurocomputing, 2019, 346: 12-19.

[880] WANG H, LI G. Extreme learning machine cox model for high-dimensional survival analysis[J]. Statistics in Medicine, 2019, 38(12): 2139-2156.

[881] WANG L, HU Z, TANG D. On searching maximal-period dynamic lfsrs with at most four switches [J]. Ieice Transactions on Fundamentals of Electronics Communications and Computer Sciences, 2019, E102A(1): 152-154.

[882] WANG M, ZHANG Q. Existence of solutions for singular critical semilinear elliptic equation[J]. Applied Mathematics Letters, 2019(94): 217-223.

[883] WANG Y, LIU Z. Equilibrium and optimization in a double-ended queueing system with dynamic control[J]. Journal of Advanced Transportation, 2019.

[884] WU J. Optimal exchange rates management using stochastic impulse control for geometric levy processes[J]. Mathematical Methods of Operations Research, 2019, 89(2): 257-280.

[885] XIANG S. On van der corput-type lemmas for bessel and airy transforms and applications[J]. Journal of Computational and Applied Mathematics, 2019(351): 179-185.

[886] XIE G, WEISZ F, YANG D, et al. New martingale inequalities and applications to fourier analysis[J]. Nonlinear Analysis-Theory Methods & Applications, 2019(182): 143-192.

[887] XU C, LIAO M, LI P, et al. Pd9 control strategy for a fractional-order chaotic financial model[J]. Complexity, 2019.

[888] XU L, TANG M L, CHEN Z. Analysis of longitudinal data by combining multiple dynamic covariance models[J]. Statistics and Its Interface, 2019, 12(3): 479-487.

[889] YANG B, GUO T, WU J. A partially observed nonzero-sum stochastic differential game with delays and its application to finance[J]. Asian Journal of Control, 2019, 21(2): 977-988.

[890] YANG D. Essential m-dissipativity of kolmogorov operators for the 2d-stochastic shear thickening fluids[J]. Nodea-Nonlinear Differential Equations and Applications, 2019, 26(1).

[891] YANG X, YANG Z. Existence of multiple non-trivial solutions for a nonlocal problem [J]. Aims Mathematics, 2019, 4(2): 299-307.

[892] YU S, LIU Z, WU J. Optimal balking strategies in the m/m/1 queue with multi-phase failures and repairs[J]. Operational Research, 2019, 19(2): 435-447.

[893] ZHANG J, LIU J, WAN Z. Optimizing transportation network of recovering end-of-life vehicles by compromising program in polymorphic uncertain environment [J]. Journal of Advanced Transportation, 2019.

[894] ZHANG L, TANG X H, CHEN Y. Multiple solutions of sublinear quasilinear schrodinger equations with small perturbations [J]. Proceedings of the Edinburgh Mathematical Society, 2019, 62(2): 471-488.

[895] ZHOU L, SU C, HU Z, et al. Lightweight implementations of nist p-256 and sm2 ecc on 8-bit resource-constraint embedded device [J]. Acm Transactions on Embedded Computing Systems, 2019, 18(3).

[896] ZHOU S. Boundedness in chemotaxis-stokes system with rotational flux term [J]. Nonlinear Analysis-Real World Applications, 2019(45): 299-308.

[897] ZHOU Y, PENG S, LIU X, et al. A novel method to generate the tooth surface model of face-milled generated spiral bevel gears [J]. International Journal of Advanced Manufacturing Technology, 2019, 102(5-8): 1205-1214.

第6章 著作目录

6.1 主编著作目录

主编著作目录见表 6-1。

表 6-1 主编著作情况汇总表

书名	出版社	主编	出版时间
齐次可列马尔可夫过程	科学出版社	侯振挺 郭青峰	1978
可逆马尔可夫过程	湖南科学技术出版社	钱 敏 侯振挺	1979
Q 过程的唯一性准则	湖南科学技术出版社	侯振挺	1982
Homogeneous Denumerable Markov Processes	Springer-Verlag 出版公司、科学出版社	侯振挺 郭青峰	1988
马尔可夫过程的 Q-矩阵问题	湖南科学技术出版社	侯振挺 邹捷中等	1994
马尔可夫决策过程	湖南科学技术出版社	侯振挺 郭先平	1998
生灭过程	湖南科学技术出版社	侯振挺 刘再明等	2000
逐段决定马尔可夫骨架过程	湖南科学技术出版社	刘国欣 侯振挺 邹捷中	2000
马尔可夫骨架过程——混杂系统模型	湖南科学技术出版社	侯振挺 刘万荣	2000
数值分析与实验	科学出版社	韩旭里 万 中	2006

续表6-1

书名	出版社	主编	出版时间
数值计算方法	复旦大学出版社	韩旭里	2006
Singular Point Values, Center Problem and Bifurcations of Limit Cycles of Two Dimensional Differential Autonomous Systems	Science Press	Liu Yirong Li Jibin	2008
大学数学教程(一套4册)	科学出版社	韩旭里	2008
Calculus(I, II)	中南大学出版社	陈海波	2009
Planar Dynamical Systems	Science Press	Yirong Liu　Jibin Li	2010
平面向量场的若干经典问题	科学出版社	刘一戎　李继彬	2010
数值分析	高等教育出版社	韩旭里	2011
线性代数(第二版)	北京邮电大学出版社	戴斌祥	2013
概率论数理统计	辽宁大学出版社	陈海波	2013
线性代数(第二版)	北京邮电大学出版社	戴斌祥	2013
基于数学建模的数学实验	中国铁道出版社	易昆南	2014
高等代数	清华大学出版社	陈小松	2014
高等数学(上册)	中南大学出版社	郑洲顺	2014
高等数学(下册)	中南大学出版社	郑洲顺	2014
大学数学系列课程学习辅导与同步练习	中南大学出版社	张鸿雁	2014
大学数学系列课程学习辅导与同步练习《概率论数理统计》	中南大学出版社	任叶庆	2014
大学数学系列课程学习辅导与同步练习《线性代数》	中南大学出版社	杨文胜	2015
概率论数理统计	科学出版社	任叶庆	2015
线性代数(第二版)学习指导	北京邮电大学出版社	戴斌祥	2016

续表6-1

书名	出版社	主编	出版时间
高等数学(上册)(第二版)	中南大学出版社	郑洲顺	2017
高等数学(下册)第二版	中南大学出版社	郑洲顺	2017
高等数学学习辅导与同步练习(上)	中南大学出版社	张鸿雁	2017
高等数学学习辅导与同步练习(下)	中南大学出版社	秦宣云	2017
大学数学系列课程学习辅导与同步练习《概率论数理统计》	中南大学出版社	任叶庆	2017
大学数学系列课程学习辅导与同步练习《线性代数》	中南大学出版社	杨文胜	2017
概率论与数理统计	北京大学出版社	韩旭里	2018

6.2　部分著作图片选

6.2.1　侯振挺教授专著选

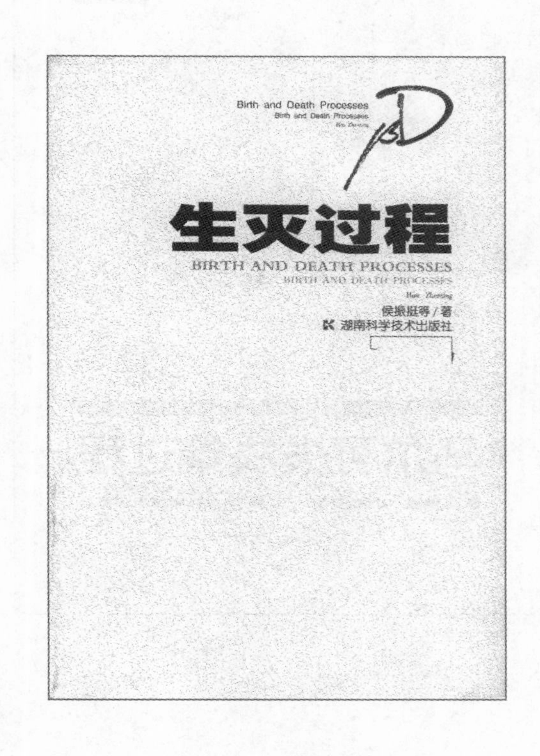

Piecewise Deterministic
Markov Skeleton Processes
逐段决定
马尔可夫骨架过程
刘国欣 侯振挺 邹捷中/著
湖南科学技术出版社
Piecewise Deterministic Markov Skeleton Processes
PIECEWISE DETERMINISTIC
MARKOV SKELETON PROCESSES
HUNAN SCIENCE & TECHNOLOGY PRESS

Advanced Mathematics
Volume 2
Zhenting Hou and Guoxin Liu
Markov Skeleton Processes and Their Applications
(马尔可夫骨架过程及其应用)
Science Press Beijing
International Press Boston

Hou Zhenting Guo Xianping
MARKOV DECISION PROCESSES
马尔可夫决策过程
侯振挺 郭先平著
湖南科学技术出版社

Markov Skeleton Processes
马尔可夫骨架过程
——混杂系统模型
MARKOV SKELETON PROCESSES
侯振挺/等著
湖南科学技术出版社

纯粹数学与应用数学专著　第 2 号
齐次可列马尔可夫过程
侯振挺　郭青峰　著
科 学 出 版 社

Q
侯振挺
Q过程的唯一性准则
CRITERIA FOR
THE UNIQUENESS
OF Q-PROCESSES

可逆
马尔可夫过程
钱 敏 侯振挺等著
湖南科学技术出版社

Hou Zhenting Guo Qingfeng
Homogeneous
Denumerable
Markov
Processes
Springer - Verlag
Science Press

6.2.2 刘一戎教授专著选

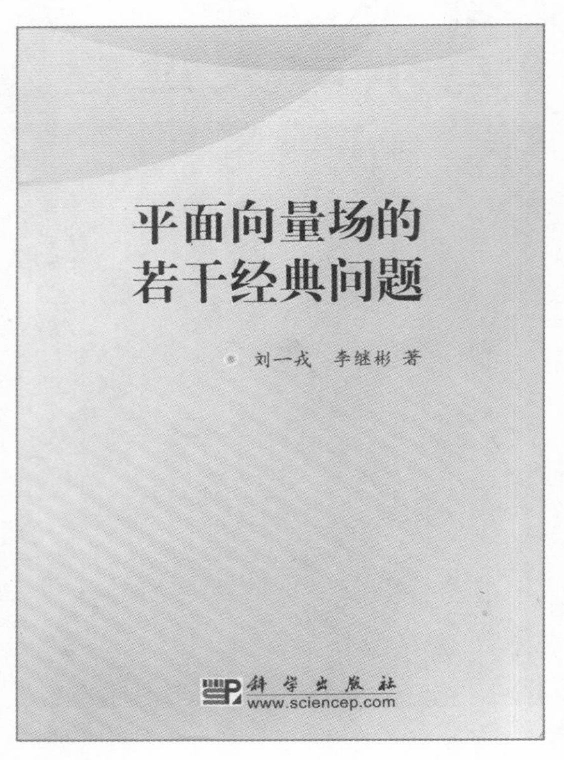

6.2.3　蔡海涛教授专著选

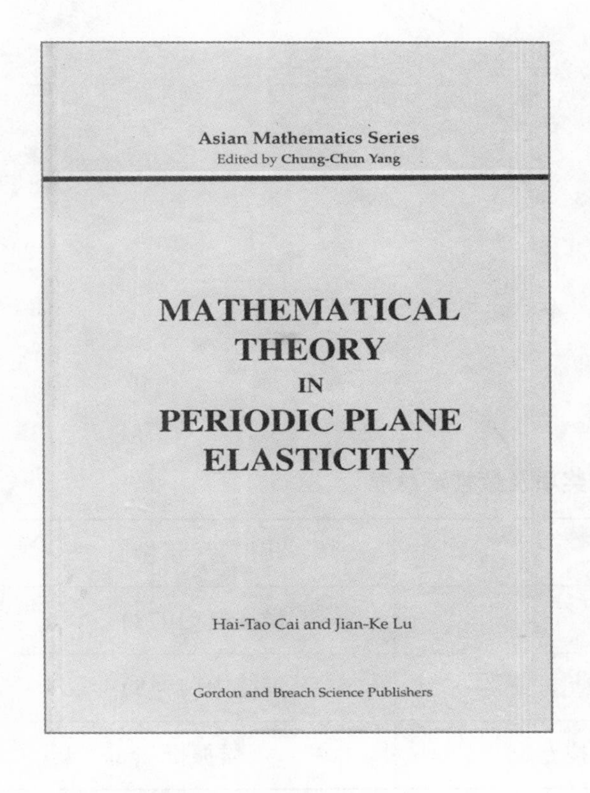

第7章 学科荣誉

7.1 国家级科技成果奖

（见第5章“科学研究”）

7.2 省部级科技成果奖

（见第5章“科学研究”）

7.3 省部级教学成果奖

（见第5章“科学研究”）

7.4 部分其他奖项及荣誉

部分其他奖项及荣誉见表7-1。

表7-1 本学科其他奖项及荣誉汇总表

序号	奖项	获得者（年份）
1	国际戴维逊奖	侯振挺（1978）
2	国际戴维逊奖	邹捷中（1985）
3	国家有突出贡献的中青年科技专家	侯振挺

续表7-1

序号	奖项	获得者(年份)
4	全国劳动模范	侯振挺
5	铁道部有突出贡献的中青年科技专家	邹捷中
6	铁道部有突出贡献的中青年科技专家	刘再明
7	铁道部有突出贡献的中青年科技专家	张卫国
8	全国运筹学联合会奖杯获得者	李致中
9	全国铁路优秀科技工作者	李致中
10	铁道部优秀教师	李致中
11	铁道部火车头奖章获得者	李致中
12	享受政府特殊津贴专家	侯振挺
13	享受政府特殊津贴专家	李致中
14	享受政府特殊津贴专家	邹捷中
15	享受政府特殊津贴专家	王家宝
16	享受政府特殊津贴专家	刘再明
17	享受政府特殊津贴专家	唐先华
18	享受政府特殊津贴专家	韩旭里
19	湖南省优秀教师	侯振挺
20	湖南省优秀教师	李慰萱
21	湖南省优秀教师	陈嘉琼
22	中国科协基金詹天佑铁道科技奖(青年奖)	曾唯尧
23	霍英东教育基金奖(青年教师教学类三等奖)	张卫国
24	教育部新世纪优秀人才	向淑晃(2006)
25	教育部新世纪优秀人才	万中(2007)
26	教育部新世纪优秀人才	何志敏

续表7-1

序号	奖项	获得者(年份)
27	宝钢优秀教师奖	刘伟俊(2006)
28	湖南省普通高校教学能手	任叶庆(2010)
29	影响世界华人奖-希望之星奖	刘路(2012)
30	湖南省教学名师	韩旭里(2014)
31	宝钢优秀教师奖	陈海波(2012)
32	华罗庚数学奖	侯振挺(2018)
33	芙蓉教学名师	郑洲顺(2019)
34	茅以升教学奖	郑洲顺(2019)
35	中南大学比亚迪教师奖	贺福利(2018)
36	中南大学世纪海翔杰出教师奖	韩旭里(2018)
37	中南大学比亚迪教师奖	李俊平(2015)
38	中南大学比亚迪教师奖	方秋莲 (2014)
39	中南大学比亚迪教师奖	任叶庆(2013)
40	教育部新世纪优秀人才	刘圣军(2013)
41	宝钢优秀教师奖	侯木舟
42	湖南省优秀教师	韩旭里
43	宝钢优秀教师奖	韩旭里

第8章 岁月回顾

8.1 侯振挺：积跬步，至千里；踏实地，志凌云

亲爱的同学们：

你们好！

我是数学与统计学院的侯振挺，从1960年开始一直到现在，坚持数学教学和研究工作将近60年了，很高兴能跟大家谈谈我的经历，和同学们聊聊怎么做一个合格的研究者。

我是河南新密人，数学是我坚持了一生的爱好，“数学王国追梦人”是我从高中开始的志向。抱着对数学的敬仰，在1958年我毅然决然地从铁道工程系转到数理系，在那个艰苦的时代，我依然保持着对数学强烈的兴趣。一次偶然的机会，我读到一本《公用事业理论的数学方法》的小册子，打开了我对“排队论”研究的大门，决定挑战书中提出的“排队论中的巴尔姆断言”这个难题。经过坚持与努力，终于在1961年的《数学学报》和1963年的《中国科学》外文版上发表了《排队论中的巴尔姆断言的证明》这一成果。这是我第一篇数学论文，对我研究生涯意义重大。

1962年，我被派回唐山铁道学院进修，在此期间我第一次接触到了马尔可夫过程及相关理论，宛如一个年幼的孩童第一次见到璀璨的明珠，便被它的光芒吸引了全部的目光。接下来的十年光阴，我为研究马氏过程投入了全部的热情和汗水。付出总会有回报的，终于在1974年，我的论文《Q过程的唯一性准则》发表在《中国科学》(第2期)上，解决了Q过程的唯一性问题。这样的成果对当年的我是一个莫大的鼓励和支持，也成了我以后继续研究马氏过程及其相关领域的动力。

1960年分配到长沙铁道学院工作，见证了中南大学从合并建立到现在的欣欣向荣。中南大学现在的发展很好，在我看来，这是中南师生团结协作、拼搏奋斗的结果。如何继承发扬好中南精神，搞好学术科研，成为一个合格的研究者，我想提以下一些建议。

培养兴趣，勤奋自觉

生命有涯而研究无涯。坚持漫长的研究道路，兴趣是必要条件。我在大学刚开始学的是铁道工程专业，但上学后发现自己更热爱数学，于是转专业学习了数学。对专业有兴趣了，科研也会变得生动有趣起来，搞学术也就变成了一件有意思的事。

确定了自己感兴趣的专业方向，接下来重要的就是勤奋与自觉。主动吸收知识，打牢基础，在学习的过程中发现问题，敢于解决问题，这是科研的第一步。

立志高远，勇攀高峰

“志不立，天下无可成之事。”青年时期的志向对一个人的成长成才无疑具有重要影响。对于搞科研学术的年轻人要志存高远，抱有远大志向，要敢于攀登学术高峰。而当你在某个领域有所成就之后要学会提升档次，要升格，要敢于去挑战更有难度的问题，不能拘泥于自己的一方天地。在进行科研学术的道路上要有远大志向，要敢于突破自己。

学术自由，坚守道德

学术自由是科学研究的土壤，学术独立是科学进步的保证。学校和学术圈给同学们提供了科学研究的自由，不要畏惧权威，在前人的基础上突破前人的思维束缚，锻炼自己独立研究的能力。

近几年，学术道德失范现象屡有发生，这不仅是对科研大环境的损害，也对同学们自己的人生发展有特别大的伤害。希望同学们能坚守学术道德，科研中遇到困难不可怕，科研就是要解决困难才有价值，面对所谓“捷径”的诱惑，一定要守好自己的底线。

大气做人，悦人之长

科研圈是个大圈子，因为科学专业相关的沟通都是世界范围的，但更多的，科研圈更像是一个小圈子，因为科研人员平时生活上的人际关系往往比较单纯狭窄。同学们在研究生的生活中，要注意思想不要局限在小圈子里，眼光要高远，大气做人，不拘一格，有时攻克科研难题，需要的是跨学科的思维方式和方法技巧，要拓宽自己的眼界，要多进行交流，对身边的事情尽可能地包容，发现别人身上的优点和特长，和谐相处。遇到自己不能解决的困难和难题，及时与家人、老师或朋友进行沟通，多听一听别人的想法，寻求解决之道。

最后，祝同学们在新的一年里，积跬步至千里，踏实地志凌云。

侯振挺

2019 年 1 月刊发于 CSU 研究生会

8.2　彭大恺：四十五载数学教学生涯

我是 1978 年 3 月从上海市芷江中学调入长沙冶金工业专科学校的。当时正当十年“文革”结束，党中央拨乱反正，恢复了全国高校统一招生考试。大批被“文革”耽误的历届高、初中毕业生和农村下乡知识青年通过高考被录取后，以饱满的学习热情进入中等专业学校和高等学校深造。

我是在这样的历史背景下调入长沙冶金工业专科学校数学教研室从事教学工作的。自己深知教育战线十年遭“四人帮”破坏，人才奇缺，现在是久旱逢甘雨，是该好好大干一场了。

数学教研室有不少经验丰富的老教师，如肖秀柱，他是东北大学数学系的老前辈，基础理论扎实，讲课水平高，讲起课来神气十足！他讲得层次清楚，重点突出，难点分析透彻，像一位艺术家在台上进行精彩表演，极受学生欢迎。还有黄鹏程、温菊芳、罗忠贻、尹福元等都是 20 世纪 50 年代和 60 年代的老大学生，讲课他们各有特色。我一个刚来的中青年教师必须虚心向这些老前辈学习、拜师。我经常听老教师讲课，自己也抓紧业余时间，经常学习到深夜 12 时。重温过去学过的专业知识，不断提高理论和教学水平，因为自己已有 13 年的中学教学经历，通过努力，较快地适应了高等学校的数学教学工作。

由于十年“文革”停止统一招生，全国各类人才奇缺，到处都需要人才，特别是各级各类学校师资缺乏，工程技术人才奇缺。为此冶金部组织了所属厂矿、企业、青年职工进行了统一考试，录取了一批学生到所属高校进行二年制大专学习。为此我校举办了二年制数理师资班和二年制工程预算班。主要课程由数学教研室承担，我担任了 82 届数理师资班的解析几何和中学数学教学法课程。我还带学生到武汉钢铁技校教学实习，要求同学们了解教学过程，认真备课，通过试讲才能上讲台。我对学生的要求是非常严格的。有一位女同学写了五次教案、试讲五次都未通过，为此，她有很大抵触情绪。我认真给她做思想工作，并予以一定的帮助，她刻苦学习，终于在课堂上一炮打响，得到了任课教师和领导的高度评价。她在毕业 20 年后回母校看望老师，交给我一封十分感人的信，她感谢老师的严格要求，使自己成为一名优秀的人民教师。在工程预算班的筹办过程中，我付出了大量的心血。我除担任该班高等数学教学任务外，还请来了中国建设银行著名高级预算师李应龙、湖南大学土木系杨教授给同学们讲授专业课，受到了同学们的欢迎。同学们最终都顺利地完成了学业，不少校友为国家大型工程建设作出了出色的贡献。

1985 年，我担任教研室主任。当时，教研室老师由于“文革”的影响和正逢评职称，出现了不团结现象，甚至有人跳起来对骂，这严重影响了教研室的工作。我深感责任大，处处以身作则，低调做人，尊重老教师意见，不参与争斗，并化解了矛盾，使教研室工作有了起色。

在教学上，我虚心向老教师请教，认真备课，阅读了大量专业书，努力钻研教材，形成了自己教学上的独特风格。同学们对我的评价是讲课深入浅出，重点突出，难点分析透彻，语言精练。我从1993年起连续三年被评为最佳教师，且名列榜首。

1993年以来，高校掀起了参加美国数学建模竞赛活动。参加者都是国内实力雄厚的高校，如北京大学、清华大学、北京航空航天大学、湖南大学、中南工业大学等。像我们这样的专科学校似乎没有底气参加，学校教务处要求我们组几个队尝试一下。我们自己也想锻炼一下队伍，检验一下实力。

我和郑洲顺、周英告、侯木舟三位青年教师组成了数学建模竞赛教练组，选拔了十几位同学组成了四支参赛队，利用暑假集中进行一个多月的强化训练。由于数学建模竞赛题目涉及的知识面很广，书本上的知识是远远不够的，需要补充很多专业知识。我们四位老师和同学们朝夕相处，上午讲课、讲图论、线性规划、运筹学等，讲解历年竞赛题，下午讨论，晚上做论文。由于同学们十分努力，刻苦训练、认真钻研，加之教师的精心辅导，功夫不负有心人，第一次参赛就获得湖南省三等奖，同时获得优秀组织奖，为省内专科学校最好成绩。在以后的几次参赛中我们还夺得全国一等奖一个、二等奖两个，省内二等奖两个、三等奖三个。特别是一年级大学生段晓芳、蒋红梅、罗娜三位女同学临时组队，一举夺得了全国二等奖。我校还年年被评为优秀组织奖。由于取得了这些好成绩，我们受到了学校和省教委的表扬和奖励。三位青年教师郑洲顺、侯木舟、周英告在竞赛中得到了锻炼，其科研能力、论文水平都有了极大的提高，经过他们的不断努力，先后都被评为正教授。

1998年5月，我应俄罗斯国立克洛雅尔斯克冶金大学邀请参加了“如何培养大学生的潜能”的国际学术会议并作短期的学术交流。我在大会上作了《我校如何开展数模竞赛，培养学生的创造能力》的学术报告，并在会上进行了交流，受到专家们的高度评价。该论文发表在国际学术刊物上。

1998年7月我校并入中南工业大学，2000年5月再与长沙铁道学院、湖南医科大学合并组成中南大学，历史翻开了新的一页。合并以后，本人继续从事本科6届数学教学工作，于2006年1月离开教学工作岗位，过上了退休生活。四十五年的教学生涯，没有做出什么惊人的成绩，但我在教学上一丝不苟，一直是勤勤恳恳工作，老老实实做人，自认为是一个基本称职的教师。

彭大恺

2019年8月

8.3　金立仁：见证数学学科的辉煌历程

我是江苏省江阴市人，1957 年毕业于北京铁道学院（现为北京交通大学）车务系，同年分配到湖南大学铁道运输系任助教，1958 年任湖南大学党委直属支部书记（包括铁道运输系、机械系、电机系、数学专科、图画专科、校机械工厂六个单位）。1959 年任铁道运输系党总支副书记。

1960 年，长沙铁道学院成立，我被分配到运输系。1962 年，任铁道学院团委副书记。1969 年，铁道学院党委恢复，任党委宣传组长兼秘书组组长。

“文革”结束，我奉命重建基础科学部（也称基础课部），任党委直属党支部书记。1977 年 10 月 25 日，基础课部成立，我将分散在各系的 140 多名从事基础理论教学的教师集中组织起来，成立基础科学部，并担任党总支书记，李廉锟任主任，设置有高等数学教研室与应用数学研究室。

上任后我着手做了三件事：一是落实知识分子政策，平反冤假错案；解决知识分子入党难的问题和一部分老知识分子的生活问题。二是把大家的思想尽快转移到教学科研上来。三是大量引进人才。

“文革”中，数学教研室 12 人中有 7 人受到不同程度的牵连，被称为“黑教研室”，教员们受到各种政治压迫和打击。“文革”后，教师李俊贤落实政策后，精神得到了解放，重新组建了家庭，生活又有了信心，积极投身教学工作；李廉锟、王朝伟、侯振挺等先后加入了中国共产党；李慰萱、杨尚群、杨承恩等先后作为人才引进。

李慰萱的引进还有这么一个故事。1978 年，侯振挺教授向我反映，有一位名叫李慰萱的宁波硫酸厂青年工人，酷爱数学，自学成才，对应用数学很有研究，曾向中科院数学所投文章，被中科院和浙江大学等单位看中，但其爱人户口和工作难以解决。得知情况后，我派人专程到宁波考察，以基础课部的名义向学校写报告。时任省委副书记刘夫生了解情况后，立即作出批示，同意调入李慰萱，并解决其爱人的工作。

李慰萱来校的那一天，我记忆犹新，他所有家当都装在几个箱子里，其中最好的是一个藤条制的箱子；他身上穿的是一件背心，还是用那种纱布做的。李慰萱来校后，工作勤奋，科研成果显著。他没上过一天英语课，但能给外籍专家当翻译，还受邀去美国、加拿大等国讲学。1980 年，湖南省技术职称评审，基础课部提名他申报讲师，上报学校没通过。当年，湖南省教育局高教处处长王向天到各高校检查工作，听到李慰萱的事迹后，决定走访他家，与李交流了 20 分钟左右，王向天建议他直接申报副教授。不久，他被破格晋升为副教授；几年后晋升为教授。当年《人民日报》以《浙江的千里马为何在湖南奔驰》为题、《中国青年》杂志以《从青工到副教授——记全国自学成才模范李慰萱》为题对李慰萱的事迹做了报道，在全国引起很大反响。

我引进的第二个人是杨承恩。记得当年我坐上一辆大卡车到城郊去接他一家人。此人来校后非常勤奋，后来学校派他到英国留学。他除了教学，科研也做得好，还写过不少优秀论文。

1978 年，我们基础课部召开了第一次学术论文报告会，2 天会期，3 个会场，分享了 30 多篇中、高层论文。借此东风，不久又召开了教学科研研讨会，要求各教研室必须确定一个科研方向，数学教研室当时确定了概率论和微分方程两个方向。概率论方向由侯振挺教授负责。之后，他牵头成立了长沙铁道学院科研所，该所下设应用数学研究室等。

1983 年，基础课部改名为数学力学系，包括数学教研室、物理教研室、理论力学教研室、材料力学教研室、结构力学教研室、化学教研室，另有物理实验室、材料力学实验室、化学实验室。以后再分为高等数学教研室与工程数学教研室，后改为应用数学教研室与概率统计教研室等。

多年的党群工作使我积累了一些工作经验。1985 年，我写了一篇文章《关于青年教师的培养问题》，被铁道部、湖南省教委推荐给国家教委被采纳，国家教委印刷 230 份，分发给有关高校。铁道部出版的政治思想刊物登过我写的两篇文章。1990 年，我被评为铁道部全国铁路优秀思想政治工作者；1993 年，被评为湖南省科教系统优秀党务工作者。1991 年铁道部第一次评审政工系列高级职称，我被评为高级政工师。

1995 年我退休后，眼睛失明，随子女定居上海。近些年，我时常关注学校和学院的发展，欣闻数学学科的发展和辉煌成就。这是几代数学人努力奋斗的结果，我由衷感到高兴。

作为一名共产党员，我尽绵薄之力，经常为社区和中小学生讲课，传播正能量，给老年协会作报告，多次被上海华阳街道党工委评为优秀党员。

金立仁

2019 年 8 月

8.4 周光明：海纳百川与团结协作——原长沙铁道学院数理力学系数学教研室师资队伍建设的点滴回忆

一、海纳百川广聚人才

我是 1979 年 8 月调入长沙铁道学院的，当时正值“文革”结束、恢复高考之时。在“文革”中，各高校由于各种原因，有大量教师流失，于是出现了高考招生后教学第一线的教师严重不足。长沙铁道学院对此非常重视，一方面派员四处调研联系，招揽人员；另一方面在 77 级入学的新生中通过考核选拔一批数学基础较好的学生送到省内外知名高校进行专业培养，并且在 1978 年设置了数学、力学两个本科专业班，自力更生，从其毕业生中择其优秀者，留校充实教师队伍。

到 20 世纪 80 年代末 90 年代初，数学教研室已有老、中、青各类人员 40 多人，其中不乏全国各知名高校毕业的数学专业人员，如北京大学 1 人，北京师范大学 2 人，复旦大学 1 人，同济大学 2 人，上海交通大学 1 人，山东大学 1 人，武汉大学 5 人，四川大学 2 人，中山大学 2 人。另有以著名数学家侯振挺教授为学术带头人的数学科学研究所，更是吸引了许多有志有才的人员，特别是来自浙江自学成才的李慰萱，直接从工人破格晋升为副教授，成为当时不拘一格选拔人才的典型。到 90 年代，科研所已发展到拥有 20 多人的队伍，除了继续在概率论随机过程理论上取得进展（如侯振挺教授的第一位博士生邹捷中获得戴维逊数学奖，又如侯教授与他的另一位博士生郭先平合作的专著《马尔可夫决策过程》出版，另外在数学科学的其他领域如图论、运筹学和组合数学及应用领域的随机振动理论（该理论对学院土木系曾庆元院士的相关工作有极大的帮助）等都有所建树。总之，学院的整个数学教师队伍无论是从数量上还是从数学研究的方向上都足以独立出一个数学系。1978 级数学专业本科班，1987 级、1988 级数学师范专业本科班，80 年代末经济数学研究生班，90 年代初统计学专业本科班等的各项工作都是集整个数学教师队伍的力量而完成的。

二、党支部建在教研室

原数学教研室由于各种原因长期没有一名共产党员（曾经从土木系借调了一名党员老师来负责教研室工作）。在初期引进的教师中，有 3 名共产党员，他们是杨自新（女，东北师大毕业）、王植槐（男，中山大学毕业）、周光明（男，同济大学毕业），于是在 1979 年底，成立了数学教研室的第一个党支部，实现了系党总支要将党支部建在教研室的构想。

党支部成立后，首先抓了党组织的组织建设工作，先后发展了 10 余名教师入党，其中有一批是多年来靠拢组织并多次提出入党要求与申请的老中青教师，如陈嘉琼、苏双飞、廖玉麟、杨乐栋、周泰文、徐敏、范竹筠、曾育兰（在原零陵师专入党，调入后转正）等。还注意在年轻教师中做好培养与发展工作，先后发展了张卫国、易昆南、贺伟奇（在原中南工业大学培训学习期间入党，后回校入教研室工作）、朱灏（在省厅工作期间入党，回校后由科研处转入教研室工作）等，他们都成为教学、科研与教研室各项工作中的骨干力量。

其次，按照党的优良传统作风“理论联系实际、密切联系群众、批评与自我批评”，开展正常的组织生活，加强思想建设。在此基础上，要求党员主动联系教研室教师，了解群众的思想状况和实际困难，协助教研室做好各项具体工作。例如从 20 世纪 80 年代后期起，由于引进人员的学历提升到具有研究生学历（硕士甚至博士），这对 77、78 级留校任教的年轻教师（他们只是本科毕业、学士学位）的稳定产生了极大的影响，他们思想波动很大，强烈要求离开教学一线，准备考研。及时了解到这一情况后，教研室党支部提出共商如何妥善解决。党支部决定立即召开青年教师座谈会，让他们畅所欲言，讲出各自的想法和要求，然后教研室领导首先肯定有这种想法是正常的，要求也是合理的；其次也摆出目前教研室存在的实际情况：教学任务繁重，人员紧缺，几乎是“一个萝卜一个坑”，也希望大家能理解，商讨一个妥善解决的办法，并具体提出解决问题的思路，供大家选择和采纳。解决思路：一是鼓励大家采取在职读研的方式，既不完全离开教学岗位，又能完成研究生学历的学习；二是根据自己的考研复习准备情况，提出自己具体的考研时间和专业目标，由教研室根据每个人的情况统一安排各人考研的具体时间和考前准备的时间(在此期间减轻教学工作)。通过这次沟通，教研室作了一个全面安排的计划，只要有这种要求的人员都进行了具体安排，争取在3~4年内完成，一部分愿意在职读研的人员也都允许他们自行联系学校和导师。当时正值我院侯振挺教授与湖南省社科院经济研究所联合筹备举办“经济数学研究生班”的事宜，王朋、贺伟奇、朱灏参加了这个班的学习，完成了学业，毕业后又经过答辩，取得了硕士学位；还有孙焰、胡建华在科研所李致中教授的指导下取得了博士或硕士学位；俞政脱产到外校取得了硕士学位，张卫国在校外进修研究生课程，两人不脱产地在侯振挺教授的指导下，完成了博士有关课程的学习，并取得了博士学位。其他几位愿意考研的青年教师也如愿取得硕士学位。又例如在教研室领导进行改选时，老师们都一致推荐了老资历的教师叶富罕(1953年中山大学毕业)作为人选，但叶老师由于家庭的实际困难(家属远在河西的某校工作，每日早出晚归，家中一对女儿无人照顾)，不同意出任，党支部及时将情况汇报到党总支，经过院人事处和系党总支的协调，党支部也参与了其中的具体工作(如直接去联系调档等)，此事终于得以解决，叶老师也顺利地担任了教研室主任的职位，他的以身作则、实事求是、平等待人的工作作风赢得了老师们的好评。

三、团结协作共挑重担

党支部的第三项工作是发挥战斗堡垒作用，协助教研室，团结全室教师，互相协作，共同挑起教学重担。如前所述，数学教研室面临着繁重的教学任务，就教学工作量(按课程学时计算)而言，当时数理力学系担负全院各专业的基础课，学时约占全院课程总学时的三分之一，数学课程[包含高等数学、工程数学及本系所属的数学班、力学班、数学师资班与电算会计(后扩大为经济管理)专科班、铁道部干部班(属成教部)等]又约占全系总学时的二分之一，而人员缺编得不到及时补充。党支部首先在党内动员党员要以身作则，勇于担当，主动接受教研室的教学安排，不讨价还价。在党员教师带动下，全教研室教师尤其是中、老年教师(他们大多是新中国成立后我国自己培养的大学生)，在当时课酬十分微薄、职称晋升竞争加剧的情况下，不计名利，挑起了教学的重担，也为青年教师考研、进修获得进一步的成长，默默地奉献了自己的力量。在教学工作中，他们全身心地投入，在教学的各个环节(课前准备即备课、课堂教学、课后辅导、作业批改、复习考试等)做了大量细致的工作，如有的老师在备课时参阅多本不同体系的教参书和不同版本的其他教材，写出较为详细的讲稿；有的老师为在课堂教学中贯彻启发式教学的方法而精心设计了步步紧扣的提问；有的老师在课后不仅安排有定时定点的辅导答疑，还深入学生宿舍一对一地解答问题；有的老师在作业批改中也进行了改革，以达到少而精、针对性更强的目的。与此同时，他们也利用自己的实践经验撰写有关课堂教学改革的方法，课堂教学效果的评估，作业批改与辅导答疑相结合、答疑与质疑相结合等方面的教学研究论文，发表在有关刊物上。此外，中老年教师还肩负着以老带新，帮助青年教师在教学上健康成长的重任。教研室安排一对一的以老带新的配对，每一位青年教师都安排一位中老年指导教师，经过一段并不太长的时间的传、帮、带，一批青年教师迅速成长，加上他们自身的优势，很快便成了业务骨干，如王朋、张卫国、贺伟奇、孙焰、胡建华、易昆南、朱灏等。其中张卫国还荣获了霍英东教学奖。

（照片说明：数学教研室党支部成立以来，多次受到系党总支和院党委的表扬与褒奖，被评为优秀党支部，并授予先进党支部的光荣称号。这是 1998 年被院党委授予先进党支部后全体党员的合影。左起：陈海波、易昆南、贺伟奇、张卫国、廖玉麟、周光明、陈亚力、曾育兰、裘亚峥、刘金枝、朱灏）

（注：以上的点滴回忆多为本人所历所见所闻，因时间已久，又在病中匆匆写出，难免遗漏甚至错误，敬请诸位同仁谅解并予指正！）

周光明

2019 年 10 月 7 日

8.5 陈永东：老师教会了我勇气和拼搏

我是1987年就读于长沙铁道学院数理力学系数学本科专业的。当时，班上多数同学都是来自较偏远的省或自治区，我是班上6个来自新疆的学生之一，也是年龄最小的一位同学。系里的老师们对我们格外关心，不仅经常走访各个宿舍与同学们谈心，还安排丰富的文体活动，邀请包括侯振挺、王家宝等教授给同学们做讲座，让全班同学对学校及专业有了更多的认识，也更加安心数学专业的学习。

印象比较深的是侯振挺教授的故事。侯教授说，他读初中时家庭困难，担心难以毕业，听老师说华罗庚是位自学成才的大数学家。15岁的他梦想自己也能像华老那样自学数学而成为数学家。于是，他和班上另一个同样爱好数学的同学写信给华老，华老还给他回了信。我们还记得侯教授说，“文革”中，有一次他又被拉着参加游行，但在游行路上，一心惦记着已琢磨了大半年的数学难题的他拐进了一家新华书店，发现了康托洛维奇写的《高等数学近似方法》，他如获至宝，从此“躲进小楼成一统，管他冬夏与春秋”，在10多平方米的小屋内，潜心研究数学。我和同学们被侯教授的治学钻研精神打动，更加激发起了学习数学的热情，也促使不少同学有了一辈子的数学情怀。毕业很多年后，侯老的许多教导和故事仍使我们记忆犹新。

我们的任课老师有尹侃、雷衍天、王家宝及王植槐等，这些老师多数教授我们最重要的基础课程，如雷衍天老师教高等代数，尹侃老师教数学分析、模糊数学，这些课程都要学很多学期，老师们孜孜不倦的教学给我们留下了很深的印象。雷衍天老师在课堂上对给我们试讲的年轻老师要求非常严格，会在讲课现场直接上讲台指出不足，并进行现场演示；王植槐老师会把飞机空气动力学的内容结合到讲课中，让大家佩服不已。

良好的学习氛围让我在学习上钻劲十足，计算数学这门课我还得过满分，更加增添了我的信心。我的哲学及心理学等相关课程的成绩还名列全院前茅。同时，我还自学了LOGO设计、吉他演奏等，学会了吹笛子与洞箫、设计板报；我擅长书法绘画，还在联欢会上表演过节目；还曾经获得当时机电工程系系徽设计大赛的特等奖，获得过有关首日封设计一等奖，毕业那年还获得过长沙市硬笔书法大赛优秀奖。

忘不了金立仁、刘明球、卢望璋等老师，他们对同学们的思想、生活及学习都非常关心，经常找同学们谈心，一些同学在思想波动时也会主动找老师们聊天，老师与同学亲如一家人。记得每年元旦的师生联欢晚会，师生共舞，尽情欢畅，其乐融融。临近春节，一些老师还邀请同学们到家里一起包饺子，让我们这些异地学子倍感家的温暖。

有些老师不仅授课、科研搞得好，还多才多艺。卢望璋老师会拉二胡，还有的老师会吹笛子，有的会拉小提琴，有的会拉手风琴。每次搞文体活动时，老师们就大显身手。记得有一次，数力系参加了全校的合唱比赛，有文艺特长的老师真不少，不仅全部自己伴奏，而且还在合唱排练中表现得非常专业，只有两三个班学生参与的合唱竟然获得了全校最高奖项——特等奖，一时名声大作。还有一年全校篮球比赛，被认为实力最弱的数力系代表队，当年却夺得了全校第二名的好成绩，让许多系不得不刮目相看。我想这是一种勇气+拼搏的精神，勇气给予了我们迎难而上的信念，有了这种信念，才会努力拼搏，直至胜利！

4 年的本科学习，老师和同学们教会了我勇气和拼搏，以致毕业后这种精神一直在影响和激励着我。1991 年，我入职上海铁路成人中等专业学校（现上海铁路总公司上海培训中心）担任数学课程教学工作，并开始从事计算机专业的相关教学与科研工作。2001 年，我应聘入上海商业学校暨上海商业职业技术学院（现为上海商学院）工作。2006 年，应聘入上海戏剧学院工作，担任创意学院数字媒体艺术及艺术管理专业的副教授、硕士生导师。兼任中国商务广告协会（CAAC）数字营销研究中心研究员、阿里巴巴智能营销平台创业导师等职务。我还是“新媒体创意营销”微信公众账号创始人，曾获 2008 年中国十大 IT 博主称号，并于 2015、2016 连续两年获评微博影响力科技评论大 V。近年来，还为相关企业设计了大量的数字创意海报文案，发表了百余篇专业文章及 1 500 多篇博文，出版了《电子商务基础》、《赢在新媒体思维》、《企业微博营销》、《电子商务师》（二级及三级）、《网页动画设计与制作 FlashMX 2004》及《智能营销》等众多著作。

感谢恩师！感恩母校！

陈永东

2019 年 9 月

8.6　于连泉：感谢母校，感恩老师

1987 年 9 月我有幸被长沙铁道学院数理力学系录取，开始了四年的大学生活。长沙铁道学院作为一所多学科、多层次、高质量、高水平的多科性大学，成为教育我、培养我、锻炼我，让我终身难忘的地方。回首往日在母校的点点滴滴，我依然记忆犹新。

记得刚刚踏上求学之路，步入美丽的铁道学院时，我有迷茫，有困惑，也有憧憬，但更多的是专业思想问题。同学们普遍对所学专业缺乏认识和了解，认为自己的专业比别人的差，因此专业思想较不稳定。数理力学系党总支书记金立仁、系主任刘明球深入学生中耐心做每一位同学的思想工作，引导我们树立正确的世界观、人生观、价值观。数学家侯振挺教授用他的亲身经历现身说法，他在马尔可夫过程的研究等方面不断取得重大成果，获得国际戴维逊奖，并获国家自然科学奖三等奖，其“最小非负解法”在国际上被誉为“侯氏定理”，他的事迹激励了每一位同学。班主任王术、卢望璋老师通过组织入学教育及新生联欢会等各项集体活动，随时了解和掌握学生的思想状况、生活状况、个性心理特征，经常深入教室、寝室，关心同学们的生活、学习，与大家打成一片，成为我们的良师益友。我逐步适应了新的环境，也渐渐地安下心来学习。

学院的学术思想活跃、治学严谨。学院特别为我们安排了非常强的基础课和专业课师资，老师有王家宝、尹侃、徐敏、雷衍天等。他们严谨包容、诲人不倦的育人精神令人感动，让人敬重！他们严格要求，并注重学生的基础理论、基本知识和基本技能的训练，使我们的逻辑思维以及分析问题、解决问题的能力得到提高。这对我后来的工作终身受益。

学院以素质教育为根本宗旨，注重培养学生的创新精神和实践能力。还记得 1990 年暑期，卢望璋老师带领我们十余名学生代表到长春参加社会实践，参观了长春一汽、长春电影制片厂、空军医院等。通过走出校门参加社会实践活动，我们开阔了视野，对社会、对企业有了进一步的了解，增强了沟通协调组织等能力和努力学习的信心，也增进了师生之间的感情。这使我获益匪浅，为步入社会打下了良好的基础。

我参加工作以后，工作岗位几经变化，1994 年我从事企业的人事干部管理工作，负责人才引进，这使我有幸再次回到母校。连续十余年的学生毕业季，我都到母校看望老师，与师弟师妹交流思想、宣传企业，为他们搭起就业的桥梁。多年来，到我任职的企业的校友们许多都已成长为优秀的管理者和技术专家，他们为企业的改革和发展发挥了重要作用。同时我也见证了母校翻天覆地的变化，一步一步地走向辉煌。2000 年，国家高等学校改革，由中南工业大学、湖南医科大学与长沙铁道学院三校合并组建成中南大学。中南大学秉承百年办学积淀，弘扬以"知行合一、经世致用"为核心的校训精神，力行"向善、求真、唯美、有容"的校风，坚持自身办学特色，服务国家和社会需求，成为全国重点大学，位列国家"世界一流大学建设高校 A 类"。我为我的母校感到骄傲！

时光荏苒，转眼间离开母校已经 28 年了，我不能忘却的是那一位位辛苦劳累的老师的身影，也永远牢记老师的教诲，永远感恩母校的培养。难忘师恩，唯有将感激化作前行的动力，继续认认真真学习，踏踏实实做事，老老实实做人，才不辜负母校和老师们的培养。

祝老师们身体健康！祝母校事业兴旺发达，明天更加美好！

于连泉
2019 年 10 月

8.7　图片集锦

图 8-1　20 世纪 80 年代末，长沙铁道学院经济数学研究生班毕业留影

图 8-2　1982 年，长沙铁道学院基础课部办公室及应用数学研究室老师留影

图 8-3　1996 年，长沙铁道学院风险管理研究生课程班开学典礼上部分师生合影

图 8-4　中南工业大学应用数学与应用软件系应用数学专业 931 班党员合影

图 8-5　中南工业大学应用数学与应用软件系数软专业 951 班毕业合影

图 8-6　2000 年，长沙铁道学院首届因材施教班学生合影

图 8-7　2001 年，中南大学与湖南中医学院联合办学首批学生基础阶段结业留念

图 8-8　教育部数学与统计学教学指导委员会数学类专业分委会 2003 年工作会议合影

图 8-9　2003 年，长沙铁道学院数理力学系、科研所校友座谈会

图 8-10　2003 年，长沙铁道学院科研所、数理力学系校友回母校参加 50 年校庆

图 8-11　2009 年，中南大学庆祝新中国成立 60 周年歌咏晚会数学院合唱团留影

图 8-12　2012 年，刘路获影响世界华人希望之星大奖

图 8-13　2013 年 11 月 6 日下午，数学与统计学院新楼揭牌

图 8-14　2013 年湖南运筹学年会

图 8-15　2014 年 4 月，基础数学系部分教师合影

图 8-16　2014 年 11 月，2000 级数学院信科 001 班毕业十周年母校留念

图 8-17 2015 年 5 月，中国科学院周向宇院士来院讲学

图 8-18 2015 年 10 月，我院数力系电算 95 届校友毕业二十周年再聚首

图 8-19　2017 年侯振挺教授荣获第十三届华罗庚数学奖

图 8-20　2017 年“三八”妇女节部分教职工在刘少奇故居留影

图 8-21　2018 年 5 月，中南大学教职工定向越野赛数学与统计学院代表队

图 8-22　2018 年全体教职工党员到遵义开展党日活动

图 8-23　2018 年 7 月，广州卓越教育集团“卓越基金”捐赠签约仪式在数学与统计学院举行

图 8-24　2018 年中南大学教职工气排球比赛数学与统计学院代表队

图 8-25　2019 年 5 月，退休党支部开展“访传统文化，赏柳林湖风”乔口传统文化之旅

图 8-26　2019 年 5 月 16 日，北京大学副校长田刚院士莅临数学与统计学院指导工作

图 8-27　2019 年 6 月 18 日，美籍华人、国际知名数学家丘成桐院士访问我院

图 8-28　2019 年教职工乒乓球比赛数学与统计学院代表队

图 8-29　2019 年 9 月，数学与统计学院举行“不忘初心、牢记使命”
主题教育读书班中心组第一次集中学习

图 8-30　2019 年 11 月，数学与统计学院教职工大会

图书在版编目(CIP)数据

中南大学数学学科发展史(1952—2019)/段泽球,焦勇主编. —长沙:中南大学出版社,2020.9
(中南大学“双一流”学科发展史)
ISBN 978-7-5487-4111-4

Ⅰ.①中… Ⅱ.①段… ②焦… Ⅲ.①中南大学—数学—学科发展—概况 Ⅳ.①01

中国版本图书馆 CIP 数据核字(2020)第 146651 号

中南大学数学学科发展史(1952—2019)
ZHONGNAN DAXUE SHUXUE XUEKE FAZHANSHI (1952—2019)

主编 段泽球 焦 勇

□责任编辑 彭达升
□责任印制 易红卫
□出版发行 中南大学出版社
社址:长沙市麓山南路 邮编:410083
发行科电话:0731-88876770 传真:0731-88710482
□印 装 长沙市宏发印刷有限公司

□开 本 889 mm×1194 mm 1/16 □印张 15.25 □字数 329 千字
□版 次 2020 年 9 月第 1 版 □2020 年 9 月第 1 次印刷
□书 号 ISBN 978-7-5487-4111-4
□定 价 122.00 元